U0143041

本书由教育部人文社会科学重点研究基地"山西大学科学技术哲学研究中心"、山西省"1331工程"重点学科建设计划资助出版

科学技术哲学文库

丛书主编·郭贵春 殷 杰

生命科学中的非决定论争论

赵 斌 著

The Indeterminism Debate
in the Life Sciences

科学出版社

北 京

内 容 简 介

长久以来，生命起源、形态及其演化过程一直是生命科学发展的核心议题。其中，生命形式的生成与演化究竟是决定性的还是非决定性的，这一问题更是成为生命科学发展史上不可回避的中心话题。它不仅涉及目的性与机制性、必然性与偶然性、恒常性与随机性的持续辩论，而且触及哲学、自然科学、社会科学等众多领域。

本书在结构上大致分为两大部分。前半部分（第一～三章）回顾了欧洲自然哲学史中关于生命问题及其解释的非决定论争论；后半部分（第四～六章）主要梳理、概括并讨论了现代生物学，特别是进化理论和神经认知科学中的非决定论问题。

本书以决定论与非决定论的争论为独特视角，展示了生命科学的历史和哲学讨论，可供对科学史和科学哲学感兴趣的研究者和师生阅读参考。

图书在版编目（CIP）数据

生命科学中的非决定论争论/赵斌著. -- 北京：科学出版社，2024. 7. -- （科学技术哲学文库）. -- ISBN 978-7-03-078999-0

Ⅰ. Q1-0

中国国家版本馆 CIP 数据核字第 20240AV793 号

责任编辑：邹　聪　姚培培/责任校对：韩　杨
责任印制：师艳茹/封面设计：有道文化

科学出版社出版

北京东黄城根北街 16 号
邮政编码：100717
http://www.sciencep.com

北京九州迅驰传媒文化有限公司印刷
科学出版社发行　各地新华书店经销
*
2024 年 7 月第 一 版　开本：720×1000　1/16
2024 年 7 月第一次印刷　印张：20 1/2
字数：280 000
定价：148.00 元

（如有印装质量问题，我社负责调换）

总　序

认识、理解和分析当代科学哲学的现状，是我们抓住当代科学哲学面临的主要矛盾和关键问题、推进它在可能发展趋势上取得进步的重大课题，有必要对其进行深入研究并澄清。

对当代科学哲学的现状的理解，仁者见仁，智者见智。明尼苏达科学哲学研究中心在 2000 年出版的 *Minnesota Studies in the Philosophy of Science* 中明确指出："科学哲学不是当代学术界的领导领域，甚至不是一个在成长的领域。在整体的文化范围内，科学哲学现时甚至不是最宽广地反映科学的令人尊敬的领域。其他科学研究的分支，诸如科学社会学、科学社会史及科学文化的研究等，成了作为人类实践的科学研究中更为有意义的问题、更为广泛地被人们阅读和争论的对象。那么，也许这导源于那种不景气的前景，即某些科学哲学家正在向外探求新的论题、方法、工具和技巧，并且探求那些在哲学中关爱科学的历史人物。"① 从这里，我们可以感觉到科学哲学在某种程度上或某种视角上地位的衰落。而且关键的是，科学哲学家们无论是研究历史人物，还是探求现实的科学哲学的出路，都被看作一种不景气的、无奈的表现。尽管这是一种极端的看法。

那么，为什么会造成这种现象呢？主要的原因就在于，科

① Hardcastle G L, Richardson A W. Logical empiricism in North America//Minnesota Studies in the Philosophy of Science. Vol XVIII. Minneapolis：University of Minnesota Press，2000：6.

学哲学在近30年的发展中，失去了能够影响自己同时也能够影响相关研究领域发展的研究范式。因为，一个学科一旦缺少了范式，就缺少了纲领，而没有了范式和纲领，当然也就失去了凝聚自身学科，同时能够带动相关学科发展的能力，所以它的示范作用和地位就必然要降低。因而，努力地构建一种新的范式去发展科学哲学，在这个范式的基底上去重建科学哲学的大厦，去总结历史和重塑它的未来，就是相当重要的了。

换句话说，当今科学哲学在总体上处于一种"非突破"的时期，即没有重大的突破性的理论出现。目前，我们看到最多的是，欧洲大陆哲学与大西洋哲学之间的渗透与融合，自然科学哲学与社会科学哲学之间的借鉴与交融，常规科学的进展与一般哲学解释之间的碰撞与分析。这是科学哲学发展过程中历史地、必然地要出现的一种现象，其原因在于五个方面。第一，自20世纪的后历史主义出现以来，科学哲学在元理论的研究方面没有重大的突破，缺乏创造性的新视角和新方法。第二，对自然科学哲学问题的研究越来越困难，无论是拥有什么样知识背景的科学哲学家，对新的科学发现和科学理论的解释都存在着把握本质的困难，它所要求的背景训练和知识储备都愈加严苛。第三，纯分析哲学的研究方法确实有它局限的一面，需要从不同的研究领域中汲取和借鉴更多的方法论的经验，但同时也存在着对分析哲学研究方法忽略的一面，轻视了它所具有的本质的内在功能，需要在新的层面上将分析哲学研究方法发扬光大。第四，试图从知识论的角度综合各种流派、各种传统去进行科学哲学的研究，或许是一个有意义的发展趋势，在某种程度上可以避免任何一种单纯思维趋势的片面性，但是这确是一条极易走向"泛文化主义"的路子，从而易于将科学哲学引向歧途。第五，科学哲学研究范式的淡化及研究纲领的游移，导致了科学哲学主题的边缘化倾向，更为重要的是，人们试图用从各种视角对科学哲学的解读来取代科学哲学自身的研究，或者说把这种解读误认为是对科学哲学的主题研究，从而造成了对科学哲学主题的消解。

然而，无论科学哲学如何发展，它的科学方法论的内核不能变。这就是：第一，科学理性不能被消解，科学哲学应永远高举科学理性的旗帜；

第二，自然科学的哲学问题不能被消解，它从来就是科学哲学赖以存在的基础；第三，语言哲学的分析方法及其语境论的基础不能被消解，因为它是统一科学哲学各种流派及其传统方法论的基底；第四，科学的主题不能被消解，不能用社会的、知识论的、心理的东西取代科学的提问方式，否则科学哲学就失去了它自身存在的前提。

在这里，我们必须强调指出的是，不弘扬科学理性就不叫"科学哲学"，既然是"科学哲学"就必须弘扬科学理性。当然，这并不排斥理性与非理性、形式与非形式、规范与非规范研究方法之间的相互渗透、融合和统一。我们所要避免的只是"泛文化主义"的暗流，而且无论是相对的还是绝对的"泛文化主义"，都不可能指向科学哲学的"正途"。这就是说，科学哲学的发展不是要不要科学理性的问题，而是如何弘扬科学理性的问题，以什么样的方式加以弘扬的问题。中国当下人文主义的盛行与泛扬，并不是证明科学理性不重要，而是在科学发展的水平上，社会发展的现实矛盾激发了人们更期望从现实的矛盾中，通过对人文主义的解读，去探求新的解释。但反过来讲，越是如此，科学理性的核心价值地位就越显得重要。人文主义的发展，如果没有科学理性作为基础，就会走向它关怀的反面。这种教训在中国社会发展中是很多的，比如有人在批评马寅初的人口论时，曾以"人是第一可宝贵的"为理由。在这个问题上，人本主义肯定是没错的，但缺乏科学理性的人本主义，就必然走向它的反面。在这里，我们需要明确的是，科学理性与人文理性是统一的、一致的，是人类认识世界的两个不同的视角，并不存在矛盾。从某种意义上讲，正是人文理性拓展和延伸了科学理性的边界。但是人文理性不等同于人文主义，正像科学理性不等同于科学主义一样。坚持科学理性反对科学主义，坚持人文理性反对人文主义，应当是当代科学哲学所要坚守的目标。

我们还需要特别注意的是，当前存在的某种科学哲学研究的多元论与20世纪后半叶历史主义的多元论有着根本的区别。历史主义是站在科学理性的立场上，去诉求科学理论进步纲领的多元性，而现今的多元论，是站在文化分析的立场上，去诉求对科学发展的文化解释。这种解释虽然在一定层面上扩张了科学哲学研究的视角和范围，但它却存在着文化主义的倾向，存在着消解科学理性的倾向。在这里，我们千万不要把科学哲学与技术哲学混为一谈。这二者之间有重要的区别。因为技术哲学自身本质地赋有更多的文化特质，这些文化特质决定了它不是以单纯科学理性的要求为基底的。

在世纪之交的后历史主义的环境中，人们在不断地反思 20 世纪科学哲学的历史和历程。一方面，人们重新解读过去的各种流派和观点，以适应现实的要求；另一方面，试图通过这种重新解读，找出今后科学哲学发展的新的进路，尤其是科学哲学研究的方法论的走向。有的科学哲学家在反思 20 世纪的逻辑哲学、数学哲学及科学哲学的发展，即"广义科学哲学"的发展中提出了五个"引导性难题"（leading problems）。

第一，什么是逻辑的本质和逻辑真理的本质？

第二，什么是数学的本质？这包括：什么是数学命题的本质、数学猜想的本质和数学证明的本质？

第三，什么是形式体系的本质？什么是形式体系与希尔伯特称之为"理解活动"（the activity of understanding）的东西之间的关联？

第四，什么是语言的本质？这包括：什么是意义、指称和真理的本质？

第五，什么是理解的本质？这包括：什么是感觉、心理状态及心理过程的本质？[①]

这五个"引导性难题"概括了整个 20 世纪科学哲学探索所要求解的对象及 21 世纪自然要面对的问题，有着十分重要的意义。从另一个更具体的角度来讲，在 20 世纪科学哲学的发展中，理论模型与实验测量、模型解释与案例说明、科学证明与语言分析等，它们结合在一起作为科学方法论的整体，或者说整体性的科学方法论，整体地推动了科学哲学的发展。所以，从广义的科学哲学来讲，在 20 世纪的科学哲学发展中，逻辑哲学、数学哲

---

① Shauker S G. Philosophy of Science, Logic and Mathematics in 20th Century. London: Routledge, 1996: 7.

学、语言哲学与科学哲学是联结在一起的。同样，在 21 世纪的科学哲学进程中，这几个方面也必然会内在地联结在一起，只是各自的研究层面和角度会不同而已。所以，逻辑的方法、数学的方法、语言学的方法都是整个科学哲学研究方法中不可或缺的部分，它们在求解科学哲学的难题中是统一的和一致的。这种统一和一致恰恰是科学理性的统一和一致。必须看到，认知科学的发展正是对这种科学理性的一致性的捍卫，而不是相反。我们可以这样讲，20 世纪对这些问题的认识、理解和探索，是一个从自然到必然的过程；它们之间的融合与相互渗透是一个从不自觉到自觉的过程。而 21 世纪，则是一个"自主"的过程，一个统一的动力学的发展过程。

那么，通过对 20 世纪科学哲学的发展历程的反思，当代科学哲学面向 21 世纪的发展，近期的主要目标是什么？最大的"引导性难题"又是什么？

第一，重铸科学哲学发展的新的逻辑起点。这个起点要超越逻辑经验主义、历史主义、后历史主义的范式。我们可以肯定地说，一个没有明确逻辑起点的学科肯定是不完备的。

第二，构建科学实在论与反实在论各个流派之间相互对话、交流、渗透与融合的新平台。在这个平台上，彼此可以真正地相互交流和共同促进，从而使它成为科学哲学生长的舞台。

第三，探索各种科学方法论相互借鉴、相互补充、相互交叉的新基底。在这个基底上，获得科学哲学方法论的有效统一，从而锻造出富有生命力的创新理论与发展方向。

第四，坚持科学理性的本质，面对前所未有的消解科学理性的围剿，要持续地弘扬科学理性的精神。这应当是当代科学哲学发展的一个极关键的方面。只有在这个基础上，才能去谈科学理性与非理性的统一，去谈科学哲学与科学社会学、科学知识论、科学史学及科学文化哲学等流派或学科之间的关联。否则，一个被消解了科学理性的科学哲学还有什么资格去谈论与其他学派或学科之间的关联？

　　总之，这四个从宏观上提出的"引导性难题"既包容了 20 世纪的五个"引导性难题"，也表明了当代科学哲学的发展特征：一是科学哲学的进步越来越多元化。现在的科学哲学比过去任何时候，都有着更多的立场、观点和方法；二是这些多元的立场、观点和方法又在一个新的层面上展开，愈加本质地相互渗透、吸收与融合。所以，多元化和整体性是当代科学哲学发展中一个问题的两个方面。它将在这两个方面的交错和叠加中寻找自己全新的出路。这就是当代科学哲学拥有强大生命力的根源。正是在这个意义上，经历了语言学转向、解释学转向和修辞学转向这"三大转向"的科学哲学，而今转向语境论的研究就是一种逻辑的必然，是科学哲学研究的必然取向之一。

　　这些年来，山西大学的科学哲学学科，就是围绕着这四个面向 21 世纪的"引导性难题"，试图在语境的基底上从科学哲学的元理论、数学哲学、物理哲学、社会科学哲学等各个方面，探索科学哲学发展的路径。我希望我们的研究能对中国科学哲学事业的发展有所贡献！

郭贵春

2007 年 6 月 1 日

目　录

总序　/ i

引言　/ 1

　　一、机械论生命观退潮引发的非决定论争论　/ 2

　　二、生命科学中的非决定性是客观的吗　/ 6

　　三、本书的框架和焦点　/ 10

第一章　古代欧洲发育与目的论解释中的必然性与偶然性　/ 19

　　第一节　古希腊时期围绕生命起源与发育中偶然性的争论　/ 20

　　　　一、恩培多克勒关于生命起源的偶然性解释　/ 20

　　　　二、亚里士多德发育解释中的偶然性　/ 22

　　　　三、亚里士多德生命梯级思想中的物种固定论　/ 26

　　第二节　中世纪目的论和灵魂学说中的偶然性　/ 31

　　　　一、亚里士多德及其之后目的论解释中的偶然性　/ 31

　　　　二、中世纪灵魂学说解释中的偶然性与必然性　/ 34

　　　　三、机械论生物学解释中的不确定性与动态性　/ 38

　　第三节　动态演化观的建立与目的论解释的重建　/ 43

　　　　一、后牛顿时代生物学方法论中的概率与证明　/ 43

　　　　二、重建"生命梯级"观念过程中的偶然性与必然性讨论　/ 46

　　　　三、机制性与目的性解释的统一　/ 50

第二章　进化理论形成过程中的偶然性与必然性争论　/ 57

　第一节　物种可变论与渐成论发展中的偶然性问题　/ 58

　　一、物种固定论的衰落　/ 58

　　二、物种可变论的发展　/ 63

　　三、唯物论与唯心论的对立　/ 66

　第二节　早期进化论中的必然性与偶然性　/ 70

　　一、生物适应论与进步论对于必然性的理解　/ 70

　　二、灾变论与均变论争论中的物种演化必然性与偶然性　/ 73

　　三、物种演化解释的科学化与理论必然性的确立　/ 78

　第三节　达尔文进化论中的机遇解释　/ 81

　　一、达尔文对于物种必然论的批判　/ 82

　　二、达尔文的自然设计思想　/ 86

　　三、达尔文进化论中的机遇解释　/ 91

第三章　从新达尔文主义到现代综合进程中的机遇概念　/ 97

　第一节　新达尔文主义革命与遗传学的统计学化　/ 98

　　一、孟德尔遗传学与决定论因子　/ 99

　　二、群体遗传学的形成　/ 104

　　三、机遇问题的概率化　/ 108

　第二节　现代综合运动前期的机遇概念与解释　/ 113

　　一、费希尔自然选择理论中的机遇概念　/ 114

　　二、霍尔丹进化原因解释中的机遇概念　/ 119

　　三、赖特动态平衡理论中的机遇概念　/ 122

　第三节　现代综合运动后期的机遇概念与解释　/ 126

　　一、杜布赞斯基突变理论中的机遇概念　/ 127

　　二、迈尔物种形成理论中的机遇概念　/ 131

　　三、辛普森进化模式理论中的机遇概念　/ 134

　　　　四、斯特宾斯植物变异理论中的机遇概念　/138

第四章　进化中的机遇与因果解释　/143

　　第一节　当代进化生物学中机遇的内涵　/144

　　　　一、进化中的各种机遇概念　/144

　　　　二、机遇与自然选择的界定　/149

　　　　三、作为进化过程的机遇　/152

　　第二节　基因突变理论中的随机性　/157

　　　　一、基因突变理论中的随机性概念　/158

　　　　二、基因突变理论的强随机性观点　/160

　　　　三、基因突变理论的弱随机性观点　/165

　　第三节　进化发育生物学视角下的机遇性与倾向性　/171

　　　　一、变异产生过程中的机遇性与随机性　/171

　　　　二、基因变异与表型变异的概率区分　/175

　　　　三、变异性与发育机遇设定　/178

第五章　进化理论中的非决定论争论　/185

　　第一节　非决定性的来源与概率的因果论　/186

　　　　一、关于进化本质的决定论与非决定论争论　/186

　　　　二、非决定论视角下的机遇类型与内涵　/190

　　　　三、基于概率的因果论　/199

　　第二节　个体、群体、生态演化中的非决定性　/202

　　　　一、进化中的个体、群体演化的非决定性　/203

　　　　二、生态演化中的非决定性　/209

　　　　三、进化非决定论的实在性　/216

　　第三节　进化理论的因果论与统计主义之争　/223

　　　　一、进化理论的因果论　/224

二、进化理论的统计主义 /230

三、进化的原因与统一论的科学解释观 /235

第六章 神经科学与进化认识论中的非决定论争论 /241

第一节 神经科学中的决定论与非决定论 /242

一、神经科学中的决定论 /243

二、神经科学中的非决定论 /247

三、神经科学中的弱非决定论 /254

四、神经科学中的强非决定论 /258

第二节 意识起源的非决定论 /262

一、作为混沌系统的大脑与自由意志 /263

二、共时性还原与历时性还原 /270

三、主观性的进化与意识何以必然的解释 /274

第三节 认知机制进化中的非决定论 /282

一、认知机制的演化与进化认识论 /282

二、适应论纲领与非适应论纲领 /288

三、非适应论的实在观与认知机制演化的非决定论 /295

结语 /303

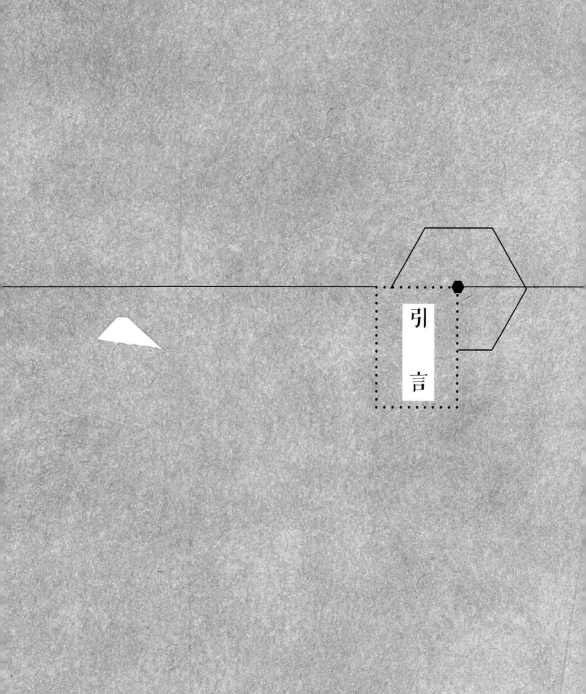

引言

生物学与偶然性（contingency）、目的性和进步性等概念有着复杂的关系。偶然性在生命起源、演化、发展中起着微妙的作用。需要强调的是，统计学的奠基者们正是受到进化论问题的启发而创立并完善了这一理论体系的。也正如汉斯·赖兴巴赫（Hans Reichenbach，又译为赖欣巴哈）所说："严格的因果性观念应予放弃，概率规律（律）把以前为因果性规律占据的地盘夺过来了。"①生物学的发现既被用来支持有关演化和进步的叙事，也被用来解构它们，生物学家们一直在努力调和着各种生命现象中必然性与偶然性之间的矛盾。同时，生物学家们也会在他们的哲学、社会学或政治观点的基础上，为他们的相关工作引入关于偶然性和进步性的观念。即使从经验科学的视角来看，目的论依然构成困扰生物学的一个重要问题，而其中，偶然性是一个需要认真对待的焦点，即某种非目的性，无论是自然的还是非自然的。从今天的科学语境来说，这一焦点已经转变为关于生命科学中的非决定论问题的争论。

一、机械论生命观退潮引发的非决定论争论

在欧洲中世纪，宗教学家所说的"偶然"可以恰当地表达为"没有目的"，也就是说，它是对目的论及其价值的否定。宗教意义上的"目的"通常是指一些观察到的或想象的目标，万物朝着或应该朝着这个目标前进。托马斯·阿奎那（Thomas Aquinas）曾认为，事物的恰当结局是可以明确辨别的，而对于同时代的思想家来说，科学的随机性（randomness）可以是神圣有序的创造的一部分，而不仅仅是人类对无知（ignorance）的粉饰。尽管这允许宇宙（kosmos）存在一个目的，但对于宇宙是否赋予生命个体特定的目的这一问题，阿奎那和其他许多基督教思想家所给出的答案始终模棱两可。宗教意义上关于"目的"的证明与今天的科学研究相去甚远，然而，宗教对目的的态度可以与有关随机性的科学概念联系起来，并为其提供历史索引。自17世纪以来，机械论的宇宙观成为科学的主流思想，生

---

① H. 赖欣巴哈. 科学哲学的兴起[M]. 伯尼译. 北京：商务印书馆，1991：127-128.

命科学乃至所有科学的历史观念往往是基于决定论的视角展开的，国内一些学者也将近代以来在自然科学领域出现的决定论简单划分为机械决定论、辩证决定论以及非决定论。在这种观念下，任何形式的非决定论仅仅作为决定论的一个参照面或是消解对象。

19世纪中期，查尔斯·罗伯特·达尔文（Charles Robert Darwin）生物进化理论的形成明确了自然选择在进化过程中的基础地位。达尔文的进化论认为，自然选择是一种决定性过程，其结果具有一定的指向性（可预测性），结合当时牛顿经典物理学系统所遵循的决定性法则，纳入其框架之下的进化论描述了一种在宏观（macro-）层面的决定性进化过程。然而，偶然性仍然在达尔文的进化论中扮演着重要的角色，因为根据达尔文的观点，大量的无方向变异（variation）是进化潜能的创造性的源泉，这为日后引发关于进化过程中非决定性特征的来源的争论埋下了伏笔。

统计学家耶日·奈曼（Jerzy Neyman）对近代以来的科学观用非决定论的形式进行了梳理，将之分为四个阶段，其中大多涉及生命科学问题。①边际非决定论（18世纪末19世纪初），代表人物为皮埃尔-西蒙·拉普拉斯（Pierre-Simon Laplace）与约翰·卡尔·弗里德里希·高斯（Johann Carl Friedrich Gauss），主张决定论的世界观，仅将测量错误地定义为非决定论的。但是从本研究的角度而言，勒内·笛卡儿（René Descartes）所开创的心身问题，或在某种程度上可以表述为自由意志问题，实际上都为这种决定论投下了阴影，以至于在当代部分转化为神经决定论与非决定论的讨论。之后，量子不确定性的发现更是给这种观点宣判了死刑。另外，伊曼努尔·康德（Immanuel Kant）在《判断力批判》中将生命比作动态目的性系统的评判，在很大程度上也并非一种纯粹决定论观念。这些自然哲学问题实际上都为今天的非决定论问题提供了研究空间。②静态非决定论（19世纪末20世纪初），代表人物有海因里希·布伦斯（Heinrich Bruns）、卡尔·威廉·路德维希·沙利耶（Carl Vilhelm Ludwig Charlier）、弗朗西斯·伊西德罗·埃奇沃思（Francis Ysidro Edgeworth）、弗朗西斯·高尔顿（Francis

Galton)、卡尔·皮尔逊（Karl Pearson），它主要针对的是进化中的"种群"，致力于发展出一种频率曲线体系来分析性地描述种群的经验性分布，该研究打开了新达尔文主义（又称现代综合进化论）革命的大门。③静态非决定论的实验阶段（20世纪20~30年代），代表人物罗纳德·费希尔（Ronald Fisher），促成了现代进化理论的成形。④动态非决定论（20世纪60年代），其表现为寻找某种进化机遇（chance）机制来解释在现象演化研究中发现的各种频率。

在近代自然科学和牛顿经典力学（mechanics）体系之下，关于世界规律的因果决定论和拉普拉斯的机械决定论的认识占了上风。然而到了20世纪，量子力学理论的出现使得决定论与非决定论的争论又重新兴起，并在科学哲学领域引发了广泛讨论，卡尔·波普尔（Karl Popper）在他的著作《开放的宇宙》中认为量子力学引入了一种绝对的偶然性，整个宇宙因之同时包含因果、概率、突现三种关系。同样以物理学和化学为基础的生物学，也存在着决定论与非决定论的争论，关于进化过程中所包含的非决定性因素来源的争论也相当激烈，从而导致了一场进化决定论和非决定论的争论。时至今日，这场争论不仅没有持续衰退，而且已经成为生物学哲学领域最有活力的主题之一，其中所涉及的许多问题仍然值得讨论，因为这个问题关乎进化过程的本质。

20世纪早期，群体遗传学的先驱之一休厄尔·赖特（Sewall Wright）认为进化过程中存在着一种随机的（random）成分，这点包含在他对"随机遗传漂变"（random genetic drift）的阐述之中。同样，费希尔也赞同赖特的观点，他也列举了与赖特一样的证据，将其称为"进化论+气体分子运动论"。然而令人惋惜的是，赖特和费希尔都没有讨论决定论和非决定论与他们有关随机遗传漂变的重要性争论的联系。事实上，赖特对非决定论更具有一种矛盾的心理，他认为，非决定论的主要问题是其经常阻碍分析法的运用。决定论者不屈不挠地寻找现象背后的原因，并试图控制现象的条件来达到在同样的条件下精确得到相同结果的目的，而非决定论者则倾向于放弃，对结果和相关性（correlation）的平均值心满意足。尽管如此，赖特仍然相信生物学最终一定是在概率的条件下被概括综合起来的，并且接受这一观点并不阻碍决定论者达到尽可能深的理解水平的目标。

20世纪中期，分子生物学蓬勃发展，对传统的达尔文式进化的自然选择学说提出了挑战，在分子层面对进化过程中所包含的"偶然性"进行了重新解读。木村资生（Kimura Motoo）等人提出了中性突变（mutation）随机漂变假说，认为基因突变是一种不受自然选择的作用的"中性突变"，并通过"随机遗传漂变"的机制在种群中被固定和积累，由此导致了种群发生分化，直至新的物种形成。显然，该学说提出了中性突变–遗传漂变（genetic draft）的偶然性趋势，这表明在分子生物学水平上，"自然选择"并不能起到筛选作用。

20世纪60年代，雅克·莫诺（Jacques Monod）认为生命起源是偶然的（contingent），偶然性为生物进化提供了可能性的源泉。由此，莫诺认为由于这种进化方向的不可测性和偶然性，进化在本质上应当是一个非决定性事件。在进化过程中保留下来的"幸运者"就好比中得了一注彩票，而我们人类也是其中幸运的一员。

20世纪后期的重要生物学家们，诸如理查德·道金斯（Richard Dawkins）、斯蒂芬·杰·古尔德（Stephen Jay Gould）、戴维·斯隆·威尔逊（David Sloan Wilson）、卡尔·爱德华·萨根（Carl Edward Sagan）等都赞同人类的存在是由于自然选择的"盲目力量"，而不是出于设计或是某种必然性。甚至有人大胆宣称，当代每一项重要研究都是关于某种现象背后的机遇机制研究。这些研究中的统计以及概率工具都是基于随机过程理论，以及一些尚未解决的问题。

生命科学另外一个领域同样也涉及非决定论争论。自17世纪中期笛卡儿提出非物质的理性灵魂（psychē）或心灵（mind）概念，以及与之相互作用的机械性身体（body）概念以来，便形成了精神的自由性与身体的机械性之间如何调和的争论。至20世纪，这一争论演变为哲学领域的核心研究命题。在 20 世纪早期，二元论哲学家查理·邓巴·布罗德（Charlie Dunbar Broad）认为所有的突触都是带电的，心智可能通过改变突触的电阻来影响大脑活动。在他看来，这可以在不违反能量守恒定律的情况下发生。

20 世纪 60 年代中期，德国科学家汉斯·赫尔穆特·科恩休伯（Hans Helmut Kornhuber）和吕德尔·德克（Lüder Deecke）发现了被称为准备电位（readiness potential）的现象，也就是说，大脑在产生意识知觉前的瞬间会进入一种特殊状态。至 20 世纪 80 年代，本杰明·利贝（Benjamin Libet，又译为本杰明·李贝特）继续了科恩休伯和德克的开拓性工作，其实验似乎暗示了人类是没有自由意志可言的，但人类有一种像认知"否决权"一样的权力，可以在最后时刻之前叫停行为。2008 年，神经科学家约翰-迪伦·海恩斯（John-Dylan Haynes）、伊扎克·弗里德（Itzhak Fried）、斯特凡·博德（Stefan Bode）相继通过实验验证了该发现，使人们逐渐相信大脑存在非意识性决策的观点。

这些生命科学领域的进展和争论推动了相关非决定论问题的发展，对这些问题的研究具有十分重要的科学与哲学价值。

二、生命科学中的非决定性是客观的吗

现代围绕进化论的哲学讨论，形成了关于进化非决定论的焦点议题。如罗伯特·N. 布兰登（Robert N. Brandon）和斯科特·卡森（Scott Carson）、戴维·斯塔莫斯（David Stamos）以及布鲁斯·格莱莫（Bruce Glymour）等围绕进化理论研究的科学实在论者们认为进化理论应当反映真实世界中的事件，而目前，进化理论所依赖的概率解释忽略了进化过程中的真实细节和因素，其本质上是一种非预测性的过程描述。真实的进化过程实际上是非决定性的，它依赖繁殖成功率，繁殖成功率则基于复杂功能机制以及多重实现（multiple realisation）。亚历克斯·罗森堡（Alex Rosenberg）等工具主义者则认为，虽然进化理论的概率性（probability）特征是存在的，但作为一种受制于人类理解能力的认识工具，它是有价值的。基于理论多

元论的观点，他们认为这些理论可以通过一些新的宏观物理模型来展现其中的细节和因素，并且这些细节和因素所展现的过程本质上是决定性的。又如约瑟夫·格雷夫斯（Joseph Graves）以及马歇尔·艾布拉姆斯（Marshall Abrams）等科学实在论者认为这些物理模型其实是"近似决定性的"，他们认为量子力学概率能够"向上渗透"（percolating up），并且量子力学是非决定论的，只不过宏观物理层面概率接近于 0 或 1。还有如罗伯塔·米尔斯坦（Roberta Millstein）和马塞尔·韦伯（Marcel Weber）等主张不可知论，认为无法从本体论层面证明存在生命现象的客观非决定论。

在这一对立中又出现了两种实在论——单纯多元论与一元实在论。前者认为，各种理论从不同层面可以真实地揭示世界的相同部分，没有哪个层面对于解释来说是唯一的，也就是说，量子力学与宏观物理学都是有效解释世界相同部分的理论；而后者认为，世界只能被一种理论所真实描述，即量子力学。前者是相对的决定论（决定论与非决定论并存）；而在后者看来，世界本质上是非决定论的。如罗杰·桑瑟姆（Roger Sansom）等基于相对统一（unification）性原则提出，由于进化理论设定的过程是非决定论的，因而所有的生命过程都是非决定论的。但也有如夏洛特·文尔德（Charlotte Werndl）等认为在本体论层面上，决定论与非决定论的争论仍无定论。

生物学哲学家们更多地将问题的焦点转移到对于进化理论中概率解释的解读上，如萨米尔·奥卡沙（Samir Okasha）、伊里奥特·索伯（Eilliot Sober）、休·梅勒（Hugh Mellor）等，他们将概率以及统计学机制作为一种实在进行考察，协调决定论与非决定论的关系。在生命科学中概率解释的研究方面主要流行倾向性解释原则，如米尔斯坦等，他们将倾向性视为"类"的属性，认为"类"使系统具有某一概率从而能改变或保持特定状态。生物学中的倾向性解释表现出的逆向概率引发了其解释的因果有效性争论。同时，贝叶斯主义者们也对倾向性是否是构成世界的一种特殊实体，或一类原因，抑或属性类型的问题展开了争论。此外，还存在一种频率解释，如马塞尔·韦伯等认为，概率是假设性无限试验数列中的频率；概率是实体性的，因为频率与世界的真实特征相符合，其预测属性基本上是非必需的。该解释仍面临概率与频率之间关联的问题，因为频率常常是通过概率来定义的，这将导致解释循环。同时，频率解释一方面认可反事实频率是确定性的，另一方面又认同概率。此外，还存在概率解释的新休谟主义者，如文德尔等，他们站在本体论的多元论立场上，主张休谟式随附性，即机遇随附于休谟马赛克（随时都可能发生的所有事件的集合），他们设想规定事件概率的所有可能系统存在于休谟马赛克之中，同时在某种意义上，将会存在一个最佳系统，规定该系统的概率可以因其简单性、优越性以及适合性成为休谟马赛克中的最佳解释。休谟式机遇就是按照该最佳系统所规定的概率，指定各种事件的数值。该解释融合了进化选择的因素，将会是后面研究的重点考察对象。

除了进化非决定论的问题，神经科学层面上的自由意志与非决定论问题同样也是近些年哲学界讨论的热点。面对神经科学中的决定论，哲学家们以及神经科学家们在身心问题上之所以引用量子非决定论，在很大限度上是由于物理主义还原论在解释意识问题上的不充分，如波普尔、约翰·卡鲁·埃克尔斯（John Carew Eccles）、罗杰·彭罗斯（Roger Penrose）、弗兰克·布朗·迪利（Frank Brown Dilley）、查尔斯·塔利亚费罗（Charles Taliaferro）、杰弗里·马德尔（Geoffrey Madell）、斯图尔特·戈茨（Stewart Goetz）等，他们都曾采用这一方式来为自由意志辩护。马塞尔·韦伯等从神经系统存在随附性（存在于心理学或生物学属性与物理属性之间）的可能性视角，特别是神经系统中的随机性机制（如神经递质传导与离子通道①），来探讨神经系统中的非决定性存在基础。他们不认为量子非决定论能够为自由意志辩护，但又保留了非决定论问题在未来研究中的可能性。类似地，彼得·克拉克（Peter Clarke）等也认为，沃纳·卡尔·海森伯（Werner Karl Heisenberg）式的不确定性并不会对目前的神经决定论造成麻

---

① Weber M. Indeterminism in neurobiology[J]. Philosophy of Science, 2005, 72（5）: 663-674.

烦，但也不会对笛卡儿式灵魂以及自由意志造成冲击，因为类似双面一元论（dual-aspect monism）这样的温和物理主义并未采取严格的决定论。布赖斯·盖塞尔（Bryce Gessell）等认为，企图利用实验来论证强非决定论是不充分的，因此，一个实际系统是决定论还是非决定论的问题不能在实验的基础上决定。勒克·格林（Luck Glynn）、克里斯蒂安·李斯特（Christian List）和马库斯·皮瓦托（Marcus Pivato）等人则通过设想底层物理事件与宏观现象层面之间存在相对层级的策略，把高层级的机遇与低层级的事实分离开来，从而确立了一种弱的神经非决定论观点。

对于生物主义维度下的意识及其还原论问题，不同于埃克尔斯、迈克尔·艾斯菲尔德（Michael Esfeld）等心身交互论者将心灵而非大脑看作是行为的决定性的控制中心，金在权认为，大脑具有构成因果关系的力量，而不仅仅是笛卡儿式的所谓精神指令的执行者，这为心理状态提供了物质基底或实现基础。又如弗朗西斯·克里克（Francis Crick）、克里斯托夫·科赫（Christof Koch）、帕特里夏·丘奇兰德（Patricia Churchland）等物理主义的取消主义者认为，意识是多种现象的复合物，非单一的事物。这些观点最终因受困于意识的难问题而陷入僵局。与此同时，也出现了通过进化解释意识来源的研究。杰弗里·艾伯特（Jeffrey Ebert）等学者认为，动物行为的随机现象并不等同于自由意志，而是环境的产物。丹尼尔·丹尼特（Daniel Dennett）提出了"生殖与检验之塔"（tower of generate-and-test）的生命等级观点，从功能演化的视角来揭示意识的来源，研究生命行为的途径。由于融合了进化选择模型以及模态逻辑，这为解读神经科学中的决定论与非决定论之争带来了新的路径，例如本采·纳瑙伊（Bence Nanay，又译为本斯·那内）关于进化的模态功能理论、查尔斯·拉斯科普夫（Charles Rathkopf）针对多能性神经系统进行的功能分析研究等。由于这些研究涉及脱离传统因果解释的新解释，引入了系统演化的思维，其中依然留有非决定论的空间。彼得·戈弗雷-史密斯（Peter Godfrey-Smith）则认为，该路径应该被视为尝试建立一种意识如何可能的解释，并以此为基础建立何以必然的解释。其中牵扯了适应（adaptation）论与非适应论、功能设计与多重实现、生物性知识的实在性与建构性、认知机制演化的路径等方面的争论。这些问题最终涉及意识起源与生物认知机制及生物性知识形式演化的必然性与偶然性争论，因而同样也可被纳入到关于非决定论的讨论中。

三、本书的框架和焦点

（一）本书的主要框架

本书在结构上大致分为两大部分。前半部分（第一～三章）回顾了欧洲自然哲学史中关于生命问题及其解释的非决定论争论；后半部分（第四～六章）主要梳理、概括并讨论了现代生物学，特别是进化理论和神经认知科学中的非决定论问题。

第一章主要讨论了古代欧洲生物学中围绕发育与目的论解释中的必然性与偶然性问题。第一，讨论了古希腊时期围绕生命起源与发育中偶然性的争论。这一部分主要围绕古希腊有关生命起源的必然性与偶然性争论，首先探讨了原子论者们"机遇的一元论"（chance monism）的生命起源观，其次论述了亚里士多德（Aristotle）在其基于渐进论的发育解释中对偶然性的定义，最后探讨了亚里士多德关于自然之链的"生命梯级"思想，着重论述了其物种固定论以及与原子论者们关于物种发生与演化的争论。第二，讨论了中世纪目的论和灵魂学说中的偶然性问题。该部分首先探讨了在亚里士多德目的论解释及其后续发展中，随着内在目的论的外在化，偶然性适用范围发生了变化；其次讨论了中世纪灵魂学说解释中围绕生命形式与实体关系而形成的偶然性与必然性的定义与范围问题；最后又讨论了17世纪之后机械论生物学解释中的不确定性与动态性问题，特别是其决定论的框架中对于偶然性与灵魂自由性的切割。第三，讨论了物种动态演化观的建立与目的论解释的重建。这一部分首先从方法论的视角展示了生物学现象与物理定律的关系问题，强调了差异性与偶然性在生物学中的回归；其次讨论了 18 世纪博物学家们对于亚里士多德"生命梯级"思想的重建，突出演化观的引入过程为偶然性问题保留了空间；最后着重论述了康德对于亚里士多德目的论解释的改造，恢复了内在目的论并为生命演化中的偶然性问题打开了新的讨论空间。

第二章主要讨论了进化理论形成过程中的偶然性与必然性争论。第一，讨论了物种可变论与渐成论（epigenesis）发展中的偶然性问题。这一部分先是介绍了物种固定论的衰落原因，从形式与物种之间的必然性关系受到冲击的角度，揭示了物种可变论的发展，最后展现了由此过程导致的唯物论与唯心论的对立。第二，讨论了早期进化论中的必然性与偶然性话题。这部分先是讨论了在以进步论为特征的拉马克适应论中对于自然创造性问题的引入，接着展示了在演化方式问题上围绕灾变论与均变论争论而形成的物种演化原因的偶然性与必然性问题，最后展示了物种演化解释的科学化，强调其中现象偶然性与理论必然性的相容。第三，讨论了达尔文进化论对于机遇概念的引入。这一部分先是以达尔文对于物种必然论的批判为开端，接着讨论了达尔文的自然设计思想，最后引出了达尔文进化论的核心，以机遇变异（chance variation）彻底根除目的论对于进化理论的困扰。

第三章主要讨论了 20 世纪从新达尔文主义到现代综合进程中的机遇概念问题。第一，论述了新达尔文主义革命与遗传学的统计学化。这一部分以遗传学为主线，首先讨论了孟德尔遗传学的遗传决定论与基因-类型观的确立；接着通过讨论群体遗传学对于自然选择与孟德尔学说的综合，着重论述了通过数学方法实现的变异随机性与遗传稳定性的共存，继而形成了统计学化的机遇定义，即一种主观不可预测性（unpredictability）。第二，讨论了现代综合运动前期代表性人物费希尔、约翰·伯登·桑德森·霍尔丹（John Burdon Sanderson Haldane）、赖特等人的理论中对于机遇的描述，其中强调了费希尔与赖特关于种群统计学研究的不同理论进路，以及霍尔丹关于进化原因的多重性与不可预测性的论断；第三，讨论了现代综合运动后期的机遇概念与解释。这一部分通过展现后期主要人物特奥多修斯·杜布赞斯基（Theodosius Dobzhansky）、恩斯特·迈尔（Ernst Mayr）、乔治·辛普森（Geogre Simpson）、乔治·斯特宾斯（Geogre Stebbins）等人关于进化理论中机遇的理解，论述了在现代综合运动中出现的不同时空尺度、程度、属性的各种机遇性概念，由此强调"机遇"是进化生物学以及相关哲学讨论中不可消除的概念，并在现代生物学中不断展现其核心价值。

从第四章开始，研究转向当下学界对于生命科学中非决定论问题的相关争论。

第四章主要就进化中的机遇与作为因果解释的自然选择之间的关系问题展开讨论。首先，讨论了当代进化生物学中机遇的类型。这一部分对于进化理论中各种机遇概念进行了分析区分，继而将各种机遇性因素作为与自然选择相对的进化因素进行了阐释，最终提出进化中的各种机遇性过程（chancy process）同样应纳入我们对于进化原因的解释当中。第二，讨论了基因突变理论中的随机性问题。这一部分通过区分突变理论中的强、弱两种随机性，最终强调在分子生物学的背景下，我们实际上应当采纳一种弱的随机性概念作为对于分子遗传变异过程的恰当理解。第三，以20世纪末兴起的进化发育生物学（evo-devo）为视角，展现了在这一前沿视角下的机遇性概念与问题。不同于现代综合论以群体为维度，这里主要以生物个体为维度展现了发育中的倾向性机制与伴随的随机性要素，强调了这一维度中概率性来源的差异，以及变异性（variability）概念与围绕基因型-表型图（genotype-phenotype map，GPM）的发育机遇设定（chance setups）的问题。

第五章着眼于从因果性的视角构建进化理论中的非决定论议题。第一，从科学解释的视角讨论了因果论视角下的进化非决定论问题。这部分首先展示了实在论与工具主义就进化本质的非决定论属性的争论，继而论证了本体论、认识论意义上的不同程度和性质的机遇内涵，最后提出了一种基于概率的因果论，即进化理论面对的非决定论问题在很大程度上都是对于特定进化事件的原因空间的概率推论。第二，从个体、群体、生态三个层次讨论了不同层次进化事件所面临的非决定论问题。这一部分主要通过对生物行为固化、群体特征扩散、生态系统演化中存在的各种随机性因素的分析对比，进一步支持了一种进化非决定论的实在观，即多层级生物系统演化的倾向性与多重实现方式的不可预测性的相容。第三，围绕认识论层面的进化理论的因果论与统计主义之间的争论展开。该部分从关于进化理论是一种统计理论而不是因果理论的争议入手，探讨了现代进化论中经验性内容的可能来源，并就进化理论中的统计主义思想进行了梳理分析，以此建立了我们对于进化理论的新的理解。

第六章不同于前面的论题，将视角转向认知神经科学中的关于自由意志的大脑物理基础以及意识的来源与演化问题，这些议题都涉及非决定论问题的讨论。第一，进行了关于神经科学中的四种决定论与非决定论观点的辨析。这里通过唯物主义的视角，围绕自由意志与神经物理机制的相容性问题，论证了大脑活动受非决定性因素影响的多种可能性，继而提出大脑可能在弱意义或理论意义上是非决定性的。第二，讨论了意识起源与演化中的非决定论问题。这部分从大脑的混沌系统性质入手，提出共时性还原的局限，主张引入历时性还原来揭示意识的来源与演化问题，并通过建立主观性（subjectivity）进化的描述来揭示意识产生的可能性，同时主张其产生过程和方式是机遇性的。第三，引入了关于认知机制演化的进化认识论（evolutionary epistemology）路径，通过评论传统适应论纲领的局限，从而揭示各类生物认知机制及其导致的生物性知识起源过程以更符合非适应论纲领的描述，最终提出了一种非适应论的实在观与认知机制演化的非决定论。

（二）本书的讨论焦点

无论是在历史上还是在当下，生命科学最为关注的是生命过程中那些确定性与不确定性现象的背后原因，由此建立起的各式学说和解释总是基于我们对世界本质和生命本质的形而上学的思考。在一定程度上，决定论与非决定论的观点纠缠成为历史中各式生命科学思想碰撞的一个主轴，形成了推进生命科学发展的一部分内在动力。自达尔文之后，针对进化理论的统计学考察全面兴起，此后进化的理论化工作强调自然选择的统计学一面，而不是其因果关系。部分人甚至认为当下对自然选择的理解与达尔文本人的观点存在偏差，他们主张自然选择不应该被理解为进化的原因，而应该是进化的统计趋势，从而形成了一种存有争议的观点，即达尔文的自然选择理论是一个关于进化变化主要原因的理论，该观点提供了一种概率因果关系。

因此，本书除了梳理有关非决定论争论的相关生命科学史，还着重聚焦了进化理论中的因果问题与机遇性因素来展开讨论，主要观点在以下方面展开描述。

首先，达尔文将他的理论建构为概率因果关系理论，而不是把它作为一种动力学理论。他把机遇概念作为偶然概念与概率概念的结合。机遇性遗传变异是由因果过程中的意外造成的，这些机遇性变异会导致个体生存和繁殖的概率差异。

其次，今天的生物学家们通过比较和对比构成随机遗传漂变的偶然因果因素来澄清所有自然选择的因果关系，将选择论和中性理论综合起来（更多是将分子水平的进化归因于选择），以澄清分子水平的进化变化原因，而统计学家们通常只对自然和人为的选择进行对比，对选择论和中性理论的争论并不关心。因而关于生物学尤其是关于进化的因果解释问题，依然是由达尔文自己的因果性解释理论发展而来的。

再次，关注统计主义的哲学家着迷于研究 1930 年前后费希尔、霍尔丹和赖特等人的工作，这三位创始人都是科学的因果论者，尤其是关于自然选择的强因果论者，但对于机遇与概率问题的理解却很难统一。尽管之前，马赫主义的支持者皮尔逊已经把自然选择理论解释为一种统计理论，就像所有物理理论一样，不是因果关系。但费希尔、霍尔丹和赖特等并没有采纳该观点，而是将各自关于自然选择的统计分析视为一种可预测性理论，从而使之具有因果关系的属性。

最后，新达尔文主义的因果论者需要针对自然选择理论以及适合度（fitness）概念的先验解释谨慎展开工作，但他们依然要与非因果性的预测性的统计学上的适应性（adaptability）概念相协调。即便适合度是一个统计概念，自然选择依然具有揭示因果的作用。因果论者关于适合度具有因果关系的观点应受到审视，因为解释性的适合度差异并不是恰当的因果中介，其仅仅在表型性状差异和生殖输出差异之间起到因果中介作用。历史表明，所有对自然选择最有用的概括不是对规律或数学方程的陈述，而是对选择作为一个因果过程的定义，这说明了什么是进行自然选择的充分和必要条件，以及它的决定论特征是如何彰显的。这也意味着，我们需要对进化理论中的非决定性特征进行更为深入的鉴别和研究。

在本书后半部分中，着重围绕现代综合运动之后形成的机遇性概念与内涵展开分析，并就进化非决定论议题与统计主义的路径展开讨论。后期的现代综合论者们认为，机遇在进化中扮演着重要的解释角色，并且这种机遇性并不仅仅意味着认识论意义上的无知。相反，对机遇 [及同源（homology）概念] 的引用被解释为对概率、随机抽样、偶发事件或与选择相反的事件的引用。现代综合运动带来的不是哲学或概念上的转变，而是关于漂变等机遇性因素是否且在多大程度上是进化变化的一个重要因素的经验观点的改变，从而形成了对立的两面：一方面，进化论在内涵上是"概率论"的；另一方面，进化变化中机遇、意外或偶然事件的发生方式扮演了经验的原因性角色，而以下是本书尝试给出的回答。

第一，进化非决定论者们认为，在进化理论中出现的概率概念代表了进化过程本身的非决定性，而不仅仅是出于我们的认知局限。进化过程除了包含亚原子事件可能具有的非决定性，还包含其他非决定性因素，而进化决定论者们反对这一观点，他们认为由于我们的认知能力有限，出现在进化理论中的概率概念是必需的，但这并不代表进化过程中的具有本体论意义上的非决定性。进化过程除了包含亚原子事件可能具有的非决定性，不包含其他非决定性因素。不过，进化非决定论者与决定论者一致认为，由于量子层次的不确定性现象，进化过程包含了可还原的非决定性因素。前者认为进化过程存在某种"渗透效应"将亚原子层面上的非决定性传导至宏观世界，导致进化过程在本质上带有非决定性特征，而后者则认为从微观（micro-）到宏观的过渡层级区间出现了"渐进决定论"的转变，导致进化过程在本质上是决定论的过程。

第二，通过对进化理论中的适合度概念进行分析，认为适合度作为生物成功的一种指标，并不是有机体与环境发生因果关系的一种属性。因此它在进化本身的过程中并没有起因果作用，尽管它使得我们能够做有用的概括和预测。对于各种机遇性事件导致的遗传"漂变"，其表现为统计学上的随机抽样，但从根本上说是因为我们对实际进化过程的细节缺乏理解，它并不能支持一种本质上或客观上的进化非决定论，我们所探讨的实际上只是一种理论上的非决定论，概率是其实现预测能力的工具。

第三，一种从进化发育生物学视角出发的实验检验被建立了，即在所有条件均同的情况下，两个拥有同样基因样本的个体是否会形成完全相同的形态。但在实践中，我们还是会面临突变过程中涉及的量子层面的非决定性效应。即使可以排除量子效应，我们也不可能消除生物与其各自环境之间的所有差异，因此实验检验总是有可能被未被发现的差异或隐藏变量（如果存在的话）影响，从而导致观察到表型变异有差异。这里涉及比较新的"可演化性"（evolveable）和"变异性"概念，它们取决于一系列相互关联的倾向——突变的倾向，产生了表型变异的突变倾向，以及携带该变异的种群在各种刺激下进化的倾向。这一概念打破了传统对于遗传变异的随机性的理解，同时很好地解释了发育中的鲁棒性、条件可演化性（conditional evolvability）和定向上位（directional epistasis）等概念，也解释了生命历史上罕见但关键的新颖性特征的起源等现象。这意味着，生命的演化并非不可预见的全然机遇性进程。

第四，目前关于生物学哲学的一个争论是，我们是否应该用"因果"或"统计"的术语来解释进化论。关于进化理论是否属于归纳理论的问题涉及进化生物学的核心特质。统计主义在对因果论的批评中突出了进化理论的统计特性，希望统计理论的递归性能通过回避因果性而解决归纳问题，但纯粹的统计理论并不能保证进化理论的归纳性，而且统计结构的确立也需要对某些参数暗含的因果假设进行确证。因此，在生物学中，模型的统计因果性与归纳事实的非决定性代表了目前我们对生物学理解的一对辩证关系。

第五，面向神经科学领域，对于自由意志或意识的难问题来说，目前的物理主义路径很难提供坚实的非决定性论据，用以支撑自由意志或是主观性的机制或来源问题，而只能接受一种弱的神经非决定论观点。本书希望提供一种不同于物理主义还原论所主张的共时性还原方法，这是一种以展现生物对世界认知能力的演化为路径的历时性还原策略，结合前面所讨论的进化非决定论观点并引入关于认知机制演化的进化认识论研究，主张生物认知机制与世界之间的关联并不存在必然性，生物性知识形成的过程是非决定论的。通过确立认知者中心论和多元本体论的世界观，取消了关于生物认知机制与外部世界之间的区分。生物性知识及认知能力的演化是由于共生环境中存在的各种因素和它们之间的动态关系，代表着某一类型认知形式演化方向的矢量状态表现出不确定性，但生命认知能力的总体发展趋势具有其必然性。

第一章

古代欧洲发育与目的论解释中的必然性与偶然性

生物学对偶然性的研究历史悠久，伴随着不同时期的研究主题，表现出不同的争论焦点和问题域，极大地推动了自然哲学、生命科学相关领域的发展。但与此同时，偶然性及其同义概念在生命科学史中又极易被忽视，尽管在历史上，几乎所有的生命发生、发育、演化解释始终存在着它们的身影，但在绝大多数的历史时期，源自亚里士多德传统的生物学研究模式始终秉承目的论、决定论的传统，那些非决定性的要素在研究中反而显得更加宝贵。特别是通过 20 世纪现代综合运动确立的新达尔文主义，机遇等表达偶然性的概念已经成为具有因果解释角色的概念，其重要性大大加强却依然让众多生物学家和哲学家们感到困惑和陌生。本章首先从古代欧洲生物学发展历史的视角勾勒出机遇及类似概念在不同阶段所扮演的不同解释性角色，接着探讨其所引发的哲学和科学争论，并尽力澄清它们对于许多现代概念的源头意义。

第一节　古希腊时期围绕生命起源与发育中偶然性的争论

在西方探索生命的研究中，许多非决定论的议题可追溯到古希腊时期对于偶然性的讨论。古希腊生命起源说中的一些学说将偶然性或机遇看成是自然世界的真正起源；另一些学说虽然只是基于目的论的朴素唯物主义观点，却将偶然性作为解释自然世界的一种重要补充。

一、恩培多克勒关于生命起源的偶然性解释

在弥漫着浓重宗教气息的古希腊时代，生命的萌生、发育、衰亡无不体现着神的意志，而这种意志体现了至高无上的确定性和必然性。因而，贯穿这个时代始终，该时期的自然哲学家们无疑难以跳脱决定论的生命演化观。但这并不妨碍一些自然哲学家在面对一些生命现象时，对其中的偶

然性要素产生一丝迟疑和思索。恩培多克勒（Empedocles）无疑很早就开始了这方面的研究，其基于元素论来尝试对生命过程展开解释，尽管并未脱离生命过程的必然性视角，但也更多地开始关注其中的不确定性因素。在他看来，元素之间不停地进行着分离与结合，但从细节上看，这些结合和分离的原因更多是发自于偶然性。不同于坚定的原子论和唯物论者德谟克利特（Democritus），恩培多克勒认为决定性和必然性仅仅意味着某种"好的"结果必然出现，但是它起源的方式则完全是某种偶然性。在他看来，生命之所以存在是因为宇宙中的不同要素恰好组成了某种稳定结构，四种元素产生的某种形式的生化复合是自发的和必然的，但是大多数生命形式并不是稳定的，因而难以持久存在，比如人面牛；而那些稳定存在的形式便会被保留下来并不断地循环发生，构成了我们看到的生命世界，导致我们倾向于认为生命形式是出于某种目的而形成的。但事实上，恩培多克勒认为这不过是自发的、幸运的自然副本。什么样的形式是稳定或不稳定的或许表现出某种确定性，但对于幸运留存下来的生命形式来说，这种元素的组合形式就是好的，关于自身的原因也就不外乎某种精心的策划并被良好地执行的一系列意向性的活动，将好的结果与其因果上的前件相关联便会产生这样的目的论推论，但这并不意味着这一结果的必然性。此外，恩培多克勒认为，生物通过累积、扩张或增加某些重要构造来进行生长，在他看来生物体不过是扩张了的种子，其浓缩形式囊括了自元素结合以来被生物生殖器官所忠实遗传的构造，这也就解释了生物体在发育上的规律性。

此后在生命的发生问题上，诸如恩培多克勒、伊壁鸠鲁（Epicurus）以及卢克莱修（Lucretius）等原子论者们通过反对宿命论确立了一种非决定论的生命观，原子无目的组合的方式形成的生命同样也不体现任何目的性。伊壁鸠鲁在其哲学体系中把机遇视为塑成世界的第三要素，将之理解为一种突发的自发性（to automatou）因素，认为这才是自然世界真正的起源。这种观点被称为"机遇的一元论"，将混合的机遇或单独的机遇理解为形塑世界面貌的因素。①因此，伊壁鸠鲁关于机遇的观点同样是基于必然性，作为自然规律的补充。

伊壁鸠鲁关于"机遇的一元论"的观点，得到了卢克莱修的进一步阐述，他认为远古世界存在的各种各样的生命，包括人类，都是由于机遇出现的，某些类型的生命具有的结构和力量，使得它们的生存和繁殖具有稳定性，得以延续到现在。②原子论者将生命的起源与延续概括为偶性的过程，但这也必然会引发自然演化的方向性问题，即自然的目的性。

应当说，以恩培多克勒为代表的这种生命起源的偶然性的解释是相当完善的，体现了朴素唯物主义的核心观念。但是亚里士多德却并未采纳，并认为这并非事实。他试图研究胚胎发育过程来反驳前者观点，通过强调发育过程中的顺序性来建立一种体现自然目的性的生物学解释。因而，如何面对偶然性问题成为亚里士多德的一个研究方向。

二、亚里士多德发育解释中的偶然性

从历史上看，亚里士多德开辟了最早的生物学哲学研究议题。首先要澄清的是，他并不是第一位研究生命问题的古希腊学者。在很大程度上，亚里士多德受到了希波克拉底（Hippocratēs）的医学著述的影响。不同于前苏格拉底时期的自然哲学家们进行的从理论预设到实践案例的推理，希波克拉底往往是基于实用的理由，"当知道那些人喜欢用假设的论据将医学科学还原为'假设'的简单事件可以治愈任何人，我全然困惑了"。③所以，希波克拉底更喜欢以一名职业的医者自居，而不是成为一名理论家，而亚里士多德也将医学视为一种技艺，与柏拉图（Plato）和希波克拉底一样，他也曾极力地想要去区分诸如医学这样的真正技术与一般的经验性技巧，

---

① Świeżyński A. The philosophy of nature, chance, and miracle[J]. American Journal of Theology & Philosophy, 2011, 32: 221-241.

② Hodge J, Radick G. The Place of Darwin's Theories in the Intellectual Long Run[M]. Cambridge: Cambridge University Press, 2009: 249.

③ Hippocrates. The nature of man[M]//Lloyd G E R. Hippocratic Writings. London: Penguin Classics, 1983: 7.

不过之后他和他的学派开始转向在生物学上探索，出于其自身的目的，采取收集、描述、解释的方式而非实践的方式来进行研究，因此亚里士多德才是第一位理论生物学家，或者是某种意义上的生物学哲学家。站在今天的生物学哲学的立场上来看，亚里士多德无疑需要在方法论上对希波克拉底所想要回避的问题进行评判，即基于假设的推理过程在探索不能被证明但被确定的第一原理过程中是有助益的。[①]在他看来，仅通过简单的列举和归纳是不能达到第一原理的，而应当对主体进行不断追溯直到确定其组成要素或本质定义。这些讨论真正地指向了今天生物学哲学依然在追寻的问题，即有关生命本质的第一原理以及达到它的方法。

需要澄清的是，"生物学"这一概念一直到 19 世纪初才出现，而在亚里士多德的时代是没有该词语的，它只是亚里士多德及其之后的自然哲学或物理学知识中的一部分，只不过这一时期的"物理学"研究要比现代意义上的物理学研究宽泛得多。对亚里士多德来说，希腊语中的"物理学"就是指"生长或发展中的事物或现象"[②]，是研究任何存在中的非偶发运动或其他事件的原因。所有这些存在都是物质的、独立的实体，共同组成了世界。[2]30-31 这些物质中的一些成为存在并最终被消磨掉，这一过程构成了物质的改变。不过，所有这些物质当它们存在时，可以通过各种关于定性的、定量的以及动力的变化过程来维持它们自身，并且在这些过程中获得或失去一些属性。但是这些对亚里士多德来说是非本质的，或随附的，它们的重要性低于本质单元的产生或消亡。所以，亚里士多德在生物学研究中所倾向的方法论也体现在其对物理学的态度中。

首先，何为本质。经过随附变化而保持原样的质料才称得上拥有本质或本质的变化。[③]其次，何为原因。结合亚里士多德的四因说，质料因仅仅是形式因的潜能，因而其重要性要弱于形式因、目的因、动力因，因此后

---

① 苗力田. 亚里士多德全集：第 4 卷 [M]. 北京：中国人民大学出版社，1996：320.

② 大卫·博斯托克，吕纯山. 亚里士多德论《物理学》第一卷中的变化本原 [J]. 清华西方哲学研究，2020，6（2）：34-55.

③ 苗力田. 亚里士多德全集：第 4 卷 [M]. 北京：中国人民大学出版社，1996：31.

三者自然也就成为揭示生命过程的主要方面。最后，何为规律。他认为任何自发的、机遇的或受外力驱使的发生不可被称为规律或类法则，也不能概括出科学知识。①因此，亚里士多德实际上将今天生物学哲学中的一些非常重要的问题放入物理学的范畴，以至于我们认为他在生物学和生物学哲学中的贡献仅限于动植物分类学。基于元素论的物质阐释，考虑到运动作为质料的内部源头（即亚里士多德物理学中目的论的运动阐释），而除此之外便是灵魂，或者就是我们今天所说的科学哲学意义中的心灵。对亚里士多德来说，灵魂就是首要的"组织原则"，这一理解与笛卡儿式的二元论和基督教神学的灵魂学说截然不同，灵魂是生命原理，其与质料是一体的，它代表了一种将生物各部分或器官组织在一起形成统一体的基本原理，从而实现了不同形式的工作或功能，表现出差别化的活性。具体来说，植物表现为发起并引导生殖、新陈代谢以及生长的功能；动物除此之外还表现出感觉、驱策能力以及情感的功能；而人类又多了理性灵魂的功能。②其中，生长体现了质料在目标导向的时间维度中的特性，新陈代谢体现了在不同点上事件和形式的整合。

亚里士多德生殖理论存在许多偶然性的要素，并且在他的对于必然性定义中，偶然性是必然性的反义词。③尽管存在偶然性，繁殖的精确程度也足以维持生殖过程的规律性与目标导向性。在亚里士多德看来，物种是一种生殖系，而不是类型。尽管每一个生物体都很忠实地复制其父系的形式，但亚里士多德承认，亲子关系复制中的某些环节根本无法做到准确和一一对应。不过在亚里士多德看来，父系如何并不必然代表子代就同样会如此，但是如果子代必然会发生的现象其父系也必然会发生。之后，亚里士多德的生殖理论得到了克劳迪乌斯·盖伦（Claudius Galenus，又译为克劳迪亚斯·盖伦）的辩护。特别是通过盖伦在对医学教育方面的持续影响，亚里

---

① 苗力田. 亚里士多德全集：第4卷[M]. 北京：中国人民大学出版社，1996：51-52.
② 苗力田. 亚里士多德全集：第4卷[M]. 北京：中国人民大学出版社，1996：51-52.
③ Lennox J G. Aristotle's Philosophy of Biology：Studies in the Origins of Life Science[M]. New York：Cambridge University Press，2001：19-40.

士多德的理论被威廉·哈维（William Harvey）恢复并倡导了。[1]哈维首先提出了"渐成论"这个概念，并用它来命名亚里士多德的观点。继卡斯帕·弗里德里希·沃尔夫（Caspar Friedrich Wolff）在胚胎学方面的重大发现之后，渐成论逐渐进入了达尔文之前正在逐步形成的生物学学科的体系框架之中。

亚里士多德认为，当密切观察有机体的发育时，即使是自发产生的有机体也非相互独立的组成部分的堆积。这是一个由原本不确定的事物形成的逐渐分化和明确的整体性过程。如果按照正确的顺序进行分化，那么这个过程将会可靠地在下一代中产生"另一个与自身类似的个体"，这就是它的终点（目的）。这也是近代亚里士多德主义者哈维所宣称的渐成论。

可以肯定的是，偏离规则的事情的确会发生，但并不会对亚里士多德的观点造成冲击，意外夭折和自然流产等不确定事件始终潜伏于后天发育的目标导向过程中，这突显了渐成生殖过程的偶然性。这使亚里士多德对生物的谱系产生好奇，即为何生物的各个组成构造都很好地适应于彼此以及外部环境，并在代际稳定地保持这些形式。事实上，生物圈蕴藏着丰富的谱系，整体而言，它们呈现出精细分级，从繁殖、感觉、欲望、运动到认知，相辅相成，从而证实了亚里士多德的结论，即其形而上学的基本观点：宇宙本身必然是一个永恒的自我生成的连续体。如果自然界中的高级生物不得不从低等的生物中演化而来，或者说，如果生物不得不从非生物中出现，那么生物界根本就不可能存在。恰当地说，生物是一个被很好地整合的整体，且十分依赖于所谓的"自上而下"的因果关系。同样的原因，宇宙作为一个整体，也不会从纯粹的元素过程开始。因为它显然确实存在，并且展现了大量的秩序，"宇宙"这个词意味着有序，因而亚里士多德得出结论：自古以来，宇宙一直存在，而且将永远存在下去。[2]出于其宇宙论的

---

① 盖伦和哈维并非完全忠于亚里士多德的思想，他们认为生物不同于物品，生物的各个部分都有其终极原因，或者从进化的角度来说就是适应。同时，与亚里士多德不同，他们认为女性和男性均对生殖过程存在影响。

② Sedley D N. Creationism and Its Critics in Antiquity[M]. Berkeley：University of California Press，2007：170.

背景，亚里士多德对生物做出了一种相当乐观的假设，且认为环境是十分稳固的。或者也可理解为，即便当环境不稳定的时候，宇宙也可以以生物体本身的灵魂性（心灵）机制为媒介来维持稳定，这使得亚里士多德认为物种的形成和谱系是可靠且连续的。不过，他对繁殖过程中的渐成论解释建立在充分的偶然性之上，这导致我们无法将亚里士多德视为类型学上的本质主义者。对于这个秩序体系的成员来说，类型并不是一个必要充分条件，这使得该生物拥有了类型上的跨代稳定性。因此，说亚里士多德造成了生物学的倒退是荒谬的，相反，现代生物学正是在亚里士多德的渐成论得到复兴时才开始的。

我们可以认为，亚里士多德通过其对于生命发育的解释很好地为生命过程的确定性和必然性提供了辩护，并在一定程度上回应了生命形式的来源问题。通过将灵魂与形式有机结合，他对生命的分类和类型展开了更为系统的研究，最终表现为其生命阶梯思想，从而形成了完整的基于渐成论的生命演化观阐述。

三、亚里士多德生命梯级思想中的物种固定论

在亚里士多德的理论体系中，灵魂是生命物质进行整合以及体现同一性的原则或形式，是不同功能性部分的物质性构成。[①]由于无生命的存在不具有功能性的"部分"或器官，因而它们几乎是相同物质的聚积。正如他所总结的，使个体的有机体成为整合的实质性生物的是不同类型的生命功能，而这些生命功能的表现就是每种物种的特征或行为。[②]这些表现与环境高度契合，不论是动物还是植物，不同的环境会塑造出不同的功能组合。因此，在亚里士多德的生物学体系中，这些可评估的要素成为其理论的核心。

概括来说，在他的体系中生命功能包括"交配、繁殖、进食、呼吸、成长、行走、苏醒、睡眠、运动"。不过，亚里士多德明显对植物和动物进

---

① 苗力田. 亚里士多德全集：第 4 卷[M]. 北京：中国人民大学出版社，1996：30-31.
② 苗力田. 亚里士多德全集：第 4 卷[M]. 北京：中国人民大学出版社，1996：269.

行了区别对待。在他看来，植物无非就是使其他个体与其自身相似①，因而植物的功能也就局限在繁殖、进食、成长、繁殖的周而复始上，而就动植物间的核心区别上，运动无疑占据最重要地位。实际上，这一领域也是今天生物学中最令人着迷的部分。例如，各种动物都有用以猎食以及躲避危险的各类感觉信息获取系统，该系统涉及触觉、视觉、听觉、味觉以及嗅觉，对这些感觉十分微小的变化，都能迅速作出反馈，通过复杂的渴求与厌恶类型，使它们趋向特定的一组目标。动物同时具有模式性的转换，即在唤醒状态下动物保持高度的生命功能水平，而在睡眠状态下，亚里士多德认为它们处于类植物的状态。②

（一）形式与动物发生的循环

熟悉亚里士多德目的论思想的人都应当知道他强调自然的目的性，而生命的循环就是这种目的性的证据。出于对物质与形式的双重关注，亚里士多德在《论动物部分》一书中对形态学方面的关注占据了大量篇幅，并且这种关注的焦点在很大程度上指向了个体生物在发生过程中的分歧发育。对于孕育、出生、成长以及生殖这一系列原因性的循环效应的研究，使他最终写成了《论动物生成》这本书。动物基于物质并表现出形式，其中自然也包括了生物演化并执行其被定义的功能的过程。他认为对作为"部分"的过程或早期阶段的探讨是必要的。③受有机组织功能性运转偶发影响导致的有机复合物自发性发生体现了物质本质所蕴含的力量的大小。④总之，在他的这一体系当中，所有的过程都是目标导向的，对于生物或器官存在本身的解释无不渗透着目的论的形式。特别是在对所有发育的解释中，亚里士多德虽承认物质中所蕴含的物理或化学潜能对发育构成必要条件，但是发育本身并非物质的工作，而是塑成物质并使其表现出功能的"形式"，

---

① 苗力田. 亚里士多德全集：第 4 卷[M]. 北京：中国人民大学出版社，1996：270.
② 苗力田. 亚里士多德全集：第 4 卷[M]. 北京：中国人民大学出版社，1996：25.
③ 苗力田. 亚里士多德全集：第 4 卷[M]. 北京：中国人民大学出版社，1996：203.
④ Lennox J. Teleology, chance, and Aristotle's theory of spontaneous generation[J]. Journal of the History of Philosophy, 1981, 19：219-238.

以确保能够开展其定义生命以及生命循环的"灵魂功能"。也就是说，形式和物质构成了亚里士多德口中的"目的"与"必要物"①，而需要说明的是，亚里士多德的灵魂概念是一种梯度化的概念，从最为基本的"植物灵魂"直到最为复杂的"人类灵魂"②，这种体系更像是一种功能梯度，从"摄取养分"到"感觉"，再到"思维"，不同类型的灵魂反映的实际上是从植物到人类所具备的功能及其背后的形式的从高到低的排序。（在某种意义上，这可作为亚里士多德"自然梯级"框架的一个缩影。）

在动物发生方面，亚里士多德反对恩培多克勒与德谟克利特的观点，后两人认为生物发生是更为基础的物质相互对抗而导致的机遇性结果（chancy outcome），已经不再是它们的物质自身。恩培多克勒的化学合成理论显然被亚里士多德所采纳，他认为各种有机组织自身是由四种要素按不同比例混合所构成的。③但亚里士多德并不赞同恩培多克勒对于生物本质起源的机遇性解释，他不相信仅仅是出于要素的随机聚集就能导致功能性有机组织的形成，其中必然蕴含着生命本质的属性或"灵魂"，也必然存在形式。但这种形式又与柏拉图意义上的形式截然不同，相较于柏拉图的形式，前者无疑表现出动态性。在亚里士多德的四因说体系中，目的因与形式因是紧密相关的，而动力因可等同为形式的活动性。可以说，形式在整个体系中既具有起始效能也有目标导向效能，它表现出动态的过程性。

（二）作为梯级的生命功能

亚里士多德在生命功能的议题上承认生物的生活方式是基于它们拥有的功能的，但他并不认为这些功能仅仅表现为确保生物生存的工具，还应被纳入认知的层面。④尤其对于人类来说，智力能力无疑是不可忽视的，它表现出丰富多彩的想象力以及良好的记忆能力。这些能力已经不仅仅是生

---

① 苗力田. 亚里士多德全集：第4卷[M]. 北京：中国人民大学出版社，1996：269-271.
② 苗力田. 亚里士多德全集：第4卷[M]. 北京：中国人民大学出版社，1996：33-34.
③ 苗力田. 亚里士多德全集：第4卷[M]. 北京：中国人民大学出版社，1996：25.
④ 苗力田. 亚里士多德全集：第4卷[M]. 北京：中国人民大学出版社，1996：269.

存与繁衍的需求，还包括了对于所处世界的理解。出于这些原因，原本用以维持生存的功能反过来偏离了初衷，从出于探求的目的逐渐趋向于以其带有认知性的灵魂对世界做出更为深入的理解。所以，在亚里士多德看来，生存目的并不是生物界秩序的支配性原则，认知能力也并不仅仅是一种生存机能。灵魂功能意义上的分层评价决定了生物界的秩序。总之，他以认知能力作为一种高级的功能，并以功能体现的能力提出了类似于达尔文意义上的生物界的梯度。①亚里士多德对认知问题的关注在很大程度上是为了巩固其构建的形而上学的生物学框架，即一种与众不同的对灵魂的解读。他将灵魂视为一种生命特有的组织形式，并且这种形式并不仅仅是连接最底层的物质并通向最高等级的存在，更是为了在德谟克利特与恩培多克勒的还原论的唯物主义，以及柏拉图对于我们认识的具身性的忽视或轻视之间另辟蹊径。所以从这个意义上可以看出，亚里士多德的生物学研究正是他打造其哲学大厦的重要环节。

（三）生命类型

大卫·莫布雷·巴姆（David Mowbray Balme）曾提出，亚里士多德体系依赖术语"原型"和"类型"[genos②，今天意义上"属"（genus）的来源]，但对于精确区分庞大的物种系列来说，这样的区分显然是极为有限的，并且会出现分类重叠和冲突。③杰弗里·欧内斯特·理查德·劳埃德（Geoffrey Ernest Richard Lloyd）曾就其中可能存在的相对主义疑云进行了讨论，认为这是客观世界相称性或相关性结构在人类知识中的真实反映。④不过，从历史语境的角度讲，亚里士多德在生物学领域给予后人的启迪是巨大的。古罗马时期，曾撰写《博物志》(也有译作《自然史》)的盖厄斯·普林尼·塞昆德斯（Gaius Plinius Secundus）作为一名自然史学家，显然接受

①　苗力田. 亚里士多德全集：第 4 卷[M]. 北京：中国人民大学出版社，1996：270.

②　张汉良. 亚里士多德的分类学和近代生物学分类[J]. 符号与传媒，2018，(2)：1-25.

③　Balme D M. Aristotle's use of division and differentiae[M]//Gotthelf A，Lennox J G. Philosophical Issues in Aristotle's Biology. Cambridge：Cambridge University Press，1987：69-89.

④　Lloyd G E R. Aristotelian Explorations[M]. Cambridge：Cambridge University Press，1996：67-82.

了亚里士多德式的系统分类，他使用无血与有血的二分体系来进行动物种类划分，并在分支体系上进行了更为细化的下探。到 18 世纪时，卡尔·冯·林奈（Carl von Linné）在系统分类学上的工作可以认为是对亚里士多德在分类体系上含混状况的修正和方法颠覆，其分类的细化程度达到了每一具体的物种，甚至那些尚未被确认的物种也被预留了名称。这种做法显然带有唯名论的影子。到 19 世纪时，对林奈"人为"性质的研究途径表示怀疑的比较解剖学家们认为，这对于澄清亚里士多德的系统分类观念来说毫无意义。即便如此，约翰·亨特（John Hunter）、乔治·居维叶（Georges Cuvier）、理查德·欧文（Richard Owen）等亚里士多德式的博物学家们依然还是坚持围绕"自然"的体系划分，从现象的层面上进行复杂性的解析。其中欧文直截了当地提出，亨特对动物界的分类相比于林奈的较为人为的系统更偏向亚里士多德体系以及自然，虽然其手稿中针对动物界分类的尝试在策略上的确还无法做到清晰明了，但其中的优点有赖深入研究，而居维叶所做的值得我们赞赏。①

生命阶梯思想对后期的生物学产生了巨大影响，不亚于哥白尼时代对于亚里士多德物理学的检讨，18～19 世纪，博物学围绕物种固定论与演化论展开的争论也恰与之相似，通过重新检讨亚里士多德的静态生命梯级以及强的决定论立场，生物学迈向了新的阶段。关于这一部分的讨论，后面章节会继续展开。

总之，亚里士多德因秉持自然的目的性与规律性而拒绝承认生命的起源和演化完全是出于机遇，但是却没有否认生物病因学伴随着偶然因素，这一点我们在下一节会继续谈到。我们也看到，亚里士多德胚胎学的偶然性被他关于宇宙是永恒的、自我维持的，在其上端是神圣的信念削弱了。偶然性事件的范围被后来的犹太教徒、基督教徒和伊斯兰教创世论大大拓宽了。②上

---

① Owen R. The Hunterian lectures[M]//Sloan P R. Comparative Anatomy. Chicago：University of Chicago Press，1992：95.

② Hodge J，Radick G. The Cambridge Companion to Darwin，Second Edition[M]. New York：Cambridge University Press，2009：252.

帝从无中创造世界的信念与神学家们将亚里士多德哲学视为神学婢女的冲动之间的冲突难以调和，尽管正统的基督教神学家对新柏拉图主义保持乐观，但在以后的哲学和科学的历史中，这是一个重要事件，若忽视它则包括生物学在内的科学几乎不可能被理解。

第二节　中世纪目的论和灵魂学说中的偶然性

古希腊的目的论解释首先是由柏拉图提出的，之后，亚里士多德发展了关于导向某种自然事件发生的终极原因的目的论解释，并且认为其目的论是解释自然和谐和有序变化的原则。对亚里士多德而言，这个原则是所有科学（亚里士多德物理学）的基础条件。不同于拒斥偶然性的柏拉图神学目的论，亚里士多德将偶然性要素与其自然的目的论（natural teleology）相整合。亚里士多德承认自然世界存在一定的偶然性，但是这种偶然性受制于目的性。这种观点的影响贯穿了整个欧洲古代的自然哲学，特别是关于生物学中必然性与偶然性之间的关系与平衡的解读，对生物学思想的发展起到了重要影响。

一、亚里士多德及其之后目的论解释中的偶然性

在亚里士多德对生命过程中机遇的解释中：首先，他将其解释为运气（Tuché），这是一种由于它在我们生活中的重要性而得名的机遇，当事态摇摆不定时，运气就是机遇，比如你打算向某人讨债，却正好遇到其人；其次，他将机遇解释为自发性，它是在自然倾向和冲力的影响下产生的。①也就是说，在亚里士多德那里，偶然性是自然界中无法避免的因素，但是也无法否定目的性，这只是自然界在达成目的的操作中出现的意外。

---

① Gayon J. Chance, explanation, and causation in evolutionary theory [J]. History and Philosophy of the Life Sciences, 2005, 27: 395-405.

简而言之，目的论并不意味着直接进展到预定的目标而排除机遇。某些目的论解释与直生论、预成论（preformation）以及生命系统的可预测性问题相关联的原因在于：目的论是一种有计划、有目的的主体意向性模型或结果，但这一定义仅当限定于基于目的性设计模型的目的论时才成立，是一种外在的目的论解释。但是亚里士多德强调的是一种"内在的目的论"，即终极原因活跃于自然内部：事物都在努力实现其形式，就像橡树果正在努力成为一棵橡树。

需要说明的是，中世纪的目的论相比亚里士多德的版本存在重大差异，"外在的目的论"成为主流，这种影响一直持续到达尔文时期甚至今天，比如各种版本的智能设计论。13世纪，阿奎那提供了一个知识框架，使设计或目的论得以定义，同时也认识到机遇在预期结果中的作用。阿奎那强调，神的意图并不排除运气或机遇。[1]也就是说，在生命过程中的某一阶段可能会涉及实现其目的的机遇。阿奎那将事物演化中的机遇理解为超越其意图的因果因素。尽管阿奎那想要明确区分"自然的目的论"和"创造的目的论"（creative teleology），但是哲学家如约翰·比里当（John Buridan，又译作约翰·布里丹）、弗朗西斯·培根（Francis Bacon）、笛卡儿、巴鲁赫·斯宾诺莎（Baruch Spinoza）、托马斯·霍布斯（Thomas Hobbes）和约翰·洛克（John Locke）等人，都反对目的论，因为他们都认为这暗示了"上帝的目的"和"拟人论"。目的论并非意味着直接达成目标，也非意味着排除偶然的机遇。正如现代综合论者杜布赞斯基所评论的那样，进化不是目的论，因为"它并不能预见"。[2]斯特宾斯也曾评论，进化不是目的论，因为它"毫无目的"。[3]因此在进化论中有关机遇与目的之间关系的困扰是由于对"目的论"定义的根本性曲解，是基督教神学试图将希腊哲学思想与圣

---

① Hoonhout M A. Grounding providence in the theology of the creator: the exemplarity of Thomas Aquinas[J]. The Heythrop Journal, 2002, (1): 1-19.

② Soontiëns F J K. Evolution: teleology or chance?[J]. Journal for General Philosophy of Science, 1991, 22: 133-141.

③ Soontiëns F J K. Evolution: teleology or chance?[J]. Journal for General Philosophy of Science, 1991, 22: 137.

经启示相调和所带来的扭曲，甚至可以说是对自然认识的退步。

亚里士多德生物学能在之后的一千多年内得以延续，主要是因为它在许多哲学议题上达成了精巧的平衡，在基于经验观察的同时又不被这些观察所掣肘。也正是其间的一些经验性的研究（或者说今天意义上的生物学研究）逐渐侵蚀了亚里士多德生物学的哲学框架，但更主要的变化还是在哲学层面。

《动物志》与《论动物部分》在后期发生了修正，亚里士多德建立解释性动物学工作中的一些上层设计变得不再清晰。①但在文艺复兴时期，伴随着怀疑论向认识论研究转向，亚里士多德关于认知能力的研究被重新注意并得到了辩护，特别是他将思考作为一种生命功能的观念。②这些观点与这一时期兴起的机械论学说在某些方面相一致，尽管还需要更多改进。其中不得不提到形式因和目的因，它们成为这一时期机械论哲学家们所关注的焦点。这一时期，机械论的生物学研究对于亚里士多德的目的论体系存在很大的异议，有必要使用一种物质性的原因来作为有机体运行与运动的类比，以便取代古希腊生物学家们一直使用目的来作为生物及其器官的解释的方法。需要说明的是，此时的机械论哲学家们所要面对的并不是真正意义上的亚里士多德目的论。其中的核心在于，目的论预设一切物质实体都是出于好的使用，"自然不做徒劳无益的事"这一亚里士多德信条一直发挥着作用，并且亚里士多德之后的希腊哲学家们不断地强化着目的论的解释，盖伦甚至指责埃拉西斯特拉图斯（Erasistratus）③并不是真正的目的论者，他推行的是一种纯粹意向性的目的论，这种目的论没有区分是出于目的的原因还是出于物质性的原因，例如，一种物种对于另一物种来说的好的用途（马的存在就是为了服务于人）。盖伦完全转变了亚里士多德的目的论体

---

① Lennox J G. Aristotle's Philosophy of Biology: Studies in the Origins of Life Science[M]. New York: Cambridge University Press, 2001: 114-117.

② Lennox J G. Aristotle's Philosophy of Biology: Studies in the Origins of Life Science[M]. New York: Cambridge University Press, 2001: 123.

③ 其确定了心脏所起的泵的作用（但不包括血液循环），同时在脑部区分出感觉神经和运动神经，通过对神经定位并一直追溯至脊柱。

系，将其从内部、演化的目的论转变为外部、实用导向的目的论。亚里士多德的《动物志》框架中的"自然阶梯"逐渐让位于普遍性的目的论，宇宙等级中处于较低层级的存在物都是出于服务高层级的目的而存在的。这一思想也被伊斯兰教、犹太教以及基督教的经院哲学所接纳。所以在文艺复兴时期，亚里士多德的生物学研究文本被重新评定修改并出版，人们发现它与之前的版本大不相同，并对其中的研究颇感兴趣。①

正是由于亚里士多德的学说遭到了扭曲，其目的论的生物学解释中对于偶然性的态度被曲解，自然的规律被外在的目的论所冲淡，生命过程中的偶然性继而被放大，被各路宗教学说利用。

二、中世纪灵魂学说解释中的偶然性与必然性

亚里士多德的典籍原本向经院哲学的灵魂学说发展的桥梁是由阿拉伯人浩大的"百年翻译运动"所建筑的，早在阿奎那之前，出生于公元 980 年的中亚细亚布哈拉城的阿维森纳（Avicenna）就对亚里士多德的形而上学以及灵魂学说进行了综合，并发展出他独特的灵魂学说。

由于阿拉伯语中系动词的缺失，关于属性与特征的表达在伊斯兰哲学中获得了独特的解释，而这些解释也影响了阿维森纳对于有机体与灵魂②的"实体"概念的划分：没有实体性形式的原始质料具有了本质形式，且先于亚里士多德主义中的实体。③此外，阿维森纳还区分了有机体的感官感觉把握的形式与感觉自身把握的形式④，当外在事物被感觉时，被感觉到的东西在"灵魂"中，其形式在有机体中被感觉捕获，但是"被感觉的东西在'灵魂'中"的意思是在有机体的感觉中事物的形式被构想。⑤他认为感官所把

---

① Grene M，Depew D. The Philosophy of Biology：An Episodic History[M]. Cambridge：Cambridge University Press，2004：33-34.

② 阿拉伯语中没有与希腊语中的"灵魂"直接对应的概念，而阿维森纳所说的灵魂转译为"nafs"，其中不包含亚里士多德意义上的"本质"（形式）含义，而是人作为一个有机体的精神维度或意识。

③ 何博超. 本质与存在[J]. 世界哲学，2016，5：118.

④ 晋世翔. 欧洲 13 世纪"介质中感觉种相"问题溯源[J]. 清华西方哲学研究，2015，(1)：322-341.

⑤ Tweedale M. Representation in scholastic epistemology[M]//Lagerlund H. Representation and Objects of Thought in Medieval Philosoph . London：Routledge，2007：66.

握的是初级感觉对象，这些形式首先来自外在事物，然后被更为内在的感觉（如想象力）加工。外感觉负责去除外在事物的质料而接受形式，内感觉负责保存事物的意向（intentio）。内感觉中的某些机能负责处理外感觉提供的物质形式，而某些机能则负责保存相对感觉者而言的感觉属性。①阿维森纳同意亚里士多德的"感觉是认识的基础"这一论断，但他将亚氏定义"科学"时所用的"可能性"（潜能）提升至"存在"层面，即一种本体性的潜能，这就将"可能性"（偶性）纳入到存在之中，认识对象也就变成了作为本体"属性"的偶在。因此，阿维森纳又将存在分为必然的和偶然的，只有上帝是必然存在的，其他一切实体都是偶然的，并提出了十灵智体学说②：他认为作为第一原因的永恒的上帝创造了第一灵智体，第一灵智体又产生出第二、第三灵智体……最后才产生理智（Aql），即人的主动理智③，这种观点对阿奎那的灵魂学说进行了扬弃。同时，阿维森纳的世界图景又展现出了新柏拉图主义的倾向，上帝作为先在"流溢"出的是人的灵魂；共相作为主动理智涌现出了最终个体的人的现实理智。

至近代早期阶段，亚里士多德的哲学为了"适应"基督教的神学框架，被教会做了相应的修改，特别是13世纪阿奎那对亚里士多德形式质料说的改良。阿奎那的质形论明显是亚里士多德形式质料说的继承性观点，但作为一名虔诚的基督徒，为了维护信仰，他不得不站在基督教的立场上对亚里士多德的理论进行取舍，这使得亚里士多德的学说接受"洗礼"后基督教化，继而来抗衡阿威罗伊主义者。阿奎那为了化解亚里士多德关于"理性灵魂"和"感性灵魂"不能从根本上解释个体人何以能思考和获取知识的疑问，他首先从"人的身心合一性"入手，主张人是由灵魂与肉体组成的，人个体（individual person）是一个复合体（com-positum/composite

① Hasse D. The soul's faculties[M]//Pasnau R. The Cambridge History of Medieval Philosophy. Cambridge：Cambridge University Press，2009：305-319.

② 伊本·西那（阿维森纳）．论灵魂：《治疗论》第六卷[M]．北京大学哲学系译．北京：商务印书馆，1963：239-252.

③ Davidson H A. Alfarabi，Avicenna and Averroes on Intellect：Their Cosmologies，Theories of the Active Intellect，and Theories of Human Intellect[M]．New York：Oxford University Press，1992：75.

substance），人的肉体是被灵魂赋予形式（besouled）①的身体。②在这里，亚里士多德所主张的形式先于物质的理论被转变为了形式物质一体说。灵魂和肉体不是对立的二元，而是一种不会消除个体完整性的"组合"，阿奎那认为脱离了肉体后的认知不再是人的自然认知方式③，人在自然状态下的认知必须是灵魂功能配合感性功能所致之知。④同时，灵魂作为肉体的共时性存在，和肉体"分享"着一些行动，它充满着有机体，但不是奥古斯丁（Augustine）所认为的那种"精神实体"。更确切地说，对于一个现存的"自然实体"，形式要想存在，也只能是"在质料之中存在"，或是借由与质料组合而成的复合体使自身成为现实存在，并且它还随着这个复合体的生灭而持存或湮灭⑤，形式不再是亚里士多德形式质料说中使个体成为"现实的"原则。也就是说，亚里士多德哲学中同一物种内每个个体所共有的普遍的"特殊形式"（specific form）是一个事物现实存在的原则，但阿奎那认为这只是我们抽象的结果，是许多能被归属于同一个种的个体之所以能被我们的认知捕获的一种形式上的"相似性"（likeness），起作用的只是被其质料个体化了的形式。⑥

就人的灵魂来说，为了获得其自身特殊的自然本性，它必须与肉体合二为一。人皆有灵魂，而人的活动都是其肉体和灵魂相结合的共同活动。然而，为了维护"灵魂的非物质性"和"灵魂不朽"等基督教正统思想，他认为理性灵魂除了和动植物具有一样的基本生命功能，还有一种独特的、

---

① 刘素民. 从"心物无分"与"理智抽象"看托马斯·阿奎那的知识论[J]. 哲学研究，2017，（4）：95-102.

② Aquinas T. Summa Theologica[M]. The Fathers of the English Dominican Province, trans. New York：Benziger Brothers, 1948：Ia, Q. 75, a. 4.

③ Aquinas T. Summa Theologica[M]. The Fathers of the English Dominican Province, trans. New York：Benziger Brothers, 1948：Ia, Q. 89, a. 1.

④ 刘素民. 从"心物无分"与"理智抽象"看托马斯·阿奎那的知识论[J]. 哲学研究，2017，（4）：95-102.

⑤ Thomas A S. Commentary on the Metaphysics of Aristotle[M]. Rowan J P, trans. Chicago：Henry Regnery Company, 1974：501.

⑥ Thomas A S. Commentary on the Metaphysics of Aristotle[M]. Rowan J P, trans. Chicago：Henry Regnery Company, 1974：482.

不依赖于肉体的功能，即"理解"事物的能力，但他却没有给出进一步的说明，只是把它定义为与肉体无关的灵魂活动。此外，他相信"恩典并不取消自然，而是成全自然"，自然（理性）在对"神圣的"真理的认识和理解方面能够提供有用的帮助。①

阿奎那的宇宙论证明包含着一种形而上学原则，一种在他看来支配所有实在运动的因果关系原则。根据这种因果关系原则，"每个结果都依赖于它的原因，如果结果存在，那么原因必然先于它而存在"。②简言之，阿奎那在自然哲学中的一个重要贡献就是将"理性"返还到了"自然状态"，也即一种精神的"去实体化"，他相信世界的运行符合某种逻辑规则并在本体论意义上与造物主相通，这帮助了后来的经院哲学家在动物的身心问题上摆脱对神学体系的过度依赖。

在欧洲 13 世纪亚里士多德主义复兴的高潮中，阿奎那尽管尽可能地紧靠这一潮流，但他也不得不承认世界的存在取决于上帝的意志，并将之作为原因，因此上帝没必要使世界永远存在。即使生命链条中的某一环节是偶然的，物种谱系仍然会可靠地持续存在——这一亚里士多德的观点被阿奎那所改造，即作为第一推动者的上帝外在于偶然性的世界。我们周遭的事物没有什么是必然存在的，因此我们必须推断，无论创造是一次完成还是一个持续的过程，一个必要的存在必然最终处于不必要的存在之后。阿奎那留意到奥古斯丁的警告，认为后者对摩尼教的伪科学性质感到失望。神学不应该把自己束缚在科学理论之上，因为当它们被取代时，往往会抹黑任何将自己束缚住的宗教。阿奎那强调创造世界是对上帝的本体依赖（偶然），这导致他对创造是如何发生并及时展现的，一直保持中立态度。虽然它冒犯甚至反对了信仰，但他不认为亚里士多德的永恒世界概念可以在理性的基础上被排除。他怀疑奥古斯丁违反了自己的科学中立性，提出将研

---

① Aquinas T. Summa Theologica[M]. The Fathers of the English Dominican Province, Trans. New York：Benziger Brothers，1948：la，Q.1，a，8.

② Aquinas T. Summa Theologica[M]. The Fathers of the English Dominican Province, Trans. New York：Benziger Brothers，1948：la，Q.2，a，2.

究理由同时置于世界之中，并用另一种方式表达。①然而，即使如此，阿奎那在一些文书中曾被认为过于自然主义，出于这个原因，各路学者以及哲学家们倾向于将越来越不符合亚里士多德原意的解读倾注于拉丁化的亚里士多德的文本中。例如，唯意志论者认为，因为上帝是全能的，所以它可以创造任何他喜欢的世界，或者根本没有任何世界，只要他的独断规则不是自相矛盾的。另外，唯意志论也推动了认识论转向唯名论，这种关于知识的起源和本质的学说，与早期的怀疑论差异明显。阿奎那认为，上帝可以通过被认为是"次要原因"的普遍可靠的自然法则来管理这个世界。但是，因为自然规律实际上不过是反映上帝意志的规律，所以他可以随意干预自己的行为。这种说法是现代各种奇迹学说的根源。不言而喻，当诸如大卫·休谟（David Hume）或达尔文挑战它时，他们遭到了除相对小众的无神论者之外的其他人的激烈声讨。

当然，在经历了欧洲中世纪之后，生物学对于灵魂学说的限制与反思也日趋激烈；当机械论哲学兴起之后，对于生物学中的灵魂性因素的排斥与抑制便成为学者们主要关注的议题，也直接推动了对于亚里士多德内在目的论的回归与改造。

三、机械论生物学解释中的不确定性与动态性

17世纪时，亚里士多德的生物学传统迎来了与机械论的正面对抗。笛卡儿是近代机械论哲学的伟大创始人，他将生物学纳入机械论哲学的体系之中。罗伯特·玻意耳（Robert Boyle）在17世纪末期解释了"力学"的含义，它指前件事物"接续"后件事物（即如同桌球连续撞击那般）。笛卡儿将这一概念从工程学引入了生物学，这意味着生物学开始被纳入机械论的决定论。在某种意义上，就像亚里士多德的动力因和质料因并没有在目的因和形式因的互相关联下产生功能一样，机械论的生物学列举了一连串

①　Thomas A S. Commentary on the Metaphysics of Aristotle[M]. Rowan J P, trans. Chicago: Henry Regnery Company, 1974: 501.

物质的运动，它们依次接续；在另一种意义上，生物变成了因某种外部目的而设计的"机器"。笛卡儿为此辩护认为，在他的原则下，只要是运用数学或清晰明了的论证，并且结论能被正确的实验所证实，则一切推论都能成立。在他看来，力学（机械学）不过是真正的物理学的一部分，它在庸俗哲学中找不到位置才被返还给了数学家，这种涉及应用和实践的哲学更加真实。①因此，笛卡儿认为人们对他哲学风格的责难与对力学的责难类似，只因为它们是真实的。同时，物质/形式的关系也被意外逆转了，形式使物体浓缩于其下，首先是属，然后是种，最后是个体；物质是均一的存在，只不过形式将它们区分开来。从某种意义上讲，物质已经摆脱了对形式的依赖，倾向于成为笛卡儿的广延（res extensa）物。此外，形式作为一个解释性概念，几乎完全退出了笛卡儿哲学。

笛卡儿将生物学纳入到其机械论的哲学体系之下，与传统的亚里士多德生物学相比，表现出较大差异。

第一，该差异是生命的运行方式。亚里士多德的四种变化为质料的变化、定性的变化、定量的变化、局域性的变化。第一个为质料在月下区的消磨过程；保留下的相同质料同时也改变了它们附属属性，即性质变化；诸如人所掌握的知识、肤色等变化都可归为量的变化；而生长以及位置的移动则称为局域性的变化。对于笛卡儿来说，亚里士多德质料的、定性的和定量的改变并不能算作变化，只有局部（部分的）运动才是真正的变化。物质以及作为它属性的性质与数量不会变化（除了心灵），而仅仅是场所的变化。他提出了一种含糊的延展物质——广延，其中的不同部分的位置总在发生变化。然而笛卡儿的广延物是定量的还是定性的却很难被分辨，不同部分在其中不断地改变着所处位置。除心灵之外，这些部分不会产生新的物质。在物质的层面上，生与死仅仅是身体或身体部分的再排布。海伦·阿塔（Helen Hattab）就认为，对于经院哲学的基本内容来说，笛卡儿将自然法则替换成上帝为物质世界的特定事件所创立的次要因，这种次要

---

① Descartes R，Adam C E，Tannery P. Oeuvres de Descartes [M]. Paris：Vrin，1969，12：420-421.

因证实了笛卡儿哲学中身体的模糊性。但对于笛卡儿的广延物究竟是数量形式还是物质形式，一直定义不清。通过分析，阿塔倾向于认为，相比于物质，笛卡儿将自然法则视为由上帝所设计的针对物质世界中特定事件的规则，是次要因。对于生物来说，一切运动变化的首要原因是服从牛顿力学局域性运动（机械运动），属于物质广延。①这显然是笛卡儿的反对者们所不能接受的，因为在这里，笛卡儿将广延作为物质首要的基本属性。②这更加偏离了亚里士多德的定义。这也说明在笛卡儿的机械论哲学解释中，对生命过程的解释是极为模糊的。在当时的研究条件下，人们很难将物理性的变化与生命过程完全联系起来。所以，可以认为笛卡儿的广延学说并不能很好地解释生命起源与发育过程，必须通过机制性描述背后的某种不确定性来全面概括生命现象。

第二，差异表现为机械论的因果关系。亚里士多德物理学包括我们所说的生物学，笛卡儿在这里延续了这一观念，但生物学进一步下降为局域性运动的学科。生物学从物理学范例的地位转变为物理学中局域性运动的一部分。也就是说，在笛卡儿这里，生物丧失了作为独一无二存在的地位。同时，笛卡儿引入了工程学意义上的"机制"概念，从概念上将动物仅仅看作是机械或自动机，将诸如人以及人体器官这样的有机体组织视为上帝精心设计的机器。③他在《谈谈方法》中将这种"力学定律"与自然法则相等同④，但在《哲学原理》中他认为这种自然法则已然是机械运动的规律，甚至在某种程度上预见了牛顿的三大定律。⑤因此，运动（变化）的第一因

---

① Hattab H N. The Origins of a Modern View of Causation: Descartes and His Predecessors on Efficient Causes[D]. Ann Arbor: University of Michigan Dissertation Services, 1998: 274-302.

② Ariew R, Cottingham J, Sorell T. Descartes' Meditations: Background Source Materials[M]. Cambridge: Cambridge University Press, 1998: 259.

③ Descartes R. The Philosophical Writings of Descartes, Volume 3: the Correspondence[M]. Cottingham J, Stoothoff R, Murdoch D, et al., trans. Cambridge: Cambridge University Press, 1991: 134.

④ Descartes R. The Philosophical Writings of Descartes, Volume 3: the Correspondence[M]. Cottingham J, Stoothoff R, Murdoch D, et al., trans. Cambridge: Cambridge University Press, 1991: 139.

⑤ Descartes R. The Philosophical Writings of Descartes, Volume 3: The Correspondence[M]. Cottingham J, Stoothoff R, Murdoch D, et al., trans. Cambridge: Cambridge University Press, 1991: 240-242.

变成了这种"力学定律",而笛卡儿的这种"力学"原理与"机械论"的因果关系密切相关,有时几乎相同。机制上的原因(设计因素)成为生物解释中的第一原因,而亚里士多德式的目的论解释则在很大程度上被笛卡儿描述为一种上帝的神秘意志,对于我们来说,能做的仅仅是一步一步地领会那些精巧设计,而对于设计背后的意图则不必去追问。

第三,动物是机器。在具体对待生命的问题上,正如笛卡儿在"论人"一篇中所说的,"身体不过是大地所孕育出的塑像或机器"①,而研究的重心以人类为主,在"人类身体的描述"一篇中,通过描述性的方法展示了人体器官作为机械的运作形式。②这些对人的关注凸显了笛卡儿二元论哲学的背景。对于人类来说,心灵是附加的,而对于动物来说,则不存在灵魂,仅仅是机器。这种"动物是机器"的观点到朱里安·德·拉·美特里(Julien Offroy de La Mettrie)那里甚至发展为"人是机器"。

笛卡儿认为动物是无意识的液压,或更严格地说是气动机器。他认为这些机器的驱动液是动物的灵魂,从阿尔克迈翁(Alcmaeon)和柏拉图开始,许多古典和中世纪的思想家都将其称为是一种沿着神经流动的易挥发物质,被视为(当然是错误的)空心管。它们的血流被认为是由在神经和脑室中操作微小"瓣膜"的细丝控制的。笛卡儿试图通过动物精神的流动来解释反射运动。外部刺激会移动皮肤,进而拉动细丝,从而打开瓣膜释放血流,最终影响肌肉并产生运动。然而,他的想法并不局限于简单的动作。他还试图分析感觉,"灵魂的激情"甚至情感都是因为外部事件导致动物精神从外围流向脑室。

第四,关于心灵。有关动物不具备心灵的观点也遭到了亨利·莫尔(Henry More)等人的质疑,焦点主要集中于感知。早先笛卡儿认为,动物

---

① Descartes R. The Philosophical Writings of Descartes, Volume 3: The Correspondence[M]. Cottingham J, Stoothoff R, Murdoch D, et al., trans. Cambridge: Cambridge University Press, 1991: 99.

② Descartes R. The Philosophical Writings of Descartes, Volume 3: The Correspondence[M]. Cottingham J, Stoothoff R, Murdoch D, et al., trans. Cambridge: Cambridge University Press, 1991: 313-324.

不只没有感知能力，也没有思想，因为它们是心灵的功能。①但面对质疑，笛卡儿声称他并不否认动物的感知能力，但感知在某种程度上只是依赖于身体器官的附属。②之后笛卡儿一直坚持了这一观点，事实上等于摒弃了亚里士多德式的灵魂观念，拒绝承认"植物灵魂"以及"感觉灵魂"的存在，而将"思维灵魂"在某种程度上以心灵的形式表现出来，这表现出相对于物质的对立。

笛卡儿认为，人不只是机器。他借鉴了二元论哲学——这对于包括盖伦在内的许多早期柏拉图主义思想家的心脑关系都是如此重要——他提出人是机器中的灵魂。人类的反射行为和情感被解释为与动物相同的机械基础，但人类自发的思想和行为需要物质机器和非物质的、不可分割的理性灵魂（或仅是灵魂）之间的相互作用，笛卡儿认为这种灵魂缺乏空间的延伸和定位。他坚持认为，这种相互作用发生在松果体中，理性的灵魂在松果体中重新传导为小组织的运动，从而调节动物精神的流动，动物精神可以影响灵魂。他选择松果体作为身心互动的场所，是因为松果体是一个单一的、不成对的结构，适合与一个独特的灵魂进行互动，而且因为他错误地认为，松果体会突出到中间（第三）脑室，因此很适合影响动物灵魂的运动。笛卡儿的身心交感论从一开始就遭到了强烈的批判。松果体作为身体—灵魂联系部位的假说很快就被抛弃了，但随后他提出了其他部位，如胼胝体。笛卡儿的这种身心交感论从提出之日起便受到质疑，关于它的争论持续至今。

第五，生命的形式。这一问题紧接着作为形式寓所的亚里士多德式"灵魂"。正如前面提到的，笛卡儿实际上用四种亚里士多德变化类型中局域性的变化取代了其他三种，他认为其他三种变化本质上都可以还原为局域性的变化。同时，由于笛卡儿将亚里士多德的灵魂概念局限于思维（心灵），运动不再是被摒弃部分（物质及广延）的属性，这样就使得思维成为唯一

---

① Descartes R. The Philosophical Writings of Descartes, Volume 3: The Correspondence[M]. Cottingham J, Stoothoff R, Murdoch D, et al., trans. Cambridge: Cambridge University Press, 1991: 216.

② Descartes R. The Philosophical Writings of Descartes, Volume 3: The Correspondence[M]. Cottingham J, Stoothoff R, Murdoch D, et al., trans. Cambridge: Cambridge University Press, 1991: 366.

具有动态（主动）性的部分。也就是说，对于人来说，精神才是主动的，而肉体是惰性的。

总之，在对待生物学解释的问题上，笛卡儿充分显露了其基督教哲学的背景，这在一定程度上也导致了新形态下自然神学的兴起，其机械论学说中对于必然性的加强在一定程度上扭转了外在目的论的泛滥，而其对于广延背后的模糊态度也促成了后来生物学家们的跟进，伴随着亚里士多德渐成论的复兴，对之后的时代产生了深远影响。

第三节　动态演化观的建立与目的论解释的重建

亚里士多德基于其目的论的解释框架建立了静态的生命梯级观念，但是随着其目的论解释在中世纪不断被曲解，其内在的目的论受到宗教的影响，越来越体现出外在的目的性，致使内在的必然性让位于外在的某种神的意志，偶然性在这个过程中被放大，成为外在意志的表现和证明。随着牛顿时代的到来，机械论哲学的兴起预示着内在必然性的回归，对于生物学中的动态性与偶然性现象的解释也重新统一于新的动态生命梯级观念以及基于机械论的目的论解释框架。

一、后牛顿时代生物学方法论中的概率与证明

经院哲学发展的末期，科学已经进入后牛顿时代，在牛顿力学特别是其宇宙论的影响下，乔治·布丰（Georges Buffon）在行星起源问题的相关描述中使用了除重力之外的"冲力"等概念。[①]同时，洛克在《人类理解论》中从方法论和认识论的角度强化了牛顿式的归纳主义科学方法论。相较于系统的理论构建，布丰更倾向于观察和对实验价值的关注。布丰与其法国科学院的成员对此进行了激烈的辩护，反对任何进行系统建构的偏好，并

---

① Lyon J，Sloan P R. Buffon's Natural History[M]. London：J. S. Barr，1981：151-164.

反驳那些试图建立一元论原则，继而以此解释宇宙的物理学家们，"仅靠我们的想象力就能揭开这些神秘的面纱吗？我们如何才能忘记结果是了解原因的唯一途径？正是通过精心的实验、推理和实践，我们迫使大自然揭开了她的秘密"。①在布丰他们看来，只有实验和观察的累积才能带来新的知识。在布丰的三十六卷巨著《自然史》中，他提出了许多新奇的理论。他援引了牛顿的模型，并在某种程度上将引力视作能够说明特殊现象原因的普遍现象。在这一观念中，任何特殊的效应必然基于某种一般效应，我们称后者为"原因"。这一切并非通过单纯的怀疑而得到的，也并非某种现象论，一切都取决于真实的观察。尽管布丰对亚里士多德的《动物志》大加赞扬，但亚里士多德的生物学传统此时早已被笛卡儿打入谷底，牛顿的宇宙学方法论主导着布丰所处时代人们的思想。

布丰是著名博物学家，这种背景深深地影响了他对自然研究所遵循的方法和见解。他在蒙巴德的庄园生活期间，因从事为改进海军和其他方面应用而进行木材方面问题的研究，转而对植物学产生了兴趣。之后，他被任命为国王花园（King's Gardens）的负责人，这一任命也促使他开始了自己毕生的事业，旨在撰写一部如同亚里士多德作品那样恢宏的、有划时代意义的自然历史著作。布丰所采纳的方法论使其常被当作洛克的追随者，比如他所提出的"感官主义哲学"。②不同于柏拉图主义的思想，他认为真实科学的来源只能是经验，除了感觉的结果，没有其他产生知识的途径，抽象永远不能成为存在的原则或真正的知识。但这与洛克的观点却存在一定的矛盾。在洛克看来，除了个别纯粹的"感性"知识，我们始终局限于观念之间的直觉关系或者数学、道德或神学中的指称关系，都属于信仰的层次，而不是知识的层次。布丰认为，感官证据的不断复现能为我们带来知识，虽然我们无法追究其中的终极原因，但我们可以充分了解结果的范围和可靠

---

① Grene M，Depew D. The Philosophy of Biology：An Episodic History[M]. Cambridge：Cambridge University Press，2004：5-6.

② Roger J，Williams L P. Buffon：A Life in Natural History[M]. Ithaca：Cornell University Press，1997：135.

性，从而达到确定性的知识。为此他评论道，"我们的感觉总是在所有的场合给我们同样的证据……我们的想法远不能成为事物的起因，而仅仅是它们特殊的结果，这种结果越不像特殊的事物，我们就越能概括它们。最后，我们精神的抽象只不过是消极的存在"。①从这种观点可以看出，在布丰看来，凡是规律性发生的事物都可以被视为是真实的，因为人类所面对的不过是结果，而其有限的智力无法触及其中的隐藏原因。通常人们也必须依靠类比或者使用概率来进行计算，非常高的概率就等于确定性，因此也等于知识。对于"明天太阳是否会升起"这样经典的例子，在布丰看来就是概率事件，只要通过合理的计算预测出高概率，就可以确定它会发生。②

即便是在怀疑论者休谟看来，"证明"与"概率"也是不同的。"证明"不过是在习惯的促使下印象和观念不断连接的结果，就像我们倾向于认为太阳清晨会从东方升起。但正是这种恒常观念的观点在布丰那里具有绝对的确定性，而不是主观的推测。这种具有实在论色彩的"经验主义"的观点就是他所说的"物理真理"，同时布丰明确地阐述了真理的概念以及获得真理的方式。③在他看来，真理有两种，即数学真理和物理真理。数学真理是以牺牲某种和现实的关联来达到特定规则下的"证明"，而物理真理则不是作为证据，其本身意味着确定性。通常我们通过感官得知事情的开端，并且规律、恒常地遵循它们的指示，就会得出值得完全信任的结论。在布丰看来，诸如牛顿通过数学发现引力的事实并不能作为对自然规律最终的解释。如果我们观察恒常性和规则的事件或物体以及真实发现的实验结果，就能够在大量的经验问题上取得成果。它不仅有各种可能的结论，还包含了确定性。布丰相信，如果持续观察事物的进程，即采纳一种均变论的观点，就可以得出相当多的可靠的普遍结论。④在布丰所有的著作中，他所寻

①　Grene M，Depew D. The Philosophy of Biology：An Episodic History[M]．Cambridge：Cambridge University Press，2004：66-67.

②　Lyon J，Sloan P R. Buffon's Natural History[M]．London：J. S. Barr，1981：56-57.

③　Grene M，Depew D. The Philosophy of Biology：An Episodic History[M]．Cambridge：Cambridge University Press，2004：69.

④　Lyon J，Sloan P R. Buffon's Natural History[M]．London：J. S. Barr，1981：89-121.

找的不仅是我们的思想之间的关系，还包括实在性。所以，在严格意义上，布丰并非洛克哲学的忠实继承者，或者说我们不能以洛克的观点去审视布丰的思想。菲利普·斯隆（Phillip Sloan）认为，布丰也受到了戈特弗里德·威廉·莱布尼茨（Gottfried Wilhelm Leibniz）的影响，布丰以他对具体实在的生动感受以及对抽象的厌恶，拒绝认可牛顿关于绝对空间和时间的概念，更倾向于接受莱布尼茨的方法，即把空间和时间视为相对于真实事件的实际顺序。[①]不过，莱布尼茨的"现象"背后存在着不可忽视的形而上学事实，这点又很难与布丰的可感实在的观点联系到一起，况且布丰本人还曾对莱布尼茨的充足理由律表现出轻蔑的态度。[②]

布丰热衷于在自己的土地、森林上进行牲畜等的耕种和实验，特别是对各种条件下树木的生长进行了许多实验，并观察了近缘动物的杂交。鉴于他在实验上的独创性，尤其是对生物研究实践的兴趣，有理由认为布丰的理论是一种实在论的体系，这种具有突出实在论特征的独特思想甚至不需要哲学的支撑，其摆脱了传统目的论思想。以此为代表的此时的生物学研究开始逐渐摆脱形而上学式的理论框架，并开始就生命现象及其背后规律开展了经验性的探讨和研究。学者们对于生命进程的原因概括不再依赖纯粹的哲学体系，也就是说，确定性的来源不再拘泥于形而上学的背书，而是开始通过或然性的概率原则来探索生命现象背后的可能性规律。

二、重建"生命梯级"观念过程中的偶然性与必然性讨论

系统分类学（尤其是植物分类学）早在 16 世纪就已经兴起，始于安德烈亚·切萨尔皮诺（Andrea Cesalpino，又名契沙尔比诺）的著作。需要注意的是，在回顾分类学的传统时，我们确实可以在亚里士多德的晚期作品中找到一些表述，但亚里士多德本人并不是分类学家。亚里士多德同意在

---

① Sloan P R. Buffon, German biology, and the historical interpretation of biological species[J]. the British Journal for the History of Science, 1979, 12: 109-153.

② Grene M, Depew D. The Philosophy of Biology: An Episodic History[M]. Cambridge: Cambridge University Press, 2004: 70-71.

"科学"的准则下，心灵可以与它的对象的本质相一致，但是他不相信任何生物的本质可以用一个属的名称和一个特定的特征来标记。不同的生物体可能需要用非常不同的标准来区分。①到了后期的经院哲学，切萨尔皮诺将这些概念标准化，以植物为例，植物的特征是它们营养生长和繁殖的能力。根据第一项标准，切萨尔皮诺根据"心脏"（果核）的硬度或柔软度将它们分成两组，然后再根据繁殖特征进行进一步的区分，即按照果实的不同来划分。之后，瑞典分类学家林奈的系统将这一传统带到了权威的发展阶段。②虽然林奈不是最先提出双名法（双名命名法）的人，但是他奠定了"属""种""秩序"等一系列如今还在使用的分类学术语。不论是对植物还是动物，虽然对二者的划分标准明显不同，但自始至终林奈都运用简洁的双名法将大量的物种放在一系列扩大的类别中。在这一过程中，作为一名虔诚的基督徒，林奈一直遵循着经院哲学的逻辑原则。林奈认为，分类学需要做的是发现上帝所创造的自然的本质，而主要的研究对象是"属"。他认为，在区分物种时要尽可能地排除习惯的干扰，虽然有时林奈所钟爱的逻辑及其信仰与实地考察情况经常不一致。在对每一个属进行定义时，他也相应地区分了"人为的，本质的和自然的"。③

　　布丰与林奈的分歧主要在于，林奈试图建立一个分类层次结构的体系，而布丰则更乐意遵循牛顿体系下的唯名论系统。布丰作为近现代博物学研究的开拓性人物，对亚里士多德的"自然阶梯"框架进行了丰富且有益的改良，这些思想体现在其《自然史》之中，对后博物学尤其是生物学以及进化思想的形成产生了巨大的影响，特别是从哲学层面提出了一些现代生物学哲学仍在讨论的焦点问题。

　　就这里所谈的"自然的阶梯"而言，其必然涉及一个自然化的生命等级问题。林奈作为与布丰同年（1707 年）出生的重要分类学者，二人显现

---

① 如前文中巴姆提到亚里士多德并未使用确切的"属"或"种"的术语。

② Mayr E. The Growth of Biological Thought: Diversity, Evolution, and Inheritance[M]. Cambridge: Belknap Press, 1985: 171-180.

③ Linnaeus C. Philosophia Botanica[M]. Stockholm: Kiesewetter, 1751: 186.

出截然不同的信念。对于布丰来说，他更多地坚持了牛顿体系下的唯名论系统，而对于林奈来说，其观点则比较复杂，在关于纲和目的高阶分类方面，他表现出唯名论的态度，信守莱布尼茨"自然不知道跳跃"的格言，但是在其基础的分类区划分方面，特别是与其双名法息息相关的属一级的分类体系中，他却又坚持"存在自然属"的箴言。①其间所涉及的实在论争论与唯名论-唯实论之争纠缠在一起，这里不再详细讨论。但是就一种自然化的生物分级观念来看，虽然林奈依靠他那逻辑性十足的分类方法进行了方法论意义上的革新，但布丰显然更代表了通往现代分类学的方向，特别是一种不断走向自然化的分类体系。

不同于亚里士多德将基于形态的物种（形式）作为自然的单元，布丰认为"个体"才是自然中的唯一单元。基于这一思想，他建立了一种不同于以往的"自然阶梯"体系。首先，他虽然强调个体，但是依然采用形态作为建立分类的依据。在他看来，物种是由形态上极度相近的个体所构成。②其次，他创立了"属"这一单位。其中体现了他强调任何分类都是"概念分类"，就像是羊可以分成野生羊和家养羊一样，其是基于人的认识因素。尽管存在退化或是杂交，但物种之间不存在转换，是绝对隔离（isolation）的。③最后，也是最为重要的一点，布丰所持的"自然阶梯"观念实际上更像是彼此仅有微小差异的个体所组成的梯度。正如他所认为的，构成物种的既非相似个体的集合，也非它们中的成员，而是那些组成个体的持续演替和不断再现。④在他看来，自然不认识种、属及其他阶元；自然只认识个体，连续性就是一切。⑤因此，我们可以将布丰的物种观念定义为一种带有

---

① 恩斯特·迈尔. 生物学思想发展的历史[M]. 涂长晟，等译. 成都：四川教育出版社，2010：118.

② Gayon J. The individuality of the species: a Darwinian Theory? - From Buffon to Ghiselin, and back to Darwin[J]. Biology and Philosophy, 1996, 11：221-223.

③ Gayon J. The individuality of the species: a Darwinian Theory? - From Buffon to Ghiselin, and back to Darwin[J]. Biology and Philosophy, 1996, 11：228-229.

④ Gayon J. The individuality of the species: a Darwinian Theory? - From Buffon to Ghiselin, and back to Darwin[J]. Biology and Philosophy, 1996, 11：225.

⑤ 恩斯特·迈尔. 生物学思想发展的历史[M]. 徐长晟，等译. 成都：四川教育出版社，2010：121.

实在论观念的唯名论，并且他对于连续性的强调涵盖了多个层面。

在布丰的观念里，物种不再是永恒的形式或历史性结果，而是一种历史性的实体，甚至可以将个体生物通过系谱连接在一起的表征。物种作为历史性实体是永恒的。正如让·加永（Jean Gayon）所认为的，作为历史实体的物种概念对于进化理论的发展来说的确是一次意义非凡的本体论转变。①就此处所关注的议题来讲，这一转变破除了亚里士多德以来生命形式的确定性和演化的必然性，也意味着生物学中的关于生命形式发育的偶然性问题不再是必须关注的问题，因为伴随着唯名论的分类学思想成为主流，等于变相承认了自然中生命形式的连续性与可变性。在这一意义上，偶然性便不再与发育演化的必然性相抵触，偶然性本身就可以纳入到生命演化的动态性内涵当中。

布丰带来的变革还在于对于发生问题的回归。虽然布丰持"有机分子"（organic molecules）的观念，认为生命体自身必然是由生命物质所构成的，其关键在于生命物质是如何通过一定的组织形式成为生命体的。这个问题在一定程度上回归到恩培多克勒的立场上，就是如何将过程与结果区分开来。在这个立场上，除了诸如"有机分子"的概念，必然需要一种用以解释有关生命繁殖、发育的"内部模式"（internal model）的概念，以及一种关于生命的将"有机分子"组织起来构造自身的力量。这一力量能够和牛顿的力学以及宇宙学观念相一致，表现出某种"渗透力"（penetrating forces）。通过这些构想，布丰形成了一种关于生命的原子论，将"有机分子""内部模式""渗透力"统一起来，而他的假说体系也被归为活力论。在这一体系中，"渗透力"常被理解为活力源，并且对于活力的研究成为牛顿式的科学探索。

不过，虽然布丰试图用一种"自然的"原因来取代宗教性的目的性原因，即使用一种牛顿的力学机制来解释自然及生命演化的过程，但在其框架中缺少了关于组织性的或遗传性结构指令的，抑或发育有机体中各部分

---

① 恩斯特·迈尔. 生物学思想发展的历史[M]. 涂长晟，等译. 成都：四川教育出版社，2010：227.

之间相互作用的解释。特别是对于具有感知能力的有机体来说，他提出类似于将诸如人以及人体器官这样的有机体组织视为上帝精巧设计的机器的突现的整体论假说来说明诸如感知能力是作为整体的属性而不是每一部分属性的聚合，而对于部分来说，每一部分彼此之间存在某种紧密的对应关系，除非建立彼此之间的关联，不然作为单一部分很难被干扰。①这种假说并没有对有机体的组织机制及其性质的来源做出说明，因而在整个启蒙时期，关于这种组织性的探讨最终还是回到了有关目的论的议题上，从而为生命演化的规律性找到一种解释性的途径。如前面已经探讨过的，尽管亚里士多德所持的是一种内在的目的论解释，即生命演化的动因源自其内在而非外在的原因，但是随着其灵魂学说、形式论等理论遭到抛弃，必然需要改造一种更加符合此时自然主义风潮的目的论体系，从而为生命演化提供一种原因性的解释而非描述性的解释，同时也为生物学规律的必然性或是倾向性提供一种符合经验主义要求的理论框架，这也是在下节要展开的论题。

三、机制性与目的性解释的统一

尽管康德在生物学上的著述极少，但是在其《判断力批判》中，题为"目的论判断力批判"的章节涉及生命科学中极为重要的两个问题——目的论与还原论。其中关于生物学探索方式的研究深深地影响了之后的生物学研究，特别是德国的医学发展。

康德强调"自然的目的"，即像是牛顿定律那样的自然法则，由原因以及后继的效应所组成的因果链。在一个我们对于生物的经验的可考量张力之中，原因先于它的效应。但生物体作为一个有机体，其各部分彼此之间互为方式和目的，涉及共同的依赖物以及共时性，很难被通常的因果性所调和。因此，作为"自然的目的"，必然存在一种法则支配着有机物或器官的发生，并为之提供解释。正如康德自己所承认的，经由自然的纯粹机械原理，我们难以充分了解事物是如何进行组织的，以及它们内部的可

---

① Buffon G L L. Œuvres Philosophiques[M]. Paris：Presses Universitaires de France，1954：368.

能性。①

　　显然，康德所关注的效应与最终原因之间关系的问题主要存在于三个领域之中。首先是承载被我们称为生态群落的各种动植物物种之间关系的相互支持性网络，其次是单一有机体各部分之间形成彼此依赖的根本方式，最后是在某种目标状态引导之下，一个有机体朝着后继状态进行演化的个体发生进程，而与这里最为相关的无疑是关于个体发生的环节。康德针对这一问题，在《判断力批判》中设立了"目的论判断力批判"（81 小节）。人们对此通常存在误解，认为康德采取的是一种预成论版本的先成说，不过，他似乎受到同时期生物学家们所推动转向的外成论影响更大。在当时，预成论必然存在无限的"设计"，其作为有机体整体的微小模型先存在于胚芽（或精液、卵）之中，以某种遗传的方式在代际传递，并在发育中机制性地逐步展开。关于这一点，克拉克·扎姆巴赫（Clark Zumbach）就认为，先成说很容易表现出机械论的一面，而非自然主义的一面。相反，外成论表现出自然主义的一面，而非机械论的一面。康德实际上主张"设计"是为了对关于外成的自然主义假设进行定性。②在雷切尔·朱克特（Rachel Zuckert）看来，康德的意图在于，在自然科学之内，为目的论解释在生物学中的使用进行辩护。一方面，他给予系统性科学的推理，认为目的论判断仅仅是反射性的判断（reflective judgment），并不是恰当的表达，我们应当寻求机制性的，而非目的性的生物学功能；另一方面，他又认为有必要将生命体看作是目的性的。③不论如何，康德似乎都避免了滑向完全的机械论，或认为生物和那些与之类比的人造物之间存在明显的区别。

　　从亚里士多德的"自然阶梯"体系开始，功能概念就发挥着作用。这一传统随着机械论将神学的目的论引入，"设计""人造物""上帝的意图"

---

① 康德. 判断力批判[M]. 邓晓芒译. 北京：人民出版社，2002：233.

② Zumbach C. The Transcendent Science：Kant's Conception of Biological Methodology[M]. Hahue：Martinus Nijhoff Publishers，1984：92.

③ Zuckert R. Kant on Beauty and Biology：an Interpretation of the Critique of Judgment[M]. Cambridge：Cambridge University Press，2007：89-90.

便被联系在了一起。在康德看来，这种至高的意向应当置于更高的位置，他预设了一种将自然作为人造物的与众不同的智慧的存在。①可能受到休谟《自然宗教对话录》的影响，康德意识到将上帝概念引入自然科学语境中所带来的问题，即基于神学的目的性解释反过来又去证明上帝的存在。这也是为什么他决心建立一种新的目的论解释的原因。所以，康德认为，生物作为自然的产物，其自身既是目的也是手段，是一种表现为相互性的原因和效应的形式。同时，他还强调生物也不是类似笛卡儿意义上自动机器的存在。一部机器只有驱动力，而生物则具有自我形成的（self-formative）力。②通过对比人所表现出的艺术能力，他提出"组织性"近乎无限地超越了我们所能表现出的类似艺术的能力。基于这一推论，康德并不认为生物是一种完全的人造物，而只是类似，并赋予其一种独有的特征"自组织"，它能够自我产生，并维持物种系谱，而非由相互独立且外生的（exogenous）部分所组成的整体。③

这一系列的推论都是为了建立一种新的原因-效应模型，从以往人的经验主体语境，尤其是制造或生产的语境中将方式-目的的因果模型解放出来。这便是"目的性的"因果机制。一个有机系统中的各部之间的影响是相互的，为了确定原因和效应，我们必须通过设计、制造以及分析（逆向工程）来理解这种整体-部分关系，并将之视为具有目标导向性以及部分-整体"适应性"。这种适应性的主观条件，"一般来说能为自己建立目的并（在他规定目的时不依赖于自然）适合着他的一般自由目的的准则而把自然用作手段，这是自然关于外在于它的终极目的所能够做到的，因而这件事就能被看作自然的最后目的……这种适应性的产生过程，就是文化。所以只有文化才可以是我们有理由考虑到人类而归之于自然的最后目的"。④如果不将之设想为意向性的建造，我们甚至无法去思考组织化的事物。总结

---

① 康德. 判断力批判[M]. 邓晓芒译. 北京：人民出版社，2002：232.
② 康德. 判断力批判[M]. 邓晓芒译. 北京：人民出版社，2002：279.
③ 康德. 判断力批判[M]. 邓晓芒译. 北京：人民出版社，2002：279.
④ 康德. 判断力批判[M]. 邓晓芒译. 北京：人民出版社，2002：287.

来看，康德虽然不将生命物质等同于人造物，但是出于认识论意义上的考虑，仍然倾向于以目的性的视角来审视生命。

基于以上，我们就能够理解康德要建立"自然的目的"的原因。康德认为，我们应当谨慎并谦逊地按照不去探讨我们所能知晓以外的事物这一信条来严格地约束自己，这一信条即"自然的目的"。表述为目的性规则的因果机制必须在自然科学中寻找。自然科学不能跳过其界限去理解任何经验上无法获取的概念。①一方面，它在达成对人造物的类比上扮演了过于积极的一面；另一方面，它模糊了生物深深植根于自然法则体系之中这一事实。正因如此，他将今天意义上的整体论的思维与关于生成的自然法则（而非理性主体的意向）引入自然等级秩序的讨论中，对神学的机械论做出了修正，规范了目的论解释的使用。

虽然康德没有直接的关于"自然阶梯"的表述，但是通过梳理我们可以发现，通过"自然的目的"概念，他实际上已经对机械论解释中的发生问题做出了解决，即一种基于"自然的目的"的系统演化。结合其所处的时代所盛行的生物地理学研究，不难理解在"动物-植物-矿物"这一链条观念影响之下，其很可能采取了带有目的性的解释来树立自然中业已存在的那些等级，并按照设计的复杂程度梳理出一条系统演化的路线。明显受到布卢门巴赫的影响，康德引用了约翰·弗里德里希·布卢门巴赫（Johann Friedrich Blumenbach）在解释生命形成时所使用的"构造冲力"（bildungstrieb）一词，并对布卢门巴赫的外成论理论研究进行了肯定。特别是对于"驱力"一词，康德表现出谨慎使用的态度。他明确布卢门巴赫的这一带有力学特征的进程在构造演化中是以机械法则的形式进行的；生命是从泛生命的自然中涌现而出的，物质出于维持自我的目的不断进行自我构造。基于这一（我们难以理解的）初始的组织原则，他赋予了自然机制不确定性与不可错性，这种物质对其自身进行组织使其呈现这种组织性

①　康德. 判断力批判[M]. 邓晓芒译. 北京：人民出版社，2002：233.

的能力，这就是"形成驱力"。①

不过，我们还应当看到，虽然康德强调了一种以要素的原因性相互直接关联为前提的"当……则……"模型，该模型必须将有机整体视为其自身的目的，而将其近的原因视为其达成这一目的的手段②，不过还是应当将这一趋向与"向善"（或拉马克意义上的主动适应）相区分。例如当时同在东普鲁士的约翰·戈特弗里德·冯·赫尔德（Johann Gottfried von Herder）③就主张整个世界作为一个整体按照单一的目的演进，拒斥物质具有固有惰性的观点，甚至威胁到刚被小心建立起来的物理学基础。所以，康德无疑想要建立一个在秩序化、规则化、要素之间呈现依存关系的系统化的自然体系，而对于目的性的引入，则要站在理解的角度而非解释的角度。康德只是给出了概念上的方案，但解释依然限于机制性的。正如康德自己所承认的，我们需要等待第二个"牛顿"以自然法则的形式来解决意向带来的无序。④

另外，在一个有机体中，如何将物理性机制关联与目的性关联融合统一起来？机械的因果性与解释仅仅是规律性的，而目的性的判断方式则相反。对此，从康德角度进行理解，即使是决定性的判断，在法则之下依然包括足以产生科学知识的细节，在这些给定的细节中可能存在某种"偶然性"。对于法则来讲，这会避开决定性。正如他所认为的，由于被我们普遍运用的理解并不能决定某些细节，即使不同的事物基于某一共同特征，但它们所借由的使得它们先于我们观念的方式就是偶然性。偶然性或盲目的必然性被建立在知性的层面上，由于我们身体上的局限，一般性的法则无法将机制性与目的性的框架结合起来。⑤"关于那些我们根据目的才能理解的事物的可能性的概念，进行辩护，但却既不能在神学意图上也不能在实

---

① 康德. 判断力批判[M]. 邓晓芒译. 北京：人民出版社，2002：279.
② 康德. 判断力批判[M]. 邓晓芒译. 北京：人民出版社，2002：222.
③ 早期受康德影响，其著作《论语言的起源》同样流露出自然主义的语言发生观念。
④ 康德. 判断力批判[M]. 邓晓芒译. 北京：人民出版社，2002：253.
⑤ 康德. 判断力批判[M]. 邓晓芒译. 北京：人民出版社，2002：253.

践的意图上对这一概念作出进一步的规定；而它的尝试没有达到自己建立一种神学的意图，相反，它仍然还只是一种自然的目的论，因为它里面的目的关系仍然还只是被看作并且必须被看作以自然为条件的，因而这种目的关系就连把自然本身为之实存的（即必须为之寻找自然之外的根据的）那个目的引入到问题之中来都根本不可能，但那个目的的确定概念对于那个至上的有理智的世界原因的概念、因而对于一种神学的可能性来说仍然是决定性的。"①

按照康德的观点，除了关于时空的纯形式，我们所拥有的唯一直觉是接受感知数据的能力，通过一种我们心灵中的推论性质的、逻辑间断的、非直觉性的装置转化为类别化的客体。有机体中的部分是被先验地整合入整体之中，构成其表达。整体则是实践性以及生成性主体必须服从导向某一目标的方式。从这个意义上，我们对于有机体的认知和理解就必须基于"自然的目的"，必须将机制性法则视为服从这一目的的方式，服务于主体的目的，需要预先假设存在"超越知觉的自然基质（substrate）"。在这里，机制性与目的性是融合在一起的。诉诸目的性与机制性在有机体超越知觉的构造中的统一，为机械论观念划定了一条不可逾越的红线。对于这一禁区，康德认为其超出了我们的认知能力，在很大程度上，自然的机制作为自然中每一意向的方式这一问题可能永远是不确定的。"把自然的一切产物和事件、哪怕最具有合目的性的，都永远在我们能力所及的范围内（它的局限我们在这种研究方式内部是不可能指出来的）加以机械的解释，但同时却永远也不放过的是，对于我们甚至也只有惟一地在目的概念之下才能提交给理性来研究的那些自然产物和事件，我们必须依照我们理性的本质性状，不顾那些机械的原因，最终还是把它们隶属于按照目的的因果性之下。"②

时至今日，我们依然可以发现，目的性解释至少在认识论意义上依然

---

① 康德. 判断力批判 [M]. 邓晓芒译. 北京：人民出版社，2002：293.
② 康德. 判断力批判 [M]. 邓晓芒译. 北京：人民出版社，2002：268-269.

是我们无法舍弃的生物学解释形式。对于生命科学来说，康德对这种解释形式的澄清具有划时代的意义。在当代的生物学哲学中，有关目的性解释的话题依然是争论的焦点，康德基于知性对目的性和不确定性的讨论对我们把握和理解生命具有重要的意义。

第二章

进化理论形成过程中的偶然性与必然性争论

17 世纪之后的博物学家们，尤其是植物学家们通过观察到的杂交现象已经接受了植物的可突变性。同时动物学家们通过比较解剖学的研究，逐渐抛弃了物种固定论。功能和设计这两个在今日依然被哲学家们高度关注的概念不再是物种形式恒定性的来源，也不再代表着物种形式必然性的来源，而是让位于形态学意义上的动态关系，物种的形式意味着包含各种偶然性的内在统一的可能性空间。之后的核心问题则变为如何处理物种分类逻辑上的重叠，以及如何确定物种间的边界。为维持这些边界，此时的预成论者们假想了上帝创世一开始预先留在每一物种中的胚种材料（germinal material）以对抗渐成论，继而预成论者们内部也围绕胚种材料中有关生物形式的信息的来源形成分歧。反亚里士多德主义的机械论哲学倡导者们最为热衷预成论，也就是追求生物发生机制上的确定性与必然性。不过，他们也意识到功能的或目标导向的生物特征与现代物理学理论表现出不一致的一面。令人遗憾的是，他们将这些目的性的属性置于借由神力所创的每种物种的原型之上，也就是转化为一种设计论的解释，从而解释物种在保持其纯系过程中的机械性延伸。其中强调了该过程的决定性，并相应地减弱了偶然性与机遇性的特征，这成为这一时期生物学的特征，也是生物进化论发展的最大阻力。

第一节　物种可变论与渐成论发展中的偶然性问题

17 世纪之后的博物学家们围绕物种的定义与形成展开讨论，特别是关于物种本质主义与物种可变论的争论，这引发了分类学家们的热情，形成了唯名论与唯实论的对立。伴随着自然演化学说的兴起，关于物种的形成动力与方式的讨论也被带入了唯物论与唯心论的对立。

一、物种固定论的衰落

17 世纪后期的博物学家们依然期望科学研究能和基督教协调起来。他们主张物种固定不变的观念，坚持认为物种必将产生出与自身相同类型的后代，同时希望通过对自然类型变异的详细了解，加强物种是神的智慧产物的信念。英国博物学家约翰·雷（John Ray）就声称自己是第一位物种固定论者。他在《植物通史》（*Historia Plantarum Generalis*）（1686 年版）中定义了物种，强调必须尝试建立某种标准来区分所谓的物种。雷也解释了上帝所创造的物种的固定性："正如哲学家们普遍承认的，物种在自然界中的数量是必然的和确定的，并且也可以通过神圣的权威得到证明——上帝在六天的时间里使物种数量达到圆满并完成了他的创世工作。"[1]18 世纪瑞典生物学家林奈、法国生物学家居维叶也分别发展了物种固定论的观点。威廉·佩利（William Paley）的经典著作《自然神学》重申了早先雷所提出的从功利主义证明设计的论据的观点。他将机遇定义为"外在于设计的原因操作"，并得出结论：像人眼这样复杂的结构是不可能以这种方式出现的。佩利对其结论的推导不设前提，即机遇和设计在各个层面都是相互排斥的。如果某事件被认为是碰巧发生的，那就意味着"对于准确预测其结果来说，我们对前因知之甚少"。[2]这些案例无不说明机遇问题一直是物种固定论所代表的决定论观点下的乌云，虽然存在，但不会在原因上成为物种形成的主要途径，不过是干扰罢了。但随后关于物种固定论是否能真正解释生物发育过程的争论越来越多。自然生成这一观点在亚里士多德时代和更早的时代暗示了物种的易变性，因为生成的形式可能会变成另一种完全不同的形式，正如在 12 世纪时讹传的海洋生或植生藤壶鹅案例，尽管荒谬，但这暗示了物种发育中可能存在的变态发育。

引人注目的是，这一系列具有历史意义的古生物演化研究以及长期论争在很大程度上是在同一机构——国王花园进行的。最早布丰便是这里的监督官，他去世后，其下属，包括解剖学家路易斯·让·玛丽·道本顿（Louis

---

① John S W. Species：A History of the Idea[M]. Berkeley：University of California Press，2009：67.
② Bartholomew D J. God，Chance and Purpose：Can God have It Both Ways[M].New York：Cambridge University Press，2008：18.

Jean Marie Daubenton）、植物分类学家安托万·德·朱西厄（Antoine de Jussieu）、植物学家让-巴蒂斯特·拉马克（Jean-Baptiste Larmarck）等都没能被指定为新任监督官，因而他们便提出了一种比较民主的管理架构，12名教授共同组织建立起附属于国王花园的博物馆，进行博物收集工作。教授及其助手们面向公众开设公开课程，并指导人们开展博物收集。1893年，更是以此为基础成立了巴黎国家自然博物馆。艾蒂安·若夫鲁瓦·圣伊莱尔（Etienne Geoffroy St. Hilaire）便是通过向正在这里讲授无脊椎动物课程的拉马克毛遂自荐，继而开设了比较解剖学课程，两年后居维叶也来到这里。伴随着法国大革命热潮以及拿破仑·波拿巴（Napoléon Bonaparte）的扩张，法国的博物收集也不断走向广泛和深入。

与物种固定论者不同的是，布丰承认有必要在亚里士多德对动物"分类"的基础上进一步细化，但他也表明，我们尚未掌握从大量详细的知识中进行归纳概括的方法。此外，布丰认为通常的方法使我们容易陷入语言建构的陷阱：一旦我们"设想"了某些区别，我们就赋予它一个详细的名字和定义，并假设正在建立一门科学，然而这只是在不断地积累错误，因此不能用想象中的"发明"去代替必要的观察。显然，如果用于分类的标准是抽象和任意的，基于这些基础建立的分类等级体系很难满足布丰对生命具体和实在性细节的要求。很明显，他与分类学家们对于物种分类系统的任意系统构建与展开生物学研究的正确方法论相抵触。布丰认为，"每件事情的精确描述和确凿的历史是……首先应提出的唯一目的"①，在他看来，仅仅提供完整的形态特征描述显然是不够的，还需要一份对有机体行为、适应能力等的系统描述。任何不够全面的描述都不能真正地符合"物理真理"的要求。在布丰看来，我们只有从特定的事实开始，对它们进行细致的描述并调查它们之间的关系才是开展研究的正确途径，继而发现超越所有特定情况的恒定的东西。因此，对于动物的研究不仅仅是对某一动物个

---

① Grene M，Depew D. The Philosophy of Biology：An Episodic History [M]. Cambridge：Cambridge University Press，2004：79.

体历史的研究，而是对该物种的完整历史的研究。因此，对其中研究对象的分类并不是分类学的最终目标。这种观点暗示了物种的概念并不具有本体论上的意义，物种也只是一种人造概念，真正的物种在布丰看来就是一种生物谱系，处于连续演化之中，并且这种演化体现的是某种表现得不那么必然性的动态关系。

另一方面，居维叶依靠其在整个法国的自然历史研究界的巨大影响，在物种观方面表现出保守和独裁的一面。不过，居维叶继承了康德的观点，强调了在整个自然史研究中化学以及经典力学的作用，同样也认为自然史研究迟早会出现牛顿式的人物。①尤其是他把比较解剖研究以及古生物化石研究作为依据，强调了历史中那些消失的物种作为类型（或"形式"）的独立地位。本质上说，居维叶反对物种之间存在转化（进化）。这种思维具有两方面的特征。首先，地质层间的差异必然源于不同环境之间的巨大差异；其次，过去物种的消失源于前面提到的环境巨变。由于居维叶认为生命是一种复杂系统，因此，任何器官的转化都会破坏系统中的微妙平衡从而导致不适应，因此，物种是恒定的，消失的物种是由于环境灾变。正是因为具有这种特征，其思想常被称为突变论。②对于前面所谈的"自然阶梯"而言，居维叶无疑也期望像布丰那样，重构生命的历史。他同样强调部分之间的相关性，认为这是导致整体展现出生命现象的根源。同时，他善于从生态学的视角来建立环境与各个器官之间的联系，从而依靠有限的化石，根据所处地质时期通过推测来建立物种的形态。③不过，由于其物种恒定观点以及对于生命复杂性的关注，其关于形态的推测在认识论意义上也就必

① Rudwick M J S, Cuvier G. Georges Cuvier, Fossil Bones, and Geological Catastrophes: New Translations & Interpretations of the Primary Texts[M]. Chicago: University of Chicago Press, 1997: 185.

② 当时地质学"火成论"的代表人物亚伯拉罕·戈特洛布·维尔纳（Abraham Gottlob Werner）与"水成论"代表人物都还没有将地质学与生命演化问题联系起来，而1963年，德国古生物学家奥托·海因里希·申德沃尔夫（Otto Heinrich Schindewolf）发表了论文"新突变论"，依据撞击坑以及铱元素异常，推行一种地外原因的突变论。另外需要强调的是，这里的突变论更多是基于地质外因，而非德弗里斯意义上的遗传突变。

③ 皮特·J. 鲍勒. 进化思想史[M]. 田洺译. 南昌：江西教育出版社，1999：141-142.

须基于"设计"要素，即一种类型针对特定环境的"存在条件"。所以，这里必须要强调，居维叶的物种恒定的来源是自然环境的相对恒定。对于他来说，生物形态的恒定性与发育确定性来源就是该生物所处的生存环境。尽管居维叶反对任何形式的超自然设计论，但他还是不能阻止其追随者滥用其观点来支持传统的神学设计论。①在生命等级的问题上，居维叶强调的是"性状从属关系原则"，例如那些与感受性与运动性相关的特征，因此神经系统及其直接相关的脊椎被赋予了了更为重要的地位。因此，我们也可以将这一原则理解为一种功能导向的原则，将生物性状直接与设计联系起来。此外，居维叶发展了林奈的四界说，特别是将原来完全按照形态区划的动物界四个纲——哺乳动物、鸟类、爬行动物、鱼类重新进行划分。其"类型"的观念逐渐演变为分类体系中的"门"。

居维叶的物种固定论受到了其另一位同行的挑战。著有《解剖哲学》的圣伊莱尔对在不同种类的生物体中发现的模式产生了兴趣，继而朝这个方向努力，通过胚胎学和畸形学研究来支持自己的观点。他赞同拉马克的立场，在比较解剖学研究中更多地强调构造的统一性。在他看来，这是一种"统一的计划"或"统一的组成"。这意味着从一个物种、一个属、一个科到另一个科组成的统一。我们所要做的就是列举一些基本的组成形态，这些形态以不同的特征模式排列在不同的物质中。也就是说，不同于居维叶将功能作为定义动物结构的标准，圣伊莱尔认为动物的结构在形态学意义上才能得到解释。尽管居维叶和圣伊莱尔最初发表了一些合作文章，但他们之间的巨大分歧在很多层面上都很明显。显然，圣伊莱尔在胚胎学和畸形学方面的研究支持了他的理论，同时也积累了许多解剖学报告。这些工作使得他通过实验的途径建立了其基本观点，即找寻不同物种形态上的内在统一性。这种观点很好地回避了设计论的因素，尽管居维叶所持的是一种自然设计论，但是面对比较解剖学实践的挑战，显然愈发难以站得住

---

① 皮特·J. 鲍勒. 进化思想史[M]. 田洺译. 南昌：江西教育出版社，1999：140.

脚。面对着相似构造之间的种种差异或微小区别，显然物种固定论的观点受到了挑战，也意味着他无法通过功能原则和偶然性的组合来解释这些现象。

二、物种可变论的发展

圣伊莱尔同时在物种转变以及类型观念上都与居维叶产生分歧。相对于静态的物种观念，圣伊莱尔显然更倾向于拉马克式的物种可变论思想，并且相对于居维叶基于在生态学上匹配的类型观念，圣伊莱尔将类型推向更高的含义，即任何趋异的类型之间无疑也拥有相同的结构特征。①圣伊莱尔想要发现的是生物群体适用的普遍规律，比如所有的脊椎动物，其背后就是所有的动物。他提倡的是一个在任何地方都绝对适用的相似原则，通过概括"构造的统一"来推行一种"类比理论"，或者说同系物的理论。例如狗爪和人脚、人的胳膊和鸟的翅膀，它们是一样的东西，只是用法不同，甚至是构造不同，但是它们用的是同样的质料，以类似的方式形成。圣伊莱尔主要关心的不是每一种生物体的统一，而是在许多种植物中，有时用于不同功能的质料的统一。不变的不是整个结构，也不是每个组成部分的特定形状和大小，而是它们彼此之间的关系。

在某种程度上，我们可以说居维叶是在离散生物形态中寻找统一，而圣伊莱尔则是在发现生物形态的统一中克服其中离散性。尽管圣伊莱尔倾向于使用"构造的统一"这个表达，但是寻找广泛统一的思想仍然存在。居维叶在比较解剖学和古生物学方面的杰出工作正是由于他对每一种不同于其他生物的和谐的适应性特征的关注。对于居维叶来说，"构造的统一只是代表一种原则服从于另一种更崇高、更富有成果的原则，即生存条件、各部分的适当性、各部分之间的协调，使动物能够在自然界中发挥作用……"②居维叶坚持"类型（形式）的统一"，圣伊莱尔则希望找到跨类型的统一，后来达尔文把这种统一归因于生物的世系或血统（stirp）。正如

---

① 皮特·J. 鲍勒. 进化思想史[M]. 田洺译. 南昌：江西教育出版社，1999：145-146.

② Lecointre G L. Geoffroy Saint-Hilaire: A Visionary Naturalist[M]. Grene M, trans. Chicago: University of Chicago Press，2004 : 165.

前面提到的，圣伊莱尔不需要把不同类型的统一与生物世系联系起来，他的方法在原则上也并不像居维叶的方法那样与物种变化论相矛盾。

居维叶关于生存的条件（或先决条件）的观点与圣伊莱尔的"构造的统一"相反，它们遵从不同的指导原则，各自有独立的推论支持。对于居维叶来说，这就是各部分之间的联系和各部分之间的从属原则；对于圣伊莱尔来说，这就是各部分之间的联系和平衡原则。在居维叶的从属原则看来，如果我们的主要目的是展示整个动物对其独特生活方式的微妙适应性，我们就必须展示其组织、器官和系统是如何相互关联的。但对于生物发育和繁殖的方式，居维叶基本上回避了这个问题，他坚持某种预成论观点，但又宣称生物世系是一个巨大的谜团，人类的智慧无法解答。①圣伊莱尔对胚胎发育研究很感兴趣，他无疑是一位支持外成论的遗传学家。

圣伊莱尔所持有的是典型的生物可变性的观点。与居维叶不同，他不时对其资深同事拉马克的工作表示钦佩和尊重。拉马克相信通过物质活力对物质自身的作用，可以自发地生成简单的生物。拉马克反对安托万-洛朗·德·拉瓦锡（Antoine-Laurent de Lavoisier）所推崇的现代化学，更倾向于采用更为传统的炼金术观点，即生命主要受地球、空气、火和水的影响。在他看来，一旦生物体形成，生物体内的流体运动自然会使它们向更高程度的复杂性发展。这些流体的快速运动将形成脆弱组织之间的运河。很快，它们的流动将开始产生变化，继而导致不同器官出现变化。这些流体本身是复杂的，并将变得更加复杂，从而产生更多种类的分泌物和组成器官的物质。

在拉马克看来，根据炼金术的基本物理原理，生物体以稳定且可预测的方式由简单演化为复杂。基于这种观点，简单的生物永远不会消失，因为它们会不断被自然生成、创造，具有稳态。自发生成始终在进行中，后继而来的简单生物随着时间的推移变得越来越复杂。拉马克的观点表现出

---

① Cuvier G. Essays on the Theory of the Earth[M]. 3rd ed. Robert J，trans. New York：Arno Press，1978：17-20.

对目的论（目标导向）过程的支持，认为生物体在进化过程中变得更加完美，但作为唯物主义者，他强调这些力量必然源于潜在的物理原理。

拉马克理论的第二个组成部分是生物体对环境的适应。生物可以在生命梯级中向上移动，形成新的局部适应性并表现出不同的生命形式。拉马克认为，这种适应性力量是由生物与环境的相互作用驱动的，通过使用某些特征的频繁程度差异，最终表现出器官形态上的差异：在没有超过其演化极限的动物中，任何器官的连续频繁使用都会导致该器官的加强、发展和扩增，赋予其与使用强度成比例的力量。任何器官的永久性废弃都会在不知不觉中削弱并恶化其自身，逐渐减弱其功能，直至最终消失。受长期以来种族环境、频繁使用或长期废弃任何器官的影响，生物体自然会在某些方面有所收获或是丧失。如果某些形状方面的获得在亲本中都有发生，或者至少可以通过某种途径传递给子代，那么所有这些获得的形状便可以一直在代际遗传下去。

圣伊莱尔后来为了纪念去世的拉马克，甚至把他的辩论报告命名为《动物学哲学原理》。与拉马克相比，圣伊莱尔在其主要著作中并没有提出关于物种可变性的全局性理论，即一种一般性原理。同时，正如前面所提到的，圣伊莱尔的构造统一原则确实为物种可变论打开了局面。这一点在与居维叶关于史前鳄鱼的争论中表现得尤为明显。居维叶发现了一种化石物种的标本，他认为这种化石属于现存的鸟类化石。圣伊莱尔通过仔细检查证据表明，居维叶所讨论的动物并不是现代群体中的一员。圣伊莱尔把它命名为长口鳄（teleosaurus），因为错误地认为它可能是哺乳动物的祖先，所以它被称为"完美的蜥蜴"，这预示着它是迈向更高级形态生物的范例。虽然他在更广泛的生物谱系推测上是错误的，但在比较解剖学上却是正确的。后来这个化石被认为是许多现代物种的祖先。圣伊莱尔之后就新物种起源的可能原因发表了看法，认为这是环境的作用，通常会对发育中的胎儿产生影响。

当最终争论的天平更倾向于渐成论而不是预成论时，伴之而来的观点主张是：生物的生成过程必须通过某种方式控制。胚胎学的发展促进了渐成论的发展，至 18 世纪末期，渐成论与自然界的自我创造能力和目标导向性联系在一起，这就使得物种固定论与渐成论的矛盾更加突出，而关于偶然性（机遇）在预成论和渐成论中的角色成为生物学革命的重要导火索。

三、唯物论与唯心论的对立

亚里士多德生物学中的偶然性主要体现于其生殖理论，但经盖伦定义，发展到哈维时，被扣上了渐成论的帽子，并被称为"亚里士多德路径"。①亚里士多德主义的渐成论观点认为，有机体的发育是通过非决定性的事物构造其自身，并逐渐形成各部分差异化的和关联的整体的过程。如果这一差异化过程按照正确秩序发生，那么它将可靠地在下一代中循环复现其自身，达到目的终点。但该过程不排斥变异的发生，也就是说，该渐成论解释没有将出生缺陷、早夭和自然流产等意外事件出现的频率削弱，因此渐成的生殖过程会受到偶然性的影响。

在胚胎发育学中，对于偶然性的看法成为预成论与渐成论的观点分界标志之一。预成论在 17～18 世纪占据主要地位，马塞洛·马尔比基（Marcello Malpighi）、简·施旺麦丹（Jan Swammerdam）、尼古拉·马勒伯朗士（Nicolas Malebranche）等生物学家通过对卵子、胚胎等的观察研究，发现成熟机体的一切部分都已经以浓缩的形式存在于胚胎中，机体的发育被归结为已有器官的纯粹量的增长。因此这些生物学家们认为为预成论找到了证据，从而坚信预成论。

1714 年，莱布尼茨在《单子论》中提出精子内无疑已经有某种预存的形式，人们判定不仅有机的形体在受胎之前就已经存在其中，而且还有一个灵魂在这个形体里面。预成论者所倡导的决定论的生命观并没有将意外和机遇事件包含在内，这显然不符合实际现象，因此这成为渐成论反驳的关键。17 世纪之后，渐成论的观点得到哈维的进一步发展。他认为身体的各个部分是逐渐形成的，以"一切动物都来自卵"来概括解释生物的发生。

---

① Ramsey G, Pence C H. Chance in Evolution[M]. Chicago: University of Chicago Press, 2016: 17.

哈维认为，渐成论或各部分彼此萌发的叠加是一个复杂的过程，最终的形式、生长和起源是不可分割的。①可以说，17世纪末至18世纪中期，哈维几乎是唯一的渐成论支持者。

1759年，沃尔夫在其"发育论"中对胚胎的研究成为这场争论的一个重要转折点，他在该论文中驳斥了预成论，支持了渐成论。但偶然性在有机体成长过程中的作用并没有被明确提出。到18世纪末，渐成论与非正统的观点联系在一起，认为自然在某种意义上是自创生和目标导向性的。这使得有机体自我形成的研究开始迈入一个新的阶段，物种进化论开始出现在人们的视野中。可以说，17世纪末至18世纪中期，是预成论与渐成论争论最激烈的时期，渐成论的成熟为生命演化中的机遇问题打开了新的空间。

延续自布丰的传统，地质学获得了惊人的发展，"自然阶梯"的观念也一直以其特有的魅力延续着。在圣伊莱尔眼里，自然似乎通过特定的限制对其自身进行约束，将所有生命中的每一种按照独一无二的计划进行塑造。不同于布丰将个体视为生命的单元，之后的圣伊莱尔提出了"成分单元"概念，作为具有普遍意义的单元，而居维叶有所保留地使用了这一概念，类似于前面所提到的"计划"，他认为其作为原理只是从属于另一个更为高阶、丰富的原理，即针对动物在自然中所扮演的角色，规定其存在条件、各部分的适当性及其之间的协调性。这一论述对之后的达尔文产生了巨大影响，尤其是在《物种起源》第七章中，达尔文将"存在条件"明确为"存在的先决条件"，使其显得更加具有"计划"特征。②

进入19世纪，随着博物学成为全民热衷的爱好，以居维叶为代表的比较研究变得十分流行，同时在研究中，生物功能概念的频繁使用促使其成为通向生理学的桥梁。典型代表约翰内斯·穆勒（Johannes Muller）就是

---

① Van Speybroeck L, de Waele D, Van de Vijver G. Theories in early embryology[J]. Annals of the New York Academy of Sciences, 2002, (1): 7-49.

② Corsi P. The importance of the French transformist ideas for the second volume of Lyell's principles of geology[J]. The British Journal for the History of Science, 1978, (39): 221-244.

通过对功能的相关生理学研究最终通向比较胚胎学以及形态学研究。但在穆勒之后，其后继研究者开始将还原论方法应用于现象层面的比较研究与形态学，期望将之还原为生理学形式的物理、化学解释。因此这一时期可以看作现代意义上还原论问题的形成期。

19世纪末，实验生物学的兴起导致对"实在"的看法发生了根本性哲学变化。在这段时期，唯物论哲学从生理学传播到大多数生物学领域的思想中，取代了胚胎学、分类学、比较解剖学、进化论和动物行为学领域中所保留的唯心论。在胚胎学中，唯心论的表现形式是预成论。在分类学中，唯心论的表现形式是坚持物种是类型的观点和物种固定论的观念。在比较解剖学中，19世纪初唯心论的表现形式是极力倡导类型的观点，即倡导居维叶和欧文的唯心主义形态学。在进化论中，唯心论存在于新拉马克主义、直生论及所有宣称进化发展是定向和有目的的理论中。在对（动物和人的）行为进行的研究中，唯心论是以拟人观的形式流行的，这种观点强调了依靠本能来解释所有"基本"行为方式的起源，并倡导了一种"基本人性"的思想。所有这些唯心论，先是在19世纪中期被生理学所抛弃，紧接着，随着21世纪的降临，在其他领域也逐渐失去了其领地。

可以说，贯穿整个19世纪，机械论、活力论以及整体论思想交互影响。生物学家和史学家一样，常常会将机械论与活力论相提并论。活力论是唯心论在生物学中的一种表现，认为控制生命功能与控制无生命系统的力量、规律有本质的区别。活力论者坚持认为，存在着一种力和一系列无机界中不存在的性质，使有机体具有了生命的特性。按照活力论者的观点，生命系统所具备的自我修复或生殖特性是由某种力产生的，但科学不能解释这种力，也无法展开研究。这种力在生命过程出现之前就存在并控制了生命的过程。作为唯心论分支的活力论反对包括整体论与机械论在内的所有唯物论。在生物学历史上，通常是机械唯物论激烈地反对活力论，但是在20世纪20年代，越来越多的生物学家（特别是生理学家），开始采纳整体论的方式，例如提出系统论的生物学家路德维希·冯·贝塔朗菲（Ludwig von

Bertalanffy），不过他们也像机械论的追随者一样反对活力论。活力论表现出许多形式，即使到 20 世纪还以不同面貌出现。汉斯·德里施（Hans Driesch，又名汉斯·杜里舒）的"生命原理"，亨利·柏格森（Henri Bergson）的"突生"原理（后演变为今天意义上的"突现"），以及皮埃尔·泰亚尔·德·夏尔丹（Père Teilbard de Chardin，又名德日进）的"心灵"概念，所有这些都建立在活力论的基础上，即认为作用于生命系统的某些东西是非生命系统中所不具备的，而这正是活力论中生命与非生命系统间的本质区别。正因为如此，在某种程度上当今的生物学哲学依然延续着活力论的研究内容，尽管其已经被业已建立的实验生物学所抛弃，但在生物学哲学领域中发展为复杂性系统、进化认知、意识的形成以及机制、心理现象等研究领域。

从纯形式上看，生物学中的唯心论是关于世界运行的观点，它认为心灵、思想、抽象的概念是第一位的，而物质是第二位的。思想先于物质结构，物质结构是思想的反映，是思想的体现。唯物论认为，物质先于并独立于任何有关其性质和组织的感知和思想。世界上的所有现象都来自物质按照已知规律的运动。当生理学方法渗透至生物学研究中时，原有的纯概念式的猜想性研究逐渐让位，科学的方式逐渐吞噬了原有自然哲学以及博物学体系下关于生命的研究方式。对于生物学哲学议题的关注来说，唯心论逐渐淡出，取而代之的是两种新的唯物主义观念的争论：一是机械唯物论，通常称之为机械论，或机械论哲学；二是整体唯物论（在哲学上和历史上又称作辩证唯物论），或整体论。

对于物理、化学机制描述的重视使得生理学领域很难再有哲学的空间，因而此时我们可以认为是生物学哲学从旧有自然哲学体系向现代研究方式转变的时期。实验生物学家们所从事工作中涉及的哲学议题仅剩下方法论。但由于生物学在牛顿革命之后并没有产生真正意义上的公理化学科，当第二次科学革命袭来时，许多理论生物学家们期望通过原子论式的还原建立一种新的生命理论，而整体论者们则驳斥这种观念，还原论与整体论的对立贯穿了此后有关生物学方法论的讨论，继而形成了哲学上的涉及本体论、认识论以及方法论上的全面讨论。从还原论的角度讲，其从方法论上构筑了一种必然性的机制性原则，生命的形成和演化自然也要符合一种完全自然化的机制性原则。但在生物学现象中，必然性与偶然性的交织导致我们对生命及其演化的认识始终无法通过由物理、化学等传统经验科学所构筑的方法论体系而达成，在自此之后的生命科学领域，围绕还原论与非还原论，决定论与非决定论的讨论始终是一个重要方面。

第二节　早期进化论中的必然性与偶然性

19 世纪，从法国开始，博物学、发育生物学、古生物学等学科的进展使得生物学开始不再依赖延续已久的亚里士多德生物学范式。其中最为重要的研究改变在于：一方面，动态演化观已成为描述自然等级链条体系的主流思想，如何解释物种的形成和变化模式及原因成为这一时代相关学术讨论的核心；另一方面，如何从科学方法论的角度来构筑进化解释的根基，使其更能代表经验科学所遵循的原则同样激发了许多学者的兴趣。从前者来看，摆脱宗教的起源学说，为物种形成和演化找到一种完全自然化的解释是生物学界的一个重要使命，尤其是如何解释物种的起源和其在历史中表现出的进步主义趋势，同时又要避免引入任何宗教的必然性或偶然性解释；对于后者来说，则是要我们为生物学建立一种科学的方法论，基于现实的自然证据，探讨如何从认识论上将科学理论的必然性与生物学现象中的偶然性区分开来，并进一步改进自然化的生物学目的性解释。

一、生物适应论与进步论对于必然性的理解

这一时期，关于生物界划分原则的讨论实际上已经深深冲击了传统自然梯级的观念，原来的那种单一系列的连续体系已经变得不再适用，同时与之捆绑的自然神学的神创论也进一步被削弱。但如查尔斯·庞奈（Charles Bonnet）、让-巴蒂斯特·罗比内（Jean-Baptiste Robinet）等本质论者的影

响依然健在，他们认为虽然表面上自然梯级的链条不再完整，但是存在一种具有潜在可能的"本质"，它连接起整个链条。这种观念也很多被归为先成论，而这一问题也逐渐超越了关于种和个体之间的争论，之后演变为一场关于进化和遗传的哲学讨论。

19世纪，拉马克主张的适应性变异理论是一次突破。拉马克认为，由于在整个地质史上生物必须要适应其所处的变化的环境，所有观察到的事实不过是运动和自然法则的结果，适应过程中出现的机遇（异常）现象仅仅意味着对原因的无知。我们所认为的扰动在自然中并不存在，只有关于孤立物体的事实，即它的自我持存与普遍秩序和运动法则绝对是不相容的。在19世纪后期的新拉马克主义者看来，拉马克是第一位提出与当时的知识相吻合的进化机制奠基者，这种进化机制是之后自然选择的替代性机制，这也是第一次用一种合理的机制来解释物种对环境的适应。新拉马克主义的理论基础主张，通过成体生物的活动而产生的结构变化可以反映在遗传物质中，并可以传递到下一代。也就是说，在它们的适应性解释中，进化是由生物体自身导致的，与环境因素没有关系，完全是一种内在的演化，具有必然的规律性，与偶然性无关。因此，在新拉马克主义者那里，适应是伴随着习性或者环境必然会出现的事件，而后来的达尔文进化论则认为适应的产生是一种机遇事件。①

在布丰所恢复的自然梯级观念的基础之上，拉马克从"完备性"（perfection）的角度设想了这一梯度，并且依然是从复杂度的视角来诠释这一梯度的，而对于物种的变化趋向，他的观点明显不同于布丰的退化论。在其《动物学哲学》中，拉马克开始设想动物界具有梯度的复杂性原因，他把这一原因归结为缓慢且漫长的微小变化过程。这样的推论实际上是建立在对于现象的观察上得出的。②特别是大批消失物种化石的发现以及对神学灾变论的抵触，使得拉马克采取了一种新的解释出发点，即设想物种发

① 赵斌. 语境与生物学理论的结构[D]. 太原：山西大学，2012：19.
② 恩斯特·迈尔. 生物学思想发展的历史[M]. 徐长晟，等译. 成都：四川教育出版社，2010：230.

生了转化。这种思维在布丰以来的传统中是受到抵触的，因为摒弃神学的解释后，并没有任何适当的理由可以解释转化是如何发生的。虽然当时的自然神学研究者们已经意识到物种与环境之间存在某种适应性关联，但是这种现象上的事实并没有上升到理论的意义。同时，得益于地质学的发展，地质演化观念已经十分普遍，无论是渐变论者还是突变论者（大部分为渐变论者），都已经接受了从动态角度诠释自然历史。因此，拉马克的理论显然首先注意到了第一个至关重要的概念——时间，从而容许物种以一种渐进的方式逐渐发生转变；其次，在解决了变化的方式之后，拉马克便要确立一种动力因来使得这种转变变得可能，这便是适应。

提出适应的观念过程可以理解为一种破除特创论的自然主义起源解释。基于前面关于自然梯级的讨论我们可以发现，大多数的自然哲学家、博物学家乃至自然神学家都认可生命界存在等级的事实，但唯一的焦点在于这一梯级的起源或者说本质。拉马克作为一名自然主义者显然不会支持特创论，对他来说，生命必然是自然发生的。另一个问题是，当时比较流行的假说认为生命形成于有机分子的随机结合。但拉马克认为这一假说仅仅适用于那些低等生命，而那些高等生命，或者换句话说，那些高等级的生命梯度显然不可能通过这种方式起源，那么只有一种可能，那就是通过低等阶段逐渐获得高等的生命特征从而达到高阶。

从笛卡儿之后，一种相对固定的本质观便一直在生物学中占据主导地位。即便拉马克的适应性变异理论实际上代表了一种进步论观念，但是在当时的情况下，进步依然是静态本质所蕴含可能性的外在表现。但另一种源于莱布尼茨的观念显然也具有非凡的影响，即认为自然是连续的，而非明晰的等级；同时，自然是持续创造性的，其具有无限的可能性。拉马克的理论显然更多地表现出莱布尼茨式的观念。唯名论的物种观无疑体现了前者，而后者便有一种主动适应形式的适应论体现。

拉马克的适应论实际上类似于当时社会上流行的政治学意义上的进步主义，适应更多表现为一种不断完善的过程。不断完善的过程实际上是一种趋同，但进化则体现出适应性的变化和多样性。拉马克的适应论忽视了多样性，认为有机体的新种是不断地由自然发生形成的。后来达尔文由于受查尔斯·赖尔（Charles Lyell）的《地质学原理》中地质均变论的影响，同时得益于在环球旅行中对于不同地域同种生物物种的比较研究，达尔文的工作更多地表现在对于适应的多样性研究上，继而提出了"共同祖先"的学说，他认为一切的有机体最终来自极少数的原始祖先，或者很可能来自唯一的原始祖先。人类在自然梯级中的特殊地位至此被彻底剥夺，《物种起源》的出版开创了生物学的哲学新景观。

拉马克及其他的进化论者对于适应的动力学解释往往归结于一种带有神秘主义色彩的主动性推动力，并且这种推动力与当时社会流行的进步论观念产生了混淆。后人常把这种观念概括为自生学说，而其之后的追随者包括带有直生论色彩的罗伯特·钱伯斯（Robert Chambers）、卡尔·威廉·冯·内格里（Karl Wilhelm von Nägeli），主张优生论的亨利·费尔菲尔德·奥斯本（Henry Fairfield Osborn），以及持趋于复杂演化的宇宙论观点，并提出"奥米加点"①的德日进。作为一种自然科学研究，这种带有神秘主义的内在推动力的解释很容易被某些神创论所利用，而达尔文最为伟大的哲学性开创就是提出了一种源于被动进化的自然选择筛选机制。被动选择虽然规避了内在力的问题，但由于需要解释变异来源的问题，于是又引入了变异以及之后的突变问题。至此，机遇便开始在达尔文的进化理论中扮演重要的原因角色，这方面的内容将在之后关于进化的部分继续被阐述。

二、灾变论与均变论争论中的物种演化必然性与偶然性

博物学的知识积累使得革命性的进化论被提出。其首先是方法论的革

---

① "奥米加"为希腊字母序列中的最后一个，与代表基本物质原子和能量的序列首字母"阿尔法"相对应。德日进从智识和心理社会因某种压力不断增长的两方面因素出发，主张宇宙存在增进心智界复杂化的过程，再结合宇宙演化的并最终走向汇聚的趋向，最终达成"奥米加点"。在该点，心智界有力地统一起来，形成"超个人"（hyperpersonal）的组织。参见：德日进. 人的现象[M]. 李弘祺译. 北京：新星出版社，2006：7.

命，是一次伟大的综合。英国的博物学发展较慢，晚于法国，但是自然科学以及方法论上的进步使得这里迅速取得了突破。与此同时，得益于英国的宗教改革所形成的相对宽松的社会环境，融合了同时代科学思想的宗教学说也体现出相对进步的一面。英国的建制派、保守党和辉格党，主张尊重科学，并将之与宗教世界观结合起来，从而形成了一种适度且克制的宗教思维，各种学说建立于自然宗教的基础上，并受到自然宗教的约束。

自然神论者们所主张的设计论在英国被视为更符合理性的温和的启示式、天赐的宗教学说，因为即使物理和化学物质通常受到牛顿式的机械定律的支配，上帝控制世界是通过"次要原因"来进行的，这反映在器官之于生物体、生物体之间以及它们之于所处环境的共同适应性方面。佩利在他的《自然神学》中声称要证明的机械论法则，不可能像我们在每一种有机体的结构中所发现的那样，在手段和目的之间，或在它们相互依赖和支持的网络中，产生如此精巧的契合。因此，每一个物种都是由同一个人创造的，他创造出非生物和生物的等级，为每一个物种，尤其是人类，提供了一个合适的栖息地。在佩利看来，生物对于它们生存环境的完美适应，以及千变万化的生物形式类型都是仁慈的造物主的作品。生物各具特色的活性本身不足以说明适应性及其生物学形式类型的多样性，因而必须诉诸某个设计者，同时还需要提供一种额外的用以解释适应产生的原因。这一启示在日后的进化思想发展中扮演了意义非凡的角色。①

创立了英国科学促进会（BAAS）并最早提出"科学家"一词的剑桥大学三一学院院长威廉·惠威尔（William Whewell）给出了关于地质演化模式的区分，即灾变论和均变论。剑桥大学地质学教授亚当·塞奇威克（Adam Sedgwick）成为灾变论的领导人物，两种地质学观念的对抗也很快进入到生命进化领域，形成了延续至今的物种演化方式的讨论。受居维叶影响，塞奇威克确立了灾变论，认为"地表发生巨变的强度和性质非比寻

---

① 马丁·布林克沃思，弗里德尔·韦纳特. 进化2.0：达尔文主义在哲学、社会科学和自然科学中的意义[M]. 赵斌译. 北京：科学出版社，2018：232.

常，因此可以称之为灾难"。①其争论者则是以赖尔为代表的均变论者。均变论指的是所有的地质变化都可以用在当下仍可观察到的具有某种性质和强度的力来解释。赖尔也认同居维叶关于动物完全适应环境的假设，认为居维叶的数据具有现实意义，但其地质动力学可以用当前的作用力来解释，而不是诉诸灾难，甚至神的干预。从这个意义上理解，赖尔的主张很好地迎合了布丰以来主张的以机械论学说揭示自然演化的路径，贯穿其中的演化持续的必然性是核心，与此同时，这种必然性也很显然地表露了赖尔关于演化方向性的设想。但对灾变论来说，其中则包含了许多不确定性的一面，准确地说，即人类在认识论层面上无法理解和预测的机遇性成因导致了演化，这种观点恰恰很容易被各种宗教奇迹解释所利用。

在赖尔看来，塞奇威克等对于描述和因果解释之间的区别缺乏充分的关注。他主张岩石的记录违背现有的创世纪解释。然而与居维叶不同的是，赖尔在灾变论中看到了更为复杂和完美的生命形式的稳步上升，即我们之前讨论过的目标性过程。这种变化的方式是渐进的，有机结构的逐步演化服从于某种生命目的。地质学和生物学演化史是一体的，这体现出确定的进步方向，也因而激发了对圣经的新解读和对新版本设计论的论证，即一切生命形式的必然性并不是出于神的设计，形式也不具有本体论意义上的决定性，而是产生于一种渐变过程。

赖尔将拉马克主义准确地理解为一种关于如何转移灭绝和特殊创造问题的假说。赖尔提出了大量经验主义的反对意见，认为尽管拉马克主义对动物种类变化的适应程度可能比我们早先能够意识到的要大，但普通父母的后代永远不能脱离普通类型的限制。那些被保存下来的最古老的物种，比如在埃及坟墓中发现的麦粒，在所有的意图和目的上都与今天种植的小麦完全相同。此外，除了实际困难，即使是人类已经操纵了数千年的物种——狗、牛、猫、鸽子等，它们仍然有能力产生强壮的后代并繁衍后代。如果

---

① Whewell W. History of the Inductive Sciences: From the Earliest to the Present Time[M]. Cambridge: Cambridge University Press, 1837: 506.

自然界有什么趋势，那就是退化，而不是相反。家养动物回到野外后很快就会恢复原形。与此同时，杂交种——被认为是新物种的来源——很少是稳定的。最后，根据赖尔的均变论，自然界几乎不需要新物种。移民可以在一个远没有居维叶的英国追随者想象的那么灾难性的世界里完成大部分工作，而且该世界充满了具有相当大的预适应的可塑性的物种。我们也没有任何理由认为生命史比地质学更进步，正如拉马克所设想的那样。

英国人认为拉马克是唯物主义者，因为他认为物质具有自我运动、复杂化的内在倾向，而生命则违背了英国神创论的基本概念：物质本质上是惰性的。自 17 世纪以来，唯物主义在英国的含义就是自我维持的物质，在 19 世纪早期，当法国人宣称物质向上流动与革命的言辞相交叉时，它仍然是有意义的。与惠威尔一样，赖尔也无法将转变的一般概念与拉马克的版本区分开来。赖尔也不能把拉马克的转变与他个人对唯物主义形而上学和政治的恐惧分开，也不能把拉马克的转变与他对人与动物之间任何距离的缩小都会破坏文明社会赖以建立的道德规范的恐惧分开。

马丁·约翰·斯潘塞·鲁德威克（Martin John Spencer Rudwick）认为赖尔的"均变论"中体现了现实论（actualism）、渐进论和稳态递归论或稳态循环论三部分内容。其中，现实论是一种方法论上的概念，主张包括地质学在内的具体科学领域应诉诸当下正在运行着的、可以观察到的并以基本恒定的强度发挥作用的某种力量。除了这些力量，求助于任何其他力量都会导致诉诸"纯粹的假设"，将会违反现代科学的经验和归纳准则。与现实论不同，渐进论意味着火的力量（如火山及其引发的地震）以及水的力量（如侵蚀）持续不断地以不同程度发挥着影响，尽管地球作为一个行星系统不太可能是通过一个完全渐变的方式形成的。需要着重说明的是赖尔的稳态递归论。该观点表明了地球历史表现为可重复的循环运行状态，该循环过程可追溯至遥远的过去，因此我们可以可靠地预测遥远未来的地球的情况。为了推广这种循环观点，赖尔发展了詹姆斯·赫顿（James Hutton）的地质动力学模型，特别是采纳了其系统"稳态"的观点，代表实在性的力量以当下的强度（渐进）持续运作成为赖尔观点的主体。所以其观点体现了自然系统演化的恒常性和必然性。①

　　赖尔的现实论和均变论并不意味着地球永远都是一个平静的王国。在对意大利南部开展实地研究期间，他意识到地震和火山可能对当地地形和居民造成毁灭性的影响。在他看来，通过火山和地震的长期影响，地球上的陆地相对位置会发生改变，并引发随后的气候变化。该观点是从时空变化的角度来看待现象的，而不限定于某一局域位置。毫无疑问，赖尔相信存在物种灭绝，但他的焦点在于开展一种生物地理学研究，特别是由地质和气候变化引起的迁移，而非生物群的突然大灭绝现象。在地质和气候导致的竞争压力下，一个物种将被迫使从它的习惯的范围迁移，其中暗示了造成目前观察到现象的自然力量，即一种"真正的原因"（vera causa）。当一个种群迁移时，它要么会被另一个竞争物种所取代，要么取代该竞争物种。赖尔同时也认为，大多数物种的固有本性具有巨大的可塑性和适应性，这种可塑性和适应性使它们能够适应新环境，并促使它们的竞争对手也展开适应。在任何物种灭绝事件发生后，都会有一个新物种适应新的"生存条件"，这一事态将增加物种形成和扩散的可能性。同时，赖尔并不倾向于认为这一过程源于某种"创造"。赖尔提出了一种"自然的经济性"的观念，用以描述一定环境系统中因物种竞争而最终走向某种稳定生态结构的趋向。大量复杂的生物物种序列构成了一个经济性群体，共同维持着生态系统的稳定，其中仰赖的原则便是经济性。每个物种通过经济性原则的支配从而在系统中扮演一种独一无二的角色。通过这一方式，赖尔使用自然的经济性概念来解释同一区域内化石与现存物种间的区别。赖尔假设，当某一物种开始灭亡时，其作为自然经济性的身份也变得无效，上帝创造了其他物种来填补其角色。生态位概念在赖尔的观点中扮演了至关重要的角色。在赖尔阐述自然经济性中的"位阶"（stations）的概念时，生态位便是关键

---

① Ramsey G，Pence C H. Chance in Evolution[M]. Chicago：University of Chicago Press，2016：164-165.

一环，它是塑成能满足生物迫切所需的性状形式的相关生物体外环境。①从这一点来看，赖尔显然认为生物与生态位存在着紧密的关联，这与 20 世纪遗传学将生物性状与环境割裂的复制子生物学区别明显，后者的适应性理论属于外在论（externalism），即生物体差异性的生存与繁殖导致种群中复制子差异化的丧失与保留，这些成为进化的原因。赖尔对如何将物种生存环境理解为生态位进行了解释，对于那些无法为生物提供迫切所需的功能的物种形式，或前适应的物种形式，环境或生态位将迫使这些形式适应以满足其迫切所需。后来达尔文显然借鉴了这一点，但他认为自然的经济性是易变的，一种生物利用其所处环境资源并与其他生物竞争能够从事实上改变环境本身。

三、物种演化解释的科学化与理论必然性的确立

天文学家兼哲学家约翰·弗里德里希·威廉·赫歇尔（John Frederick William Herschel）并不像赖尔那样保守，对于赫歇尔来说，赖尔的地质学原理建立在物理动力学的基础之上，使地球运动保持在孤立的平衡状态，这样的理想状态只能存在于平稳运行在极其惰性的液体内部的系统中。作为持有统一科学理念的学者，赫歇尔认为一个新物种的偶然诞生注定是一个自然过程，而非奇迹，赫歇尔对赖尔研究的推崇表明他支持这样一种观点，即归纳科学的关键在于发现构成自然世界的不可干扰的、统一的规律，并在此基础上确定推动这些规律运行的真正原因。自然法则之所以是自然法则，是因为它们能够提供一种"反事实"推理。在陈述一个不变的关系时，必须能够明确什么能发生，什么不能发生，而不仅仅是什么发生或不发生。赫歇尔认为，自然法则不能通过毫无根据的理论来建立。尽管某些假设有时似乎可以通过基于独断原则的推理给出看起来令人信服的解释，但只有通过归纳和类比，从观察到的规律中独立地建立起真理，才可能达

---

① 马丁·布林克沃思，弗里德尔·韦纳特. 进化 2.0：达尔文主义在哲学、社会科学和自然科学中的意义[M].赵斌译. 北京：科学出版社，2018，241.

到自然法则的真正含义。

赫歇尔的归纳法科学依赖于直接观察，对惠威尔的"古生物学"的真实性提出了质疑，毕竟这是一门无法直接观察因果关系的科学。作为应对，惠威尔展开了辩护，并最终发展为对归纳科学的另一种解释，旨在使其能够容纳历史性科学，包括地质学及其分支古生物学。在他对地质学原理的评论中，惠威尔承认赖尔的观点是正确的，他坚持认为一个人应首先信赖可观察到的原因，退而求其次再援引其他原因。他并不否认赖尔关于物种灭绝原因的解释，但惠威尔通过观察发现，赖尔的解释对于物种灭绝的方式和速度来说是不够的，赖尔关于物种灭绝的观点需要辅助以某种自然主义的物种形成观。对于建立什么样的物种形成理论，惠威尔认为眼下无法提出任何证据，继而以此种方式巧妙地反驳了赖尔。根据赖尔自己的标准，缺乏证据几乎不能算作可靠的、反假设的归纳科学。其中的差异在于，一个真正归纳科学的哲学将会支持灾变论。考虑到大规模物种灭绝在不同的地质时代都有发生，惠威尔认为赖尔把生命史中的形式与当代生命形式相混淆显然是不科学的。古生物学需要的是一种更为"自然"的分类方案，它将遵循生命的历史，而不是像林奈那样把自己的概念强加于生命之外。总而言之，对惠威尔来说，均变论限制了相关概念的发展，继而对整个归纳科学造成影响。

与此同时，惠威尔也指出了赖尔稳态循环论的弱点。在他看来，赖尔通过地球科学与天体力学之间的错误类比建立了稳态循环论。至于渐进论，在惠威尔看来，过去各种情况叠加在一起也不太可能产生如此不同寻常的力量。这些力量以某种形式限定于目前可以观察到的现象，但是即便它们叠加起来的强度依然无法有效地将一个地质时代与另一个地质时代隔离开来，也无法导致大规模的物种灭绝，并使地球依然处于看似平静的状态。站在惠威尔的角度可以认为，赖尔及赫歇尔试图展现出一种必然性的科学知识面貌，但他们的均变论并没有达到这种程度。

然而，除了观念差异，因为两方面的困难，赖尔和他的灾变论对手惠威尔一样，在内心觉得自然演化是不连贯的。①首先，赖尔和惠威尔都觉得拉马克将布丰对于属以及更高分类学范畴客观性的怀疑进一步延伸到物种上，激化了这种怀疑论。在赖尔看来，物种可变论者认为生命创造的每一部分都缺乏稳定性，处于不断变化的状态。同时，赖尔认为惠威尔主张进化的假设否定了物种的存在。然而，如果在物种的现实中不存在一种根基，系统的动物学和植物学的概念将是武断和没有意义的。甚至有学者以赖尔主张物种在自然界中有真实存在作为例证，用以驳斥物种可变论的观点。

其次，赖尔认为，要坚持物种可变学说，就必须放弃居维叶的完美目的论原则，这一原则是关于生物组织的完美目的论，其结果是生物理想地适应它们的环境。在他看来，变异原因恰恰是出于缺乏适应能力。但是，居维叶的原理揭示了古生物学的事实，而这正是这位物种可变论者首先要解释的，因为其假设的解释破坏了要解释的东西。惠威尔在评论赖尔的工作时，赞同地提到了对可变论的反对，也提出因为我们当下所能看到的只有生物世界的适应性，因而，唯一和普遍的动因都是因为它们曾经缺乏适应性。

由此可见，惠威尔与赖尔在观点上的差异并不是那么彻底，至少在引起进化的原因上，他们对于当时的进化学说持有相当的怀疑态度。正如迈克尔·鲁斯（Michael Ruse）所观察到的，惠威尔的主要目标既不是赖尔的循环论，也不是他的渐进论。他追求的是赖尔的科学哲学中最可信的部分，他的实在论。②。在他看来，观察已经包含了推理。他基本赞同康德的观点，即为了与我们的思想相关联，感觉本身必然就是事物或物体，因而事物或物体已经包含了思想。由此，事实（综合）通过适当的概念被绑定在一起。也就是说，事实是一种微小的理论，而理论是巨大的事实。对事实的理解意味着假设，而假设可以同样公正地称为理论。并且，如果被证明是正确

---

① Grene M, Depew D. The Philosophy of Biology: An Episodic History[M]. Cambridge: Cambridge University Press, 2004: 279.

② Ruse M. The Darwinian Revolution[M]. Chicago: University of Chicago Press, 1979: 47.

的，理论就会成为事实。同样，归纳科学不仅仅是寻找不变定律，甚至是因果关系。在现象的世界中，人类要解释他们所看到的现象，而归纳法就是关于概念的缓慢发展和表达过程，这些概念与它们的目标主题是如此贴切，如同生命之于生物学，从而导致了关于生命的知识的产生，这些知识必然使讨论中的实体与它们等同。较之赫歇尔，这是一种更强、更具本质主义色彩的必然性观念。受自然规律支配的对象的观念构成了这些规律所指对象的存在基础。对于惠威尔来说，只有这种必然性才能产生可靠的科学知识。这个观念所假定的世界比当代人所假定的世界更为稳定。在他看来，这些是赋予我们地球历史和生命史知识以必然性的观念。赖尔和赫歇尔无法为地质学、古生物学或生物学赋予如物理学、化学一般的确定性的概念、模型和方法，因而这些概念、模型和方法并不适合于历史学或古生物学。通过这些主张可以认为，惠威尔是生物学方法论及其概念自主性的早期倡导者和坚定的反还原论者。他认为，生命的概念以及支配生命的独特的"生命力"在很大程度上仍处于形成发展过程中，应该建立一个精确、站得住脚、始终如一的生命概念。但这并不意味着生命本质上是一个化学或电的问题。其中"至关重要的力量……涉及对目的和目的的引用，简而言之，就是要表明最终的原因"。[1]生物学远没有抛弃目的论，而生物学的成熟意味着我们对于目的论的理解发生了彻底的革新。在这里，惠威尔想要表明一个新物种看似不可思议地出现，绝对不会是以违反自然秩序的方式，其中始终会体现必然性的一面。

第三节　达尔文进化论中的机遇解释

在经历了充分的思想启蒙和准备之后，一种自然的生物演化理论呼之欲出。在 18 世纪初的社会环境中，物种固定论的思想已经有所松动，关于

---

[1] Pence C H, Ramsey G. Chance in Evolution[M]. Chicago: University of Chicago Press, 2016: 175.

物种形式的必然性与循环再现的观点因经验科学的发展难以为继。系统发生意义上的物种类型的演化模式与方向性议题成为焦点。同时自然神论的流行导致的设计论与唯物主义的碰撞愈演愈烈,目的性因素在生物学解释中的应用面临着愈来愈大的压力。这一切都意味着达尔文革命的开端,也意味着古希腊传统中的机遇概念开始在达尔文的进化理论中再度受到瞩目。

一、达尔文对于物种必然论的批判

在围绕物种进化的各种理论争论之中,焦点无疑是物种变化问题。尽管形成一定的共识,1844 年,钱伯斯的著作《自然创造史的痕迹》出版后,关于物种变化的问题突然变得焦灼起来。《自然创造史的痕迹》提出了一种转变的宇宙理论,被称为"创造性的自然历史",这可以认为是最早的现代进化论形式。它主张,目前的一切存在物都是以早期形式发展而来的:太阳系、地球、岩石、植物和珊瑚、鱼类、陆地植物、爬行动物和鸟类、哺乳动物,最终是人类。

该书认为生命的进步本质上是通向人的线性发展。根据该书第三章中的描述,生物发展更像是一个从低等到高等的连续渐变过程。对于为什么是连续过程但却依然存在低等级生物的问题,该书认为是存在着不同的发展路线,但是这些路线的发展进度是不同的,只不过是在同样的方向上发展的。这本书首先探讨了太阳系的起源,运用了星云假说来说明其生成,通过自发生成来解释生命的起源。钱伯斯引用了地质学所揭示的从简单到更复杂的生物体的化石记录,将人类设为进化的最高点。其甚至将人类的心理推理能力与其他动物进行比较,将之也作为一个进化的方面,可以通过其他低等动物向后追溯。所有的一系列现象被描述为出于作为次要原因的唯物主义方式,而背后的真正原因依然是作为上帝设计的证据。

虽然钱伯斯带来了深刻的影响,但在生理学证据方面,俄国胚胎学家冯·贝尔（von Bell）已经证明严格的重演是错误的。生物体在它们的发育过程中不会经历其他可能不那么完美的物种的成体阶段，在它们的不成熟阶段之间最多存在一个类似期，当有机体变成它的稳定类型时，这种类似就不复存在了。塞奇威克和惠威尔对于钱伯斯的著作也表现出相当的抵触和不屑。尽管塞奇威克早先曾用灾变论甚至进步论来支持他的创世论，而之后他明显偏向于均变论。塞奇威克坚持反对钱伯斯的观点，认为物种不会只停留在某一地质时代，许多物种延续到了之后的世代。然而，对后世来说更重要的是在研究方法上达成的共识，即赫歇尔的主张，事实问题可以与概念问题完全分离，通过事实的发现来不断修正最初的假设，从而形成完善的进化理论。

也许是得益于钱伯斯的开创性工作，之后的英国社会对于进化论的态度缓和了很多。达尔文也正是在伦敦期间受到了进化论者的影响。需要说明的是，达尔文在爱丁堡读医科时期，他的无脊椎动物学导师罗伯特·埃德蒙·格兰特（Robert Edmond Grant）就是一位杰出的进化论者，也是达尔文在该方面的第一个导师。格兰特自称是拉马克主义者，由此也导致达尔文对于拉马克学说十分熟悉。尽管达尔文始终相信生物界中存在用进废退的现象，但他似乎从未被拉马克理论所吸引。到剑桥大学上学后，达尔文被佩利的观点所吸引，特别是他关于钟表匠的隐喻，当你查看一只表的精妙结构时，由此可推断出这一切来自一名制造者。对于生物体，它们可以被看作是更精巧的机器，由此人们推断上帝是他们的创造者。这很容易让人联想到笛卡儿的理论，而达尔文也是这样认为的，他同样把生物体看作机器，只不过并不需要上帝来制造它们，自然选择过程就可以做到这一点。

对于物种问题，达尔文在《物种起源》"自然状况下的变异"一章中总结了他的论点，达尔文宣称："我认为物种这个词是为了方便表明一组个体间亲密联系而任意给定的术语，这些个体在形式多样性上并没有表现出本质上的差异，仅有很小的区别，体现为形式上的波动性。再一次，形式的'多样性'一词比之纯粹的个体差异，也被任意地使用了，而且仅仅是为了方便起见。"①因此，在达尔文看来，物种、形式、类型等概念仅仅是人为的术语，并且在使用上存在很大的任意性。

在达尔文的时代，物种的定义将一个物种塑造为恒定且必然的。达尔文最终所做的是从根本上改变了分类的重要性。正如后来的进化论者所看到的，此后系统分类学者无须再为这一范畴（物种）寻找固定的定义而操心。他们可以继续对生物体进行分类，就像他们一直以来所做的那样，只不过仅仅是在概念意义上，而不具有任何本体论意义。早期的博物学家曾为构建一个自然的而非人工的分类系统所导致的复杂工作而忧心忡忡，正如前面提到的林奈、布丰、居维叶、圣伊莱尔、欧文等人所热衷并展开的讨论。与此同时，布卢门巴赫及其追随者们正在寻找一种新的自然系统以替代存在之链或是生命梯级的观念。即便如此，我们还是很难判定两个物种较之其他哪种组合更为接近。对达尔文来说，生物物种之间的关联对于人类而言也具有相同的意义，存在构建包含人类在内的生物谱系的可能性。在早期分类学家为寻找自然系统而不是人为系统的徒劳努力之后，达尔文为系统学家的工作提供了第一个有根据的、现实的基础，一种基于自然选择推动的历史性谱系。

包括赖尔在内的学者并不情愿地接受了自然选择作为物种变化的主要手段。随着物种可变论逐渐占到上风，同源一词的含义发生了变化。圣伊莱尔推行了他的"类比法"，而欧文将之重新命名为"同源性"，并与类比区分开。所谓同源性指的是建立在同一草图之上的结构，是同一"原型"的范例。相比之下，类比针对的是功能上的相似性，而结构上却没有相同的基本特征，而达尔文所做的，正如他自己所说的那样，是把原型变成一个真正活着的祖先，这样同源性就成为一个历史概念：同源结构是共同后裔（descent）的标志。②

---

① Darwin C. On the Origin of Species by Natural Means of Selection[M]. Murray J, Facsimile reprint. Cambridge: Harvard University Press, 1964: 52.

② Darwin C. Charles Darwin's Marginalia[M]. Di Gregorio M A, Gill N W, Eds. New York: Garland Publishing, 1990: 655.

　　相反，类比提供了我们所称的趋同进化的例子：它们执行相同的工作，但它们的祖先可能是不同的。因此，鸟类的翅膀和蝙蝠的翅膀是同源的，因为它们都表现出脊椎动物四肢的共同结构。但是鸟的翅膀和蝴蝶的翅膀，虽然都是飞行的工具，却只能是类比相似，它们没有共同结构，这意味着它们并不是源自同一祖先，除非是追溯到更久远的生命历史。因此，关于同源性的研究通常不会追溯那么远，即便这么做也是徒劳的。达尔文出于谨慎并不愿意去推测生命的起源，在他看来，在故事的起始可能是唯一的，也可能是多样的。真正需要注意的是，达尔文将同源性定义为历史概念后，才为这一研究找到了突破口。

　　达尔文深受赖尔的影响。与拉马克不同，赖尔承认存在物种灭绝的事实，但他认为新物种的产生完全是适应了自然秩序中留下的空缺。达尔文发现，这一论点与他在乘坐贝格尔号进行考察时所观察到的许多情况相矛盾。因此，正如霍奇（M. J. S. Hodge）指出的那样，达尔文之所以提出"进化论"的概念，是因为尽管他坚定地信奉赖尔的地质学原理，但他发现赖尔对物种起源的解释并不充分。[①]新出现的物种往往比它们的原生表亲更能适应所在环境，而且通常亲缘上紧密相关的物种经常出现在差异极大的栖息地上，当达尔文开始使用"适应"这一概念时，他很快从全局性"完美适应"的概念转向"相对适应"的概念，这是达尔文与赖尔以及自然神学家的一处观点不同之处。此外，他还注意到灭绝物种和现存物种之间的相似性，继而得出一种相对中立的观点，即生物有世代相传的适应能力，但它肯定不是赖尔所设想的瞬时的创造性适应能力。

　　自从达尔文和格兰特在爱丁堡一起考察无脊椎动物学以来，他就一直在思考生物世系和遗传的问题。即使在他后来的成熟理论中，遗传规律也被认为是自然选择合理性和有效性的必要条件。在 1838 年，达尔文逐渐形成了他的理论雏形，涉及马尔萨斯理论、生存斗争（the struggle for life）

---

　　① Hodge M J S. Darwin and the laws of the animate part of the terrestrial system（1835—1837）: on the Lyellian origins of his zoonomical explanatory program[J]. Studies in History of Biology, 1982,（6）: 1-106.

的概念，以及触发选择的概念（变异的来源和规律，及其受用进废退作用的影响）。在当时，人们认识到人口增长有可能超过粮食供应，因为前者呈几何增长，而后者仅呈算术增长。这一认识被达尔文带到了生物界中。他认为无论是出于某种意图还是本能，育种者都会选择品相最好的后代进行进一步的培育。自然界也可以此类比：动物的繁衍如果不加控制就会迅速扩张，但是任何栖息地的食物供应都是有限的，在随后的斗争中，适者生存，留下后代，其他种族将消亡。这个过程被称为自然选择。正如达尔文自己所说的："无论后代中出现的较之其亲本的微小差异的原因为何——这些原因必定存在——这是一个缓慢累积的过程，当这些差异能够对其拥有个体有利时，通过自然选择，就会引发重要的结构改进，通过这种方式，地表上的数不尽的生物能够彼此竞争，最适者生存。"①当然，我们很难想象一只鸟从爬行动物的卵中孵化出来，或者一个高度复杂的器官，比如眼睛，可以以碎片化的方式累积演化而来。但达尔文坚持认为，通过大量、连续、微小的改变，这一切都会慢慢发生。与此同时，他也承认这是一个难以想象的解释，理性可以克服它，但需要长期的论证。

二、达尔文的自然设计思想

1831 年，达尔文第一次读到赫歇尔关于自然哲学研究的初步论述。与此同时，在环球航行中，他相信赖尔在地质学上的均变论方法是正确的。赖尔的均变论本身依赖于赫歇尔的科学方法论概念。赫歇尔认为，好的科学需要三个步骤。首先，必须找到一个有效的原因，这样才能在实践中研究真正的原因，这正是赖尔现实论的来源；其次，必须证明这种原因有能力影响要解释的现象；最后，必须证明它实际上（或在很大程度上）引起了这些现象。这三个步骤支配着《物种起源》的组织架构：①鉴于自然界的变化类似于物种驯化的过程，我们可以按人类的选择意愿加以操作；

---

① Darwin C. On the Origin of Species by Natural Means of Selection [M]. Murray J, Facsimile reprint. Cambridge: Harvard University Press, 1964: 10.

②考虑到"生存斗争是因为同一物种或者同一生境的不同物种不可避免地超出其环境负荷而增长"的马尔萨斯人口理论；③该架构必须遵循自然的选择过程。因此，自然选择的存在是从人们无法否认的现象中推导出来的。①

作为现实论的证据，达尔文试图拿出生物地质演替的化石记录以支持论据。"地质记录如我认为的那般不完美，这至少可以断言，这些记录并不能证实物种记录的完美性，相应地，对自然选择理论的主要反对意见也会大大减少或消失。另一方面，对于古生物学所宣称的首要法则，即认为物种是由原初的生物代际产生的，旧的生命形式被新的、改进过的生命形式所增强的观点，在我看来，物种是由仍然伴随着我们的变异法则所产生的，并通过自然选择保留下来。"②

简而言之，达尔文认为自然选择的存在是基于现象层面的证明。在所有这些过程中，未知的物种变异和形成规律在起作用：轻微的变异及其遗传是自然选择作用的基础，例如，关于地理分布部分的结论。达尔文收集了一系列令人印象深刻的案例，其中不同物种之间的相似性和差异性可以通过物种的迁移和伴随而来的改变合理地加以解释。他提醒道："生命形式是在世界某一区域的连续时代中发生了改变，或者是它们是在迁徙至遥远的地区之后才发生的改变。在这两种情况下，相同分类中的形式总是通过某一标准代际而相互关联，两种形式的血缘关系越接近，它们在时间和空间上就越接近。在这两种情况下，变化的规律都是一样的，变化是由同样的自然选择力量所积累起来的。"③

达尔文所采纳的赫歇尔式方法论不同于他那个时代流传的经验主义因果性观念，尤其是惠威尔关于归纳一致性的观念。达尔文对比了不同物种的后裔可能性，发现后裔可能是选择性的。物种的后裔通过自然选择反复

---

① Grene M，Depew D. The Philosophy of Biology：An Episodic History[M]. Cambridge：Cambridge University Press，2004：200-201.

② Darwin C. On the Origin of Species by Natural Means of Selection[M]. Murray J，Facsimile reprint. Cambridge：Harvard University Press，1964：345.

③ Darwin C. On the Origin of Species by Natural Means of Selection[M]. Murray J，Facsimile reprint. Cambridge：Harvard University Press，1964：410.

不停地对一系列轻微的改良变型产生作用。当下真实、可感知的自然选择力量必须在其论证的开头得到认可。达尔文以一种自己特有的方式，通过间接和反面的论证找寻物种变化的真正原因。正如珍妮特·布朗（Janet Browne）的评论："他把所有的问题都放在开始，直到其不再成为问题。物种间的生殖隔离并不像人们所设想的那样普遍和完全，仅仅是其他物种变化的副产物。化石记录的稀缺表明，这些记录间存在缺口，每种物种演化的中间阶段都有其他的目的，我们今天只能对此进行猜测。动物的习性可以被遗传并被自然选择作用。"①

达尔文在其《物种起源》的论证中，以人工选择的案例论述了鸽子的育种过程，从中提出，为获得理想的品种类型，所有的变种都是来源于某一共同的鸽子先祖，经过一代代的人为筛选，逐步获得具有完美品相的鸽子。在达尔文看来，这一事例足以说明，通过自然的筛选，各种自然物种也完全可能来自相同的先祖。②达尔文进一步提出，极度完美和复杂的物种器官的起源也可以通过这种类比的方式得到回答。比如眼睛具有独特的装置来调整焦距，能够感受不同量级的光，能够进行球形和色差的矫正。他承认很难相信依靠自然选择可以塑造如此精巧的器官，但依然展开了他的论证。在他看来，如果把眼睛的形式从完美、复杂到粗糙、简单划分为无数个等级，如果每一个等级都对其拥有者是有用的，那么该过程就是可以存在的。更进一步，这些眼睛的形式之间的变化很小，并且这些变异能够被遗传。如果任一器官的任何变化或是改进对于一个曾经面临生存环境变化的动物有益，那么自然选择可以塑造出完美、复杂的眼睛也并非难以想象。尽管达尔文不知道神经是如何对光线变得敏感的，但他也对任何敏感的神经都可以被如此改造感到怀疑。他想要论证这样一个渐进变化过程何以能够发生。他认为，虽然不能追溯类似眼睛这种器官的直系祖先，但有

---

① Browne J. Charles Darwin：Voyaging[M]. Princeton：Princeton University Press，1996：438.

② Darwin C. On the Origin of Species by Natural Means of Selection[M]. Murray J，Facsimile reprint. Cambridge：Harvard University Press，1964：29.

时我们可以通过观察其他同源的旁系后代的情况来获得答案。尽管在脊椎动物中没有发现太多的证据，但在关节动物纲中我们可以发现端倪。在其中，我们发现了从能辨别颜色的神经到完全成形的眼睛的一系列连续且愈加复杂的结构。达尔文认为，他的后裔理论可以解释这一系列的事实，即通过自然选择可以导致如眼睛这般复杂的器官的形成，尽管并没有更多的细节说明这些器官结构是如何过渡的。

尽管达尔文始终声称他使用了培根式的经验主义方法，但要对抗佩利的设计论还需要更多的工作，即如何让自然选择取代上帝的工作。在他的设想看来，任何物种都是通过数以亿万计次的迭代过渡，再经由数百万年的自然选择所形成的，尽管那些占绝大多数的过渡阶段物种形式并没有被命名。同时他也认为不应该被所谓进化趋同的案例所困扰，因为存在由两个独立设计者分别设计出相似类型产品的情况，何况是自然选择。然而，由于现存的或已知的器官较之已灭绝的或未知的器官所占的比例非常小，我们无法预测它的过渡形式会趋向何处。如《自然史》中强调的"自然不知跳跃"那样，绝大多数经验丰富的博物学家都会赞同这一观点。又如米尔恩·爱德华兹（Milne Edwards）所言，大自然在多样性上挥霍无度，但在创新上却格外吝啬小气。因为自然选择只能通过利用微小的连续变化发挥作用。自然无法跨越，必须以最短最慢的步伐前进。①通过这一设想，达尔文很快建立起了他的自然的连续性观点，同时将这种连续性与物种变化的无限可能性通过自然选择机制联系起来。

达尔文本人不仅思考了物种后裔的变化性，还思考了自然选择是如何对变化的物种后裔进行调节的。如今，我们大多数人认为自然选择面对的是一些微小变化的集合，包括生物体内、外部的变化，通过这一过程，一些生物体会比其他生物体留下更多的后代。自然选择就是差异化的繁殖过程。如果将这一差异略微扩大，由此带来的基因和环境的变化就会导致种

---

① Darwin C. On the Origin of Species by Natural Means of Selection[M]. Murray J，Facsimile reprint. Cambridge：Harvard University Press，1964：186-194.

群结构的变化。这是一种线性因果关系。所以对于达尔文的声明——"生存环境法则"是一种比"类型统一"更高的法则，我们倾向于把前一个"法则"看成是我们所接纳的充要条件。①然而，达尔文自己对目的论的立场却不甚明晰。

达尔文把居维叶意义上的"生存环境"作为"终极因"的同义词。同时认为终极因不是唯一的支配原则（居维叶认为终极因是为生存环境服务的）。（自然）计划的一致性与设计的思想是对立的。②很明显，达尔文所说的"生存环境"仍然保留着它最初的目的论意图。他并不是简单地借用居维叶的原理，他把它从静态的原则变成了历史的原则。因此，对达尔文来说，涉及的是对于个体或其祖先的"利益"。对他来说，自然选择的力量（结合了变异规律和生成规律）带来了博物学家所观察到的生存环境。对于居维叶来说，这些环境的起源，用赖尔的话说，要么是"神秘中的神秘"，要么是虔诚地朝着神的方向招手。然而，我们不能说达尔文完全放弃了目的论，尽管他有时会有这种倾向，但事实上他没有放弃。"为了……的利益"这句话在整部《物种起源》及其他表述里都是一致的。

自然选择对于达尔文来说就是原因，其目的论也不像居维叶所乐于承认的那样，是亚里士多德式的。亚里士多德的最终原因需要一个固定的终点。相反，在达尔文主义的自然思想中，过去和现在的动态决定了不远的未来。此外，在达尔文的世界里，机遇概念走上前台，比亚里士多德世界里的偶然性概念扮演着更积极的角色。诚然，即使古代马其顿的斯塔利亚人也承认，不管宇宙和它所包含的种类有多么稳定，但有些事情总是"机遇性"地发生。总的来说，在亚里士多德的自然中，事物以及事物种类都是按部就班的。相比之下，在达尔文的世界里，当环境发生变化时，许多微小的变化就会发生。这些使得新适应型的逐步出现成为可能，从而产生

---

① Darwin C. On the Origin of Species by Natural Means of Selection[M]. Murray J, Facsimile reprint. Cambridge: Harvard University Press, 1964: 206.

② Darwin C. Charles Darwin's Marginalia[M]. Di Gregorio M A, Gill N W, Eds. New York: Garland Publishing, 1990: 655.

新变种、新物种（其实是同一事物，只是程度不同）。据他推测，变异可能是有规律的，但由于我们的认知局限性，我们只能说，确实发生的变异都是随机的，与生物体的需求有关。如果它们没有发生，灭绝就会随之而来。如果它们这样做了，未知的生成规律使得有利的变异能够留存下去，"进化"将随之而来。与具有固定终点和不断循环的秩序的亚里士多德式（或居维叶式）宇宙观不同，机遇进入达尔文的世界并体现出两方面意义。促使物种起源的变异是随机发生的，自然中存在一种本质层面上的偶然性：无论发生什么，都存在其他的可能情况。正如古尔德经常强调的那样，在我们的知识遗产中，达尔文主义革命最核心的特征就是这种极端的偶然性内涵。那么对于达尔文来说，目的论该如何理解和应用？只能说达尔文的理论保留了目的论的暗示，这是其适应概念所固有的。同时，我们也必须承认，他对任何直接的目的论的使用持怀疑态度。因此，如果说目的论代表的是某种程度的意图或设计的话，可以推测，达尔文引入机遇概念就是要抵消或削弱这种观点，把目的论所体现出的必然性限定在认识论的意义上，从而避免了沦为又一种意向性的设计论。

三、达尔文进化论中的机遇解释

在《物种起源》中，机遇开始扮演核心的角色，它不再意味着因无知而导致的不可预判。在达尔文那里机遇扮演两种角色。

第一种是在自然选择机制中所扮演的角色。达尔文使用"机遇"来表示变异的起源与生物适应性之间的因果独立性。可以看到，对人有用的变异无疑发生了，但对其他同样历经宏大且复杂的生存之战的生物来说，它们是否也会在经历数千代际之后，在某一时刻拥有某些有用的变异？在达尔文看来，个体生物的遗传变异可能是偶然发生的，有些变异的生物体在生存斗争中有更好的生存和繁殖的机遇，所以经过自然选择，变异生物体的生存和繁殖是偶然的，而不是必然或有目的的。此外，他还经常拿这种变异在自然种群中的作用方式进行类比，从而设想因某些生理构造上的微弱变化而导致物种内某些成员在生存繁殖上相对于其他同类拥有的略微优势。达尔文曾与阿萨·格雷（Asa Gray）通信讨论过偶然性、决定论和目的论之间的关系。达尔文和格雷认为，"没有竞争的群体就不会为生存而斗争；没有这种斗争，就没有自然选择和适者生存，没有适应变化的环境，就没有多样化和完善"。①在这里，达尔文关注的是变异来源对应于选择模式方面机遇和必然性之间的相互关系。

关于第二种角色，达尔文关注进化过程中的机遇源于他发现自然选择并不是一个完美的鉴别者，即自然选择的发生也存在机遇性。仅仅当所携带变异倾向于提高该宿主适应性时才会导致其后代拥有更好的生存机遇。在他看来，自然选择是这样一种过程：每一不同的微小改变都会在其历史中偶然出现，同时以某种方式使得物种中的个体更为适应，从而被保留下来。一方面，在讨论前面"机遇性变异"的含义时，达尔文强调的是我们对每一种特定变异原因的无知，而自然选择式的进化取决于我们因无知而称之为的自发或意外的（accidental）变异性。达尔文认为，自然选择选择性地对机遇性变异起作用，即那些真正具有功能性的特征。②另一方面，当达尔文在自然选择的过程中讨论机遇的可能性时，同时会担忧对自然设计观点的影响，因此，这里他最关注的是偶然意义上的机遇。尽管作为选择结果的许多生物体的特征是由意外产生的，但达尔文不希望它们全然是机遇的结果。霍奇对此评论道，达尔文只愿意将变异看作是由不可预测的黑盒过程产生的，一旦变异进入他的理论，自然选择作为高度倾向性的"操作者"展现了类似于育种者的实践操作技艺。③可以看出，达尔文并没有清楚地区分不同机遇问题，这会令人感到困惑，因为这些不同机遇在作用方式上也存在着相互影响。

可以说，在通过类比人工选择案例构建自然选择理论之初，对于野外

① Ramsey G, Pence C H.Chance in Evolution[M]. Chicago：University of Chicago Press，2016：28.
② Ramsey G, Pence C H.Chance in Evolution[M]. Chicago：University of Chicago Press，2016：19.
③ Hodge M J S. Natural selection as a causal, empirical and probabilistic theory[J]. The Probabilistic Revolution，1987，2：233-270.

物种的形成和适应性多样化的过程，达尔文给予机遇性变异决定性的因果作用。但当他将野生物种对比人工品种时，便不会赋予机遇性变异这样的角色。关于随机变异是如何产生的，以及为什么称它们为随机变异是恰当的，他的观点并没有发生过改变。同样，他对人工选择育种如何有效地利用机遇性变异的观点也没有发生过改变。因此，改变的不是他对于在个体或物种的生活和死亡过程中意外、偶然性或机遇性的看法，而是他对于在农场和野外，偶然事件和可能事件如何以同样的方式相互配合的看法。使某些适应性变异成为可能的变化是偶然发生的，但如果仅仅是这样，该变化似乎并没有任何希望被留存。如果赋予那些变异个体更好的生存和繁殖机会，那么这种变化将在以后的世代中继续被留存下去。

　　达尔文对于机遇的思考一直在他之后的人生中延续着，并且没有发生重大转变。19 世纪 40～50 年代，他的理论研究主要是发展涉及泛生论（pangenesis）、性选择、分化和在个体发育中的系统发育的理论。泛生论是达尔文包含了从治愈树皮到哺乳动物繁殖的关于所有生物代际的一般理论。这个理论始于 19 世纪 40 年代初，其中对自然选择理论没有新的发展，也就是说在泛生论中并未提及。不过，在允许机遇性变异以及后天获得性变异的产生和遗传方面，无论是人工选择还是自然选择，这个理论没有增加或减少任何与选择有关的东西。性选择理论涉及自然与人工选择理论所引起的偶然性与可能性之间的关系问题。分化理论则对自然选择和人工选择的影响提出了新的见解，但并不会修改达尔文关于偶然性与可能性的因果关系在这两个过程中的作用的观点。关于个体发生与分支系统发育之间的关系，达尔文确实认为，每个物种中个体的发育过程涵盖了从共同祖先物种形式到该物种独特形式的变化过程，因此不同的变化在不同的后裔链条中被重演出来。这种重演使我们能够对从当下的个体形式到过去的种系发生历史进行推论，但是无法从法则上基于当前的个体发生对未来的系统发生进行预测。如果没有这种预测功能，那么发育所重演的不过是残迹。对达尔文来说，决定任何现存物种未来变化的不是它过去的系统发育，而是个体发育。但是，无论未来的适应性变化是什么情况，自然选择都将在不同的环境和条件下，以及不同的后裔链条中，选取那些有利的特化形式。可以发现，达尔文发展了一种进步理论，不是从因果解释、发育论抑或是他的适应性分化理论中所涉及内容的角度，而是基于自然选择理论的推论和扩展。

在《物种起源》之后，达尔文并没有对他在19世纪40～50年代的观点进行重大的修正。在他关于兰花的书中，他遇到了机遇和设计问题。这些讨论深化和扩展了达尔文的见解，也进一步增强了他的批评者们对于他试图引导读者观点的意图的理解，但是这些讨论并没有超出达尔文对于生物偶然事件与演化的可能方向的思考。我们能够看出是，达尔文关于偶然性与可能性的思考，无论在当时或是现在来看，都很难与从希腊传统中流传下来的各种观点割裂，包括之前提到的柏拉图、亚里士多德、斯多葛学派、伊壁鸠鲁等。达尔文对机遇性变异的强调表明，他与德谟克利特、其他原子论者以及卢克莱修学派的观点一致，以至于批评者把他的理论当作是这一脉络的最新观点。当时一些关注达尔文对于人工和自然选择的比较的人发现，达尔文的观点似乎符合了一神论的某些主张，在借鉴柏拉图的观点时，包括但丁·阿利吉耶里（Dante Alighieri）在内的一神论者，将自然视为上帝设计的作品。其中与柏拉图在其《蒂迈欧篇》中所描述的工匠不同，达尔文的核心在于自然选择机制。由于受柏拉图以来的固有观念影响，自然选择难以被解释为某种可理解、非物质、永恒的预先存在计划的物理性和实体化的实现，因为自然选择只能在某一时间和地点，与所在时空中产生的变异一起作用，并受适应性生物临时环境条件的制约。但达尔文思想真的没有涉及某种预先的计划吗？在某种程度上确实涉及了，不过这并非一种精确的计划，而是通过浪费、残酷和不可靠的冒险尝试来实现的，这意味着对于一个善良、明智且无所不能的上帝来说，几乎是非理性的选择。这些有关进步及其神学和意识形态议题的讨论与当时的社会环境分不开，比如《国富论》中讨论的"看不见的手"，以及自由资本主义所倡导的竞争观念。

按照达尔文的思维，饲育赛马的种马场和大型猫科动物捕食的野生草原的共同之处是选择性繁殖。在这两个场景中，速度这一特征都是备受青睐的。但是种马场和野生草原之间存在一个共同的因素以及两处关键不同。共同之处在于，速度这一性状都与生存和繁殖的成功有概率上的因果关系，但建立这种关系的具体原因却是不同的。在草原上，速度不够就意味着无法捕获食物或是被猎食者捕获；在种马场，速度快意味着降低了被捕杀、阉割或被剥夺生育权的可能性。同时结果也存在区别，在野生草原这意味着更好地适应当地环境；而在种马场则意味着更好地符合育种者的目的。所以共同之处在于差异化繁殖不是出于运气、偶然或机遇，而是由遗传变异的差异所引起的。这种源自类比说明的非偶然性因果关系，因常常被曲解，一度成为达尔文理论化过程中的阻碍，但此后自然选择的因果解释的理解与展开也都基本沿用了这一模式。可以说，达尔文通过这种方式成功地将机遇、偶然性等非决定论因素与其进化理论的决定性与可预测性融合了起来。

第三章

从新达尔文主义到现代综合进程中的机遇概念

在《物种起源》中，达尔文运用巧妙的类比论证使人们相信了他的理论，随着社会风气的开放以及达尔文追随者们的不断推广，社会公众逐渐接受了他的进化思想。对于宗教界来说，进化论也并非大逆不道，至少其中宣扬了进步主义，并且更重要的是，此时的进化论外在于科学，对其理解依然需要特设前提的引导。例如他们引入了突变等概念却避开了充满随机性和残酷性的选择过程的推论。所以，尽管进化论引发了巨大的公众热情，但以专业科学的尺度来评判，它做得远远不够。科学家们并没有真正将自然选择视为一种科学工具，在他们看来，它不过是一种世俗的人类主义基础，一种用以取代基督教的新社会意识形态。①生物学史学家彼得·J.鲍勒（Peter J. Bowler）在其撰写的《新达尔文主义革命》一书中更是摆明了这样一种态度，即真正科学意义上的达尔文主义革命实际上是由新达尔文主义所推动的。通过费希尔、赖特、霍尔丹等新达尔文主义代表人物的推动，孟德尔主义与达尔文主义充分综合，进化论迎来了其在科学上的蜕变，成为一场科学革命。达尔文理论中的机遇概念也由一种描述性的词汇逐步开始了数字化、概率化的转变，并与统计学的遗传机制解释统一起来。这些研究一直延续至现代综合运动后期，机遇也成为兼具科学与哲学特征的核心概念。

第一节　新达尔文主义革命与遗传学的统计学化

达尔文时代的遗传理论包括奥古斯特·魏斯曼（August Weismann）的"种质"理论和达尔文自己的"泛子"理论。前者主张每个遗传单位具有物种的全部性状，后者认为每个遗传单位具有一个细胞的全部特征。尽管这两种学说都反对遗传性状的后天获得，但对于进化理论的发展来说，它们都不尽如人意，因为它们从根本上无法解释遗传的规律性特征和多样性的

---

① Ruse M. The Evolution-Creation Struggle[M]. Cambridge：Harvard University Press, 2005：83-102.

来源问题；而孟德尔学说表明了显性和隐性基因决定着生物多样性的表现形式，并将不同的性状传给下一代，自然选择正是通过这种随机的变异性发挥着影响，而生物体也通过这样的方式延续着它们的基因，生生不息。在这里，统计规律性与随机性的概念逐渐成为现代遗传学的基石。

一、孟德尔遗传学与决定论因子

新达尔文主义实际上是自然选择与基因遗传规律的综合产物，即 1859 年达尔文在《物种起源》中提出的达尔文主义原则与 1865 年格雷戈尔·约翰·孟德尔（Gregor Johann Mendel）的遗传理论的综合。最初，达尔文为确保其理论的自洽，将进化的原因归结为机遇性变异与自然选择，并构造了泛生论作为其遗传解释的核心。受环境影响的泛子由于其混合性质，成为发生突变的对象，这一学说也常被定义为一种混合理论。当时的达尔文学说支持者们认为自然选择样式的进化是连续、渐进的过程，从这个意义上讲，后代性状源自亲代性状的混合。不过这种观点存在一个问题，即无法解释大尺度变异的"突变"，也不能对物种变异数量的增减进行说明，同样也无法确定性状变异是由遗传还是环境导致的。尽管达尔文曾推测遗传与生殖过程中的性状分布相关[①]，但他并没有对基因遗传规则进行研究。

按照现代综合论，尽管基因变化表现为随机，但进化过程却是导向性的，总是趋向于保留有益的突变。达尔文明白，新的变异性状是通过某种机制进行传递的，但绝不是坊间流传的通俗遗传解释。达尔文认为，那些性状在代际传递过程中倾向于混杂在一起，这一观点在更高自然法则层面上大致是正确的，但是在代际遗传现象的细节上却总是存在各种难以预料和解释的现象。孟德尔可以说是独立地从不同的路径开始了他的发现。此时的孟德尔已经知晓达尔文的工作，但并没有意识到自己的工作可能会带来的重大突破，特别是自己所开创的遗传分析方法。

---

① Darwin C. On the Origin of Species by Means of Natural Selection, or the Preservation of Favoured Races in the Struggle for Life[M]. London: John Murray, 1859: 131-132.

在孟德尔 1865 年发表的关于豌豆杂交育种实验的论文中，其展示的在本质上是关于连续性状发育的简单组合分析法则，即具有特定性状的杂合子将会产生按照一定比例分布的后代。基于该实验，孟德尔对纯合子的亲代形式（AA 和 aa），以及杂种（Aa）的数据进行了分析，发现来自杂种的首代子代按照 1AA∶2Aa∶1aa 的比例分布。这一分析方法进而拓展到其他独立特征或性状上。孟德尔后来在题为《杂种的生殖细胞》的论文中进一步解释了性状的重组是生殖细胞相互结合的结果，每一种生殖细胞都携带有特定的性状。性状的可能组合模式与受精期间的配子结合方式是一致的。也就是说，如果个体是一个杂种，那么两种纯合性状或原基可以分离，其中规定混合仅限定于一对等位性状及其类型。孟德尔关于遗传传递的理论并没有对达尔文的进化理论起到直接的补充作用，反而引发了更多问题。特别是其中强调的变异的不连续性观点导致其直接站到了达尔文学说的对立面，因为对于达尔文进化论来说，连续变异对其似乎至关重要。因此，如何将两种对自然选择进化的遗传基础在解释上存在分歧的理论调和起来？这导致了后来群体遗传学的产生并形成了一次伟大的理论综合。此外，孟德尔的遗传理论表现出十分明显的还原论色彩。在孟德尔看来，生理学在本质上是有关化学、物理的学科，是现象学的，但对于建立发育解释在形式上的因果关系来说，需要将现象还原为物理、化学概念。也就是说，孟德尔在一开始就预设了一种机制性的发育理论，用以将遗传因子与后面的发育现象联系起来。孟德尔并没有设想不可见的微粒状决定性遗传因子，也未曾设想潜在性状与特有性状之间的差异，而是仅关注于豌豆的品种区分及统计分布，这对于他的实验来说已足够充分。许多人可能会认为孟德尔的研究更多面向实践，即研究描述杂种构成及其子代发育模式的经验法则，这显然低估了孟德尔的初衷，但若说他要仿效伽利略·伽利雷（Galileo Galilei）揭示自然的普遍规律，显然也夸大其词。①但可以推测，孟德尔认

---

① Falk R. The dominance of traits in genetic analysis[J]. Journal of the History of Biology, 1991, 24（3）: 457-484.

为自然中的遗传必然遵循着某种先验规律，可以通过某种恒定方式表现为总体上的性状平衡分布。可以说，孟德尔理论的基础带有明显预成论色彩，尽管他并没有区分遗传因子与固有性状，但这些微粒状因子以某种方式代表了性状，后者由前者发育而来。关于孟德尔主义遗传法则是否属于科学公理的争论也成为延续至今的科学哲学讨论的话题，其中涉及的趋向性和偏差也成为相关哲学讨论无法绕开的问题，并与围绕遗传中机遇和必然性的联系的讨论捆绑在一起。可惜的是，孟德尔的山柳菊实验的失败以及繁忙的工作，导致其研究被搁置和掩盖，在学界尘封 30 余年。

同时，此时的遗传学发展一日千里。1903 年，沃尔特·斯坦伯勒·萨顿（Walter Stanborough Sutton）认为染色体的减数分离可能是孟德尔定律的物质基础；托马斯·亨特·摩尔根（Thomas Hunt Morgan）证明了基因以特定的线性方式排列于染色体上；再后来，艾尔弗雷德·戴·赫尔希（Alfred Day Hershey）与玛莎·考尔斯·蔡斯（Martha Cowles Chase）最终实验证明了脱氧核糖核酸（DNA）是遗传物质；詹姆斯·杜威·沃森（James Dewey Watson）和克里克发现了 DNA 的双螺旋模型，使生物学走上了分子生物学的道路。如今，人类基因组序列草图早已完成，人类已经步入了后基因组时代，而这一切的一切，都是来源于孟德尔的发现。此外，20 世纪的遗传学者们在面对胚胎学和发育方面的相关问题时，在很大程度上延续了预成论和渐成论的争论主线。其中，遗传因子的决定性与发育过程的偶然性变成了决定论与非决定论讨论的一个主要方面。不同于之前机械论学者们的观念，相较于那些有机系统的物理化学原因，新的遗传学家们更倾向于在现象学层面上探索单位性状的程序性机制过程，这尤其是在摩尔根的"变形"概念中体现得淋漓尽致。作为一名胚胎学家，摩尔根的遗传学工作在很大程度上是以发育问题为核心展开的。摩尔根接受了威廉·约翰森（Wilhelm Johannsen）的观点以及雨果·德弗里斯（Hugo de Vries）的预成论观点，将果蝇发育中的基因及其突变功能的发育系统路径指向（功能指向）作为基因单位的指称，即一个基因通过它的可能功能来命名。但他显然低估了系统发育的复杂性，每发生一个新突变就需要进行调整，最终导致他对于生物性状发育的概念、功能整体性概括方面的侧重点依然要放在应对各种实际表现型相对于"标准型"的偏移上，使得相关基因功能研究表现出越来越多的现象学特征。由此，这也就触发了后面将会讨论的进化发育生物学中的机遇性问题。

回到 20 世纪初，由于整个学界的忽视，在长时间的沉寂后，1900 年，德弗里斯、卡尔·科伦斯（Carl Correns）与埃里希·冯·切尔马克（Erich von Tschermak）三位学者通过不同途径分别发现了孟德尔的理论，标志着孟德尔遗传学的复兴。对于遗传决定论思想的发展，无疑前两者在后来起到更大的作用。

由于不满意达尔文的泛生论解释，既是还原论者也是预成论者的德弗里斯在 19 世纪 90 年代提出了细胞内泛生论（intracellulare pangenesis），旨在替代或改进达尔文的连续变异进化假说。但随着他在 1900 年重新发现了孟德尔理论，他迅速认识到该理论对于进化的价值并转变了态度。在他看来，泛生论预设植物性状依附于不同的承载单元。这些物种要素或基本特征与载体绑定在一起，特定形式的载体对应于各自的特征，类似于化学分子及其属性，呈现出个体性且不存在过渡阶段。①德弗里斯针对自然选择进化提出了一种自下而上的还原论的替代方案，意在重新解释物种形成的过程，同时，孟德尔的理论对于他来说仅仅是一种遗传理论。②在某种程度上，他忽略了孟德尔的方法论，而是将孟德尔的理论作为其论据，主张将物种视为那些独立遗传因子的复合物，继而认为已不再需要物种概念。③德弗里斯通过主张间断性（discontinuity）的突变提出并不断完善其进化理论，并完成了他的名著《物种和变种：它们通过突变而起源》④。从标题可以看出，

---

① de Vries H. Das spaltungsgesetz der bastarde[J]. Berichte der Deutschen Botanischen Gesellschaft, 1900, 18（3）: 83-90.

② Brannigan A. The reification of Mendel[J]. Social Studies of Science, 1979, 9（4）: 423-454.

③ de Vries H. Das spaltungsgesetz der bastarde[J]. Berichte der Deutschen Botanischen Gesellschaft, 1900, 18（3）: 83-90.

④ 英文版于 1912 年出版。

他有向达尔文的名著致敬的意味，这同时也暗示了德弗里斯认为孟德尔遗传理论可以为达尔文进化论建立更为牢固的解释基础。德弗里斯将生物体视为由独立的遗传因子所构成的错落有致的镶嵌体，这些因子的特性在遗传中保持恒定，并可在杂种结合过程中与其他配子分离。

另一位孟德尔理论的再发现者科伦斯对于这种遗传的"现象规律"的重要性没有充分地重视，但他首先注意到的是不同性状独立分离规律与实际情况常常发生偏离。例如，在孟德尔的豌豆实验中，对于 7 种性状中每一种性状都存在两个交替出现的潜在可能性状，孟德尔仅仅在经验现象层面给予了描述性解释。德弗里斯则认为，这并不会冲击魏斯曼以来决定性遗传因子的观念，因为两种潜在性状的转换恰恰表明了它们背后的是可被定义的遗传单位，且其背后存在一种潜在性状转化机制。按照他的设想，这些机制是通过潜在决定因子或泛子的激活或灭活实现的。但科伦斯无法接受这种区分相对性状为显性与隐性的方式，主张一种生理学的、定量的，而预成论的现象解释。①

另一位著名遗传学者威廉·贝特森（William Bateson）认为，孟德尔的"因子"就是生物性状的指示物，同时也为进化理论提供了理论基础。在他看来，隐性是性状的不表达或丧失，这才算是为遗传因子的表达机制提出了一种合理的解释。不过，他虽然同样在概念层面上注重遗传与发育机制的衔接，但依旧没有区分性状与遗传因子（表现型与基因型），而是颇具创新地提出其他不潜在的性状是某种遗传"背景"的观点。例如，他认为在孟德尔的豌豆杂交实验中，黄色和绿色豌豆的表达机制可被视为是在绿色性状背景下，黄色性状的表达/不表达。②

贝特森在其《孟德尔的遗传原理》一书中为孟德尔理论辩护，还引入了"等位基因"（allele）概念来定义对位的替代性性状，同时用"杂合子"

---

① Correns C E. Gesammelte Abhandlungen zur Vererbungswissenschaft aus periodischen Schrifren，1899-1924[M]. Berlin：Springer，1924：330.

② Hurst C C. Mendelian Characters in Plants and Animals[M]. London：Royal Horticultural Society，1906：119.

和"纯合子"替换"杂种"与"纯种"等术语，以基于配子而非单一因子的表达作为生物形态的来源。同时他还提出生物部件的重复理论，以配子的"加倍或增生"来解释在一些情况下（两个或多个单位性状），性状比例关系与孟德尔随机分离假设的结果不一致。

直到约翰森在概念上对性状做出区分，提出基因型和表现型的区分，这奠定了现代遗传学说的基本构架。在他看来，生物单位性状的遗传标记物是基因型，这些基因型单元是可分离的，其中单一基因型具有实体性且不可再分，与"性状"所代表的类型对应。[①]可以说，这一系列的进展最终以带有本质主义色彩的基因概念与亚里士多德主义中的类型概念融合，构成了二维理论体系，也预示着基因-类型的决定论观念以及还原论的遗传分析方法正式确立。同时，这也意味着基因成为一种发育演化中的决定性力量，而发育过程的特殊性与受环境影响的偶然性也在很大程度上被掩盖了。

二、群体遗传学的形成

1865 年，高尔顿在其题为《遗传天资与特征》的论文中，试图论证人类精神与道德特征是自然选择与遗传因素叠加的产物。其中强调了"种系"的连续性，同时主张对种系中的相似性与变化性进行解释。在高尔顿的遗传规律中，祖先的种族品质在后代的遗传中呈现不断衰退的趋势，也就是说，一个个体与其远亲在种族品质的共同之处上比预想的要小。平均来看，父辈能传播他的一半类型，祖父则为 1/4，而曾祖父为 1/8，共同部分呈几何比率逐级迅速减少。后来，高尔顿在其 1869 年出版的《遗传的天才》中进一步发展了这种观点，并提出了一种间断性的进化理论，即进化是通过不连续跳跃进行的。要辩护这一观点就需要一套特定的遗传理论作为基础，即遗传过程并不会维持极端变异，其最终会通过衰退回归到某一中位值。因此，稳定发生的"突变"是唯一合理的进化变化原因，而该观点与达尔

---

① Johannsen W. Some remarks about units in heredity[J]. Hereditas, 1923, 4: 136-141.

文学说必然冲突。在后者看来，变异靠的是混合遗传的清除作用，"突变"在进化中不起任何作用。[①]当突变被确立为进化变化的唯一原因时，突变所依赖的机遇则也相应地成为进化解释的原因性因素。

1875 年前后，高尔顿提出种族遗传品质贮存于生殖器官而非泛子之中的观点。种质或高尔顿所称的"血统"在代际连续遗传而很少发生改变。变异是由种质变化导致的，表现出与物种品质的偏离。之后高尔顿通过收集大量证据，其中包括各种植物、人类遗传数据，在 1892 年的《指纹学》中提出进化是通过连续突变的方式进行的。其中明确了种族品质的衰退规律，并开始使用数学统计方法来建构该规律的模型。后来在 1889 年的《自然遗传》中，他正式提出了其构想：子代偏离自种族平均品质 P 的偏差，平均等于偏离自亲代偏差的 1/3，如果 $P+$（$\pm D$）是亲代的身高，那么子代身高的平均值将会是 $P+$（$\pm 1/3D$）。在推导这一比例关系时，高尔顿显然出于认识论的原因进行了妥协，并进行了简化。其主要是为了突出一种数学关联，而非真实遗传过程中的变化。也可以说，遗传中，子代的品质以一种均值的方式来表征，差异仅仅在种系历史上体现，而个体之间的差异则更像是围绕品质均值的偶然性波动。如果说，达尔文的混合理论一定程度上能够包容种系同一子代间的差异现象，到高尔顿这里则完全放弃了物种个体的现象差异，而是通过建构的数学统计的理想模型来表征宏观上的种系遗传演化过程，还原为数学上的动态性，忽略了个体细节上的偶性差异。

皮尔逊认为，高尔顿的理论算不上生物学假说，只是关于统计物种品质变化的数学表达式，作为工具可被用于生物学假说之中。[②]皮尔逊发展了高尔顿的遗传的"血统"理论，依照该理论，某一世代中个体的特性来自其所有祖先遗传的特征总和，例如，父母各占一半，祖父母各占 1/4，曾祖父母各占 1/8，以此类推。

---

① Galton F. Hereditary Genius: An Inquiry Into Its Laws and Consequences[M]. London: Macmillan, 1869: 34.

② Pearson K. The Life, Letters, and Labours of Francis Galton[M]. London: Cambridge University Press, 1930: 21.

方法论上，皮尔逊的研究带有很强的生物统计学色彩，其研究焦点放在了自然选择作用于连续变异的说明上。这与贝特森强调孟德尔式粒子遗传学的研究视角产生了冲突。此时的贝特森成为英国孟德尔学派的代言人，在其 1894 年出版的《变异研究的材料》中，抨击了达尔文学说所强调的连续性，反对将适应作为造成直接进化的唯一原因。他希望通过揭示变异产生新性状的过程来探索进化，即如何通过单位性状的表达来研究变异的来源。贝特森的研究路径显然不符合逻辑实证主义及其支持者们的科学说明主张。皮尔逊更多地受到高尔顿《自然的遗传》中的关于遗传的研究的启发，追随后者将亲代与子代之间的关系系数作为研究重点。其显著的认识论特征在于，这仅是一种描述性的特征，皮尔逊的祖系特征遗传研究方法也成为该领域研究的典范。①在进化理论的维度中，贝特森与皮尔逊在遗传学的解释模式上形成了对立，并且可以被还原为科学语法上的冲突。前者更关注于个体视角的颗粒遗传学设想，以粒子性质的自由遗传组合作为理论的前假设；而后者则更多针对群体样本中变异的数据分析，继而发展出统计学的方法，其不依赖于任何前假设，在某种程度上这更为符合经验的"客观性"。在这里研究的意义上，我们也可以说，前者（以及孟德尔理论的支持者们）所基于的前假设显然带有古希腊原子论色彩，也可被理解为个体性形成的随机性本质；而后者（以及群体遗传学的支持者们）则并不必须使用前者的前假设，仅仅通过对于群体性状结构动态演化的归纳统计就可以描绘出进化变化的趋向性特征。

尽管同时期的乔治·尤尔（George Yule）在 1902 年就提出，孟德尔学说主要是关于杂交，研究个体间特有性状遗传（inheritance）变异的方法；而高尔顿的血统理论主要面向的是遗传的种群方面。但是只要能区分遗传与杂交两种不同过程，两种分析途径是殊途同归的。②但进行这方面的关联

① Gayon J. From measurement to organization: a philosophical scheme for the history of the concept of heredity[M]//Beurton P J, Falk R, Rheinberger H-J. The Concept of the Gene in Development and Evolution: Historical and Epistemological Perspectives. New York: Cambridge University Press, 2000: 69-90.

② Yule G U. Mendel's laws and their probable relations to intra-racial heredity[J]. New Phytologist, 1902, 1（19）: 193-207.

研究则是之后要提到的费希尔的工作。此时，皮尔逊基于其计量生物学的数据，认为孟德尔的亲缘个体间性状的相关系数与实际严重不符，导致生物统计学路径与孟德尔理论之间的裂痕难以弥合。

生物统计学路径的重大进展是哈迪-温伯格定律。尤尔曾基于种群性状的总体优势度设想，认为种群中显性相对隐性性状达到 3：1 的比率优势，皮尔逊也得出相似结论。他们的共同点在于，他们仅仅设想了两个频率相等的孟德尔因子。直到德国医生威廉·温伯格（Wilhelm Weinberg）和数学家戈弗雷·哈罗德·哈迪（Godfrey Harold Hardy）分别独立发现了一种新的性状频率定律。其中，后者是由于雷金纳德·庞尼特（Reginald Punnett）不相信显性优势，而委托哈迪进行了数学证明。其假设如下：性状由某一基因（或"位点"）控制，其承载一对组型，即等位基因 A 或 a。因而一个二倍体生物性状具有 AA、Aa、aa 三种基因型。A 和 a 的基因频率分别对应为 p 和 q，在同一代际中，$p+q=1$。设想无限种群中，该性状的携带者之间随机交配且不存在选择压力，那么 AA、Aa、aa 三种基因型在后续所有代际的基因频率分别为 p^2、$2pq$、q^2，构成了统计频率上的平衡态，只有在选择、非随机交配及其他的一些机遇性因素的影响下，才有可能打破这一平衡。这项工作在很大程度上弥合了孟德尔理论与生物统计学路径之间的裂痕，并提供了极佳的研究路径，但皮尔逊依然对这一成就嗤之以鼻，并认为该工作对遗传统计生物学解释表现出难以理解的无知。[1]

哈迪-温伯格定律的意义并不在于揭示了基因频率的二项式恒定分布，而在于暗示了进化变化可能来自外在的影响，因为其定律已经表明，所涉及的三种不同基因型是稳定存在的。同时，显性并不会对基因频率的分布造成影响，也就是说，显性性状不具有优势，隐性性状也不会趋于消亡。这种平衡始终处于外界的影响之下，当遭逢诸如突变等不确定性因素时，在后续一定代际内，种群将会发生性状频率分布的持续变化直至重新趋于平衡，而这一重回平衡的过程无疑就是自然选择的适应过程。在最初达尔

---

[1] Pearson K. Darwinism, biometry and some recent biology[J]. Biometrika, 1910, 7（3）: 368-385.

文的混合遗传理论中，变异在遗传过程中会逐步减少。但是哈迪-温伯格定律却揭示了遗传性状比例在正常情况下趋于恒定，为遗传变异在整体遗传结构中的保留提供了可能性。某种意义上，哈迪-温伯格定律是关于突变和选择机制的理论，也为新达尔文主义革命打开了大门。

三、机遇问题的概率化

通过前面的简单历史梳理我们可以看到，达尔文对于自然选择与机遇关系的解释盲点导致我们需要用数学的方式来概括进化的过程。在自然中，每一个生物个体都是独特的创造物，而达尔文时代的物种概念所基于的是个体之间的"相似性"，从而避免了对相似的特征部分分别予以解释。达尔文在《物种起源》中，在对遗传的互补问题做推论时同样使用了似然性，即当某一偏差是偶现的，并且在亲代和子代中同时发现该现象，我们无法判断它们是否出于相同的原因。但如果亲代和子代处于相同条件下且极少发生性状偏离，由于某些异常条件，这种偏离同时出现于亲代和子代，那么子代这种机遇性变化的原因可归结为遗传。即便现在，遗传学家们依然会运用相同的推论来解释遗传关系。比如，在一个小型群体中，两人都拥有某一稀有基因，那么我们第一时间就会认为他们存在遗传关联。这一推论显然就使用了概率上的相似性推论。在这里，现象之间的相似度通过统计数据上的相似性得到支撑。

弗莱明·詹金（Fleeming Jenkin）指出，达尔文理论展现出两个相互关联的问题：首先，变异是如何分布的？一方面，如果是连续分布的，那么我们必须使用统计数据来描述它；另一方面，如果它不是连续的种群变异，而是个别孤立的实例，那么就必须评判这些实例，必须确定特定变异被机遇性消除的概率。其次，将基因传递给后代的方法是什么？如果就像达尔文和其他大多数人所设想的那样，后代携带父母的混合性状特征，那么如何避免这些性状回归均值的问题呢？后来加永用现代词汇将这两个问题概括为：遗传变异的连续性或间断性、混合或颗粒遗传、交配系统的影响、"优势"的定量性质以及选择与抽样效应之间的相互作用。①这显然是达尔文理论的一个困境，机遇问题如鬼魅般在不同层面影响了进化理论的一致性和完整性，而达尔文也并未对此明确回应。达尔文理论的捍卫者们因"持续变异"问题进退维谷，尝试在统计学中寻找答案，并探究自然选择是如何以渐进的、统计学的方式运作的，最著名的早期捍卫者就是高尔顿。

生物学中理论的统计性质常被视为某种事实，需要更深层次的解释，而表现在进化中，则是担忧在进化过程中是否确实存在某种客观意义上的机遇。高尔顿在其遗传学工作中较早地转向了以人口为基础的统计学，他以阿道夫·凯特勒（Adolphe Quetelet）的理论为基础，主张父母群体和后代群体在性状上具有相当程度的统计相似性。在方法上，高尔顿使用了社群类比（social analogy）的方法，即遗传特征的传播类似于"无差别征兵"，如果一国庞大的军队从各省征兵，那么根据随机（机遇）规则，军队的组成将精确反映出全国各省人口的素质。可见，高尔顿将其遗传理论类比于凯特勒的社会统计学。

通过将进化理论转变为统计科学，客观机遇在高尔顿那里意味着两方面的含义：首先，回到高尔顿关于遗传统计理论的讨论。高尔顿认为，向后代传递遗传要素和发育都是复杂过程，但严格遵循牛顿理论或机械论。②关于发育，他认为如果我们有足够的信息，统计经验无疑将使我们能够预测它们最终发育形式的平均值……但是，由于在发育过程中所涉及的变量影响很大，每个案例中个体差异当然会很大。其次，参考高尔顿著名的梅花装置（quincunx device）隐喻。参见图 3-1，③该装置工作所依赖的原理是，每一颗从上方中央下落的小球都会面临独立的机遇事件，只有在极少

① Gayon J. Darwinism's Struggle for Survival：Heredity and the Hypothesis of Natural Selection[M]. Cambridge：Cambridge University Press，1998：97.

② Pence C H. Chance in Evolutionary Theory：Fitness，Selection，and Genetic Drift in Philosophical and Historical Perspective[D]. Notre Dame：University of Notre Dame，2014：54.

③ Judd K. Galton's quincunx：random walk or chaos?[J]. International Journal of Bifurcation and Chaos，2007，17（12）：4463-4469.

的情况下，长期的运气因素会导致小球下落至两边靠外侧的槽中，但在大多数情况下，导致向右偏移的机遇事件与导致向左偏移的机遇事件在数量上基本持平，并且在积累一定下落的小球后，底部各小槽内的小球会呈现中间高两边低的正态分布。最终呈现的误差率不过是单位时间内对同一系统起作用的大量微小但确定的影响因素的记录，因为我们的无知，或者无法理解"运气的轨迹"，所以需使用统计数据进行分析。他强调，尽管各种动植物的特征符合误差率，但背后原因尚无法完全解释。因此，在统计学的遗传理论中，遗传过程必须与误差率和谐相处，并且在某种意义上，该过程也服从于误差率。因此，在高尔顿看来，针对于遗传过程的各种法则在任何情况下都不可能完全正确，但同时，它们又近似正确，可以用于科学解释。机遇或误差问题是由于我们对过程精确细节的无知，使得更高层次的统计规律成为必要。

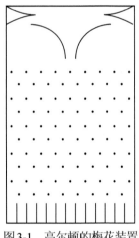

图3-1　高尔顿的梅花装置

　　放眼现代意义上来讲，今日的统计学家们以类似的方式看待高尔顿的梅花装置，即他们假定小球下落过程中的每次撞击都是机遇性的"独立事件"。数学上对于该过程的模拟大多建立于二项式的过程描述或随机游走过程的模拟。不过，目前许多学者也会怀疑机遇性"独立事件"的假设，并倾向于把该装置视为一个确定性的动力系统。也就是说，落球的连续撞击过程并非随机游走的一系列"独立事件"。因而在实在性的参数空间中，统计学模型并不能提供与现实一致的描述。梅花装置映射的只是一个三维确定性系统。它具有稳定和不稳定的周期轨道、间歇性、分岔和其他类似低维确定性系统的共同特征。即便纳入诸如旋转运动、打滑、与垂直侧壁碰撞的迟滞等更为复杂因素，其确定性的动力学特征并不会改变。作为一个低维系统，梅花装置展现的复杂性是混沌的，而非符合某种固定分布的随机性，因此应理解为某种确定性且非线性的动力系统。从预测的角度讲，将高尔顿的梅花装置描述为动力学模型将更为适当。因此，机遇无疑在一个动力系统中表现为动力学轨迹的切换契机，但并不意味着与可预测性的必然矛盾。关于这一问题，这里不再深入讨论。

高尔顿的学生皮尔逊和沃尔特·弗兰克·拉斐尔·韦尔登（Walter Frank Raphael Weldon）则继续发展了对机遇问题的研究。皮尔逊和韦尔登将统计学应用于变异、遗传、性状遗传、相关性、自然选择与性选择等领域。

首先，皮尔逊将机遇视为一种信任度（credence）。我们首先应该注意到，在我们的语言中，"信念"这个词的用法始终在变化：过去它指在某种外部权威的基础上被认为确定无疑的东西，现在它更倾向于表示对某种或多或少充分平衡了各种可能性的陈述的认可。其次，对于我们的目的来说，更重要的是皮尔逊依然将概率应用于科学视为无知，就像高尔顿和达尔文那样。他认为在科学中使用概率的潜在理由是等概率性的预设，这是我们面对无知时最合理的举措：当我们处于无知的状态时，应该考虑之前的经验，即自然是由全部规则性、全部异常，抑或两者按不同比例的混合所构成，它们都是等概率性的。[1]不过，皮尔逊并没有以生物学为背景研究机遇的哲学问题，他引用了一组英国人身高的数据来解释生物过程中的机遇性需要经验来证明。遗传的统计性质在这里是建立在既定生物经验观察基础

---

① Pence C H. Chance in Evolutionary Theory：Fitness，Selection，and Genetic Drift in Philosophical and Historical Perspective[D]. Notre Dame：University of Notre Dame，2014：63.

上的，而不是理论或哲学的反思。因此，我们并没有证据来支持我们的结论，只能是像皮尔逊那样，在生物学中把机遇看作无知的表现。

韦尔登则认可将机遇视为主观不可预测性的简单解释。他认为，对于我们必须从统计学上加以处理的一切经验的结果，这些结果取决于许多复杂的条件，这些条件难以观察，在特定情况下，我们甚至无法阐明其效应。[①]可见，韦尔登同样将机遇视为无知的产物。但皮尔逊和韦尔登在将机遇概念引入进化理论方面做出重要贡献。首先，对于所有生物学理论形而上学内涵的研究，生物学家们对其理论的形而上学或本体论主张的不确定态度阻碍了研究的进行；其次，尽管在19世纪、20世纪之交，一些围绕机遇研究的早期工作确实为非决定论打开了大门，但很少有证据表明，客观、具体化意义上的机遇能够作为概念进入研究视野。因此，在进化论早期发展过程中，皮尔逊和韦尔登推进了我们对机遇角色的理解。之后，客观的机遇概念解释成为现代综合运动的一项重要工作。

同时，20世纪，盖然论（probabiliorism）思想的兴起使得人们对科学假说的宽容度显著提升，实际观测与理论的不一致并不会影响到理论的价值，观测现象的不一致情形被纳入随机性解释的冗余度之下。正如17世纪中叶，布莱兹·帕斯卡（Blaise Pascal）就曾认为，在面对不可预知的前景时，我们应当公平地对待所有可能的原因。理论预测与现实的多变之间总是存在不可摆脱的裂痕。奥卡姆剃刀所追求的简单性，通过对理论盖然性的认可而确立，而理论的预测性则通过对于现实的相似性说明而得到辩护。

举个例子，当一对双胞胎是同卵时，理想情况下我们可以推测他们同为男性的概率是1/2。当不是同卵时，同为男性的概率为1/4。排除先验概率问题，出现同卵双胞胎的概率比为2∶1。因而单从概率上来讲，雄性单一起源假说较之双性同时起源说更合理。进一步来看，某一家族中存在较低频率 p 分布的稀有遗传病，若一对双胞胎都具有这一性状，那么他们是

---

① Pence C H. Chance in Evolutionary Theory: Fitness, Selection, and Genetic Drift in Philosophical and Historical Perspective[D]. Notre Dame: University of Notre Dame, 2014: 67.

同卵的概率有多大？在这一推论中，若同卵，那么这对双胞胎同时患有这种遗传病的概率为 p，否则为 p^2。据此推断，同卵和非同卵双胞胎的概率比应为 $p : p^2$ 或 $1 : p$，这一比值越大则 p 越小，从适应角度来看，就越具有选择优势。这从而从可能性的角度支持了单一起源假说。概率的"相似性"概念由后面即将要讨论的费希尔在其统计方法上被最终确立。

新达尔文主义革命性地为达尔文主义学说注入了细节说明，通过将生物性状的变化与遗传稳定性联系起来，更新了达尔文主义范式，也拉开了现代综合运动的大幕。菲利普·基切尔（Philip Kitcher）将现代综合运动的兴起划分为两个阶段。首先，由费希尔、霍尔丹、赖特等人开创了数学研究阶段，通过统计学方法的引入，实现了达尔文理论与孟德尔学说的联盟，带来了更为精密化的群体遗传学理论，变化的种群性状分布成为进化理论中的动态性表征，而其内在则是物种的遗传轨迹，这进一步拓宽了进化论的理论范围。这种理论通过考察种群中潜在的遗传变异的出现，以其基因以及等位基因组合频率变化的因素展开分析，描绘出它的表型分布的遗传轨迹，最后获得之后遗传变异可能性的结论。其次，通过建立数学与自然进化之间的研究关联，打造表现遗传动态的数学模型。按照基切尔的话来讲，就如同杜布赞斯基所主张的，努力的核心在于将达尔文关于生命形式的分支系统构想通过遗传学展现出来，致力于理解如何通过数学群体遗传学的方法，精确地揭示出连续遗传变异何以能使各种不同的局域性种群表现出基因频率差异，以及之后这种频率差异如何扩大并导致新物种的产生。[1]

第二节　现代综合运动前期的机遇概念与解释

现代综合运动前期大致指 1918～1935 年的这段时间。其间费希尔、赖

---

[1]　Kitcher P. The Advancement of Science: Science Without Legend, Objectivity Without Illusion[M]. New York: Oxford University Press, 1993: 46-49.

特、霍尔丹等根据孟德尔的遗传理论发展出完善的旨在揭示种群进化的数学模型。在该模型中，进化表现为种群代际更迭过程中基因相对频率的变化，涉及选择、突变、迁徙以及漂变（也可理解为等位基因的随机取样）。拉马克主义、"加性基因"及其他"定向"的进化论观点被抛弃或受到限制，因为这些理论引用了选择、突变、迁徙和漂移之外的因素来解释种群随时间演化的方向或特征。此时的进化论者们都相信，进化中的对于微小变异性状的选择足以产生可观察到的多样性和适应性的变异。但进化是否是一个最优化过程？它是以何种方式进行的？它在多大程度上表现出方向性？这些问题成为此时困扰进化论者们的首要问题，而这些问题的回答都指向我们对于遗传过程中的随机性的理解。

一、费希尔自然选择理论中的机遇概念

1918 年，延续皮尔逊未完成的工作，费希尔发表了其长篇论文《基于孟德尔遗传假设的亲缘间关系》，系统化地通过生物统计学重建了孟德尔学说，主张遗传相关性系数可以孟德尔理论为基础从而实现准确预测。同时他认为表型特征符合孟德尔理论中所描述的正态分布。费希尔提出一种"祖系遗传法则"（the law of ancestral heredity）的机制，用于描述前代对于特定性状的贡献度，从而有效地将生物统计学理论还原为孟德尔遗传理论。1922 年，费希尔的研究转向进化变化的原因，对于仅自然选择和突变能否解释种群中单位点等位基因分布的问题，他质疑阿伦德·哈格道恩（Arend Hagedoorn）的观点，认为等位基因频率变化的主要原因是随机生存而非选择和突变。在他看来，若排除突变和随机因素，仅当自然选择更倾向于杂合子而非纯合子时，即杂种优势，两种等位基因才会稳定平衡，从而表现出基因多态性。当某一等位基因频率足够小且已经达到平衡分布状态时，即便存在选择优势也无法阻挡可能导致的随机灭绝。所以，当突发物种灭绝或选择性通过突变达到平衡分布时，较低水平的突变率足以抵消物种灭绝和持续遗传变异性的影响。在自然选择的作用下，当种群变异处于均衡

时，较大的突变率成为必要条件。费希尔认为，受强选择影响的等位基因会迅速地稳定下来，若如此，受弱选择影响的等位基因则可被排除。然而，通常情况下，近乎所有等位基因都只受弱选择影响。这是因为：首先，遗传变异导致的发育往往是微不足道的；其次，变异导致的个体适应性变化也是十分有限的。显著的适应性变化可能更多地源于许多未知的因素，而不是普遍现象。[①]因此，费希尔进化理论的两条基本原则是：①主要的自然选择影响都是较弱的；②进化通常发生在较大的种群中。

费希尔以其"综合"的思想统一了达尔文主义和孟德尔主义，并揭示了其中蕴藏的定律。他显然受到热力学定律的启发，将其研究与物理学类比，特别是将群体中颗粒性基因的统计学特性类比于气体分子的运动。可以说，费希尔以路德维希·爱德华·玻尔兹曼（Ludwig Eduard Boltzmann）的理论对达尔文的理论进行了隐喻，从而将以概率为表现的"不确定"的科学世界观引入进化的解释中，并且这种不确定性至少在解释上是无法避免的。在玻尔兹曼热力学第二定律中，概率由体现为认识论局限的主观概念转变为物理意义上的实在性概念，而费希尔在其对该定律的应用过程中无疑也继承了这一形而上学预设。[②]通过将热力学第二定律与自然选择过程进行对比，费希尔看到了二者之间惊人的相似性。首先，若不考虑其中单元的属性，二者都表现出群体或集合的性质；其次，二者都符合统计定律；最后，在作为开放系统的情况下，二者都涉及一个可测量变量的增加，前者表现为物理系统的熵，后者表现为生物种群的适合度。在一个物理系统中，我们可以从理论中想象因系统内耗散力的缺乏，从而保持熵的不变。同样地，当在生物种群中，遗传变异值为零时，进化也不会发生。[③]

当费希尔将目光锁定于宏观视角下的生物群体演化时，个体的特异性便成为需要在理论上进行限制的对象，而群体的属性则成为其理论中主要

① Fisher R A. XXI.—On the dominance ratio[J]. Proceedings of the Royal Society of Edinburgh, 1922, 42: 321-324.

② Fisher R A. The Social Selection of Human Fertility[M].Oxford: The Clarendon Press, 1932: 9.

③ Fisher R A. The Genetical Theory of Natural Selection[M]. Oxford: The Clarendon Press, 1930: 37.

需要考虑的对象。理论中的群体属性通常由所有个体属性的均值来体现，同时，群体的变异程度则主要表现为所有个体较之均值的差异波动。标准差可以视为不确定性的一种量度，例如在物理学中，做重复性测量时，测量数值集合的标准差可以表示测量的精确度；而费希尔在其 1918 年的论文《基于孟德尔式遗传假设的亲缘间关系》中进一步提出了方差的概念，认为可用它作为变异性的量度，也就是说，两个独立的变异因素共同作用导致某一变异，方差可视为两种因素各自导致的变异程度的总和。①

费希尔的这些思想构成了他的《自然选择的遗传理论》（1930 年），该书被誉为继达尔文之后关于进化理论最为伟大的著作，其核心思想是"自然选择的基本原理"，其定义了适应的概念，并将之转化为一种数学上的估值，即在任何时刻，种群平均适合度的变化率由同一时刻适合度的遗传方差所决定。遗传方差是表型的附属构成方差，由最小平方数所确定。

尽管费希尔知道生物学与物理学之间存在深刻的差异，但他还是倾向于使用熵的概念来建立其自然选择的基本定理。生物系统的变化通常是随机波动的，而物理系统中的能量则是恒常的。费希尔使用适合度概念来表示每个生物个体在适应上的差异，但熵在不同的物理系统中是相同的，适合度则可能会随着环境的变化增加或减少。同时，熵的变化是不可逆的，而进化则不是。熵导致了渐进的无组织性，而进化则导致了有机世界中"渐进的组织复杂程度"。这里运用了同样的类比。进化作为一种进步的组织力，和熵增导致的混沌，是费希尔宇宙观里的两种趋势。费希尔认为，热力学第二定律和其进化的基本原理是相似的，因为它们符合统计学定律，其描述了物理系统或生物种群层次的属性之间的基本动态。熵概括了能量和时间之间的动态，而费希尔的基本原理概括了自然选择依赖于有利突变的机遇序列。

费希尔能发现物理学和生物学间的相似性并非偶然，他曾在剑桥大学

---

① Fisher R A. XV. The correlation between relatives on the supposition of Mendelian inheritance[J]. Earth and Environmental Science Transactions of the Royal Society of Edinburgh, 1919, 52（2）: 399-433.

接受过统计热力学的研究生训练，这尤其影响了他对进化论的思考。他将这种思维模式，例如气体物理学，从物理学转变为进化生物学。在他看来，概率模型不是一种认识论意义上无知的表达，而是一种表示聚合系统随机变化的方式，生物种群或气体中的分子都符合这种特征。①

《自然选择的遗传理论》是费希尔对达尔文观点的坚定辩护，费希尔认为选择是借由较小程度的突变逐渐地作用于"孟德尔"因子，在该书共 81 次提及机遇。通常机遇是作为概率的代名词出现的，而在《自然选择的遗传理论》中，机遇至少在三种意义上对进化起到解释的作用。首先，在"颗粒遗传"或"孟德尔遗传理论"中引入机遇，即染色体通过随机组合的方式进行无差别抽样；其次，费希尔认为漂变或所谓"哈格道恩效应"（Hagedoorn effect），也就是"基因组成的偶然波动"，在进化中发挥着作用，但费希尔更倾向于假设有效种群规模十分庞大，因而漂变导致的等位基因损耗率很低；最后，对于自然选择，费希尔强调适合度是变化的概率性原因。他认为自然选择原理的成立取决于一系列有利的机遇。②正如他自己所说："自然选择的原则取决于一系列有利的机遇……因为它的力量取决于机遇这个词在其通常用法中的模糊性。从某种意义上说，赌客从赌场获得的收入取决于一连串的好机遇，尽管这一措辞含有某种不太可能的暗示，但却更符合赌客的期望……通过深刻的逻辑分析就能看出对机遇法则的一系列有利的偏差与这些法则的连续积累作用之间的差别。自然选择所依赖的正是后者。"③在这里，自然选择在很多方面与"纯粹的"机遇完全相反，因为它产生的结果是非等概率的。正如赌场（平均来说）可以从赌博中获利一样，随着时间的推移，选择也可以改变种群。

通过费希尔 1934 年发表的论文《非决定论与自然选择》，我们能更好地理解其关于进化中机遇的作用观点。在费希尔看来，当时的物理学表现

① Depew D J, Weber B H. Darwinism Evolving: Systems Dynamics and the Genealogy of Natural Selection[M]. Cambridge: MIT Press, 1995: 265.

② Ramsey G, Pence C H. Chance in Evolution[M]. Chicago: University of Chicago Press, 2016: 85.

③ Fisher R A. The Genetical Theory of Natural Selection[M]. Oxford: The Clarendon Press, 1930: 37.

的是一种非决定论的因果关系，表现出两种内涵：首先，寻求概率因果在科学中变得越来越普遍，统计力学便是典型；其次，物理学家们的理论基石源自"非决定论的原则"或量子不确定性。总之，论文的核心观点是：现代科学的统一性和全面性基础是对自然界中的不确定性开展研究，除了统一人类在不同经验领域中的自然法则概念，他认为通过过去的观察可以预测未来的观点必然总是会涉及不确定性。如果这样的话，作为关于自然选择的一般原理，其科学进步性必然会表现为一种概率的陈述，其中，完全的决定论只是特殊案例，只有在狭义的预测中才会存在。①也就是说，费希尔在物理学中看到了生物中的通过定律处理聚合行为的模式。如果我们考虑聚合系统的因果行为，那么概率性原因似乎并不比确定性原因更"真实"。费希尔认为，微观层面上的不确定性行为会导致宏观层面上的概率性行为。只有在一个不确定的系统中，因果关系的概念才会恢复它的创造性"因素"，即，将不太可能的事情变为现实，这对它的常识性意义是至关重要的。②这里所说的"创造性因素"指的是某种能动性的和自然选择创造真正新颖适应性的能力。同时，费希尔也尽力澄清这种主动性和创造性。进化的创造要素并不需要抛弃机械论的解释，而是需要决定论。在一个决定论的世界里，任何主体的选择能力（通常是各类生命的合目的行为）并不是真实的，而是虚幻的。然而在费希尔看来，动物的目的性行为显而易见并不是一种随附现象，而是在生物的生存或死亡中扮演了实在性的角色。③换句话说，合目的性行为是进化变化的真正原因，生物体与其他生物体及其环境的相互作用，形成了它们的遗传宿命。在他看来，真正的合目的性行为与决定论并不一致，因而非决定论似乎是唯一符合进化解释的观点。这一论证是对进化非决定论必要性的一种先验演绎。一些学者甚至将费希尔的"创造性"生物学与其优生学的政治观与宗教观联系起来。尽管这些

① Fisher R A. Indeterminism and natural selection[J]. Philosophy of Science, 1934, 1（1）: 99-117.

② Fisher R A. Indeterminism and natural selection[J]. Philosophy of Science, 1934, 1（1）: 99-117.

③ Fisher R A. The Genetical Theory of Natural Selection[M]. Oxford: The Clarendon Press, 1930: 108.

政治和宗教的观点并没有直接影响到他对进化中机遇作用的看法，但肯定影响了他对自然选择的重要意义的看法，即自然选择不仅是一种改善社会的力量，而且是推动生物世界趋向复杂并表现适应的力量。

二、霍尔丹进化原因解释中的机遇概念

霍尔丹的思想活跃度不亚于费希尔，其思想更具"综合"性。在他的一生中，他在生物化学、生化遗传学、人类遗传学、统计学、生命起源理论和进化生物学等方面都做出过重大贡献。毫无疑问，他最大的贡献是在其一系列主题为"自然选择和人工选择的数学理论"（1924～1934 年）的论文中开展的根据孟德尔遗传学对进化中自然选择的定量或统计学解释的研究。这些在其重要著作《进化的原因》（1932 年），以及关于现代综合的综述《遗传学的新路径》（1941 年）中都有所体现。在这些著作中，他试图为达尔文的自然选择理论辩护，认为这是适应性进化的主要原因。在辩护中，他对基础物理学、非决定论、优生学和人类自由的观点都有所评论。

霍尔丹自 1924 年起开始了对自然选择的数学研究，试图建立一种精致的自然选择的数学理论。他也注意到了同时期费希尔和赖特的工作。此时，无论是费希尔还是赖特提出的自然选择模型都是基于理想化的一般性理论，而霍尔丹则希望建立一种能经受实验检验的精致模型。一开始，霍尔丹关注的是孟德尔种群中的变化率问题。霍尔丹开始并没有预设遗传平衡的前提，也并没有预计其中可能发生的偏离，甚至有些轻视哈迪-温伯格定律的价值，仅仅将之看作不存在自然选择时计算基因型比率的方法。[①]

在霍尔丹看来，自然选择理论只有定量化才能令人满意。自然选择仅能导致物种变化，而且能够使物种以某一比率持续变化，并且该比率对于当下或是过去的进化变化都能予以说明。霍尔丹确信选择的强度与种群表现出的特征增加量或减少量的生物体比率之间存在数学上的关联。基于这

① Haldane J B S. A mathematical theory of natural and artificial selection [J]. Mathematical Proceedings of the Cambridge Philosophical Society, 1927, 23 (5): 607-615.

一预设，霍尔丹在其著述中构建了大量模型。这些模型涵盖了种类繁多的情形，同时体现出统一的特征。首先，这些模型追求精确的定量结论；其次，每一个模型都与实验数据相关联；最后，问题的焦点都指向自然选择以何种速率持续产生进化变化。霍尔丹并未严格区分选择强度和变化率所发挥的作用，甚至可以理解为，在他那里，变化率直接被理解为选择强度。这主要是因为在1924年时，尚无测量自然选择强度的方法，继而霍尔丹预设了二者之间在数学上的关联。

1931年1月，霍尔丹在威尔士大学进行了题为"对达尔文理论的再考察"的系列讲座，以"生物源自与其当下极为不同的其他历史中的生物"为核心论点，对达尔文进化论展开了辩护。这些讲座文本最终汇总成为其著名的《进化的原因》。他书中提出了"突变负荷"概念，认为突变对于种群的影响主要由群体意义上的基因突变率所决定，而不是个体突变。他还揭示出种群中超额生殖的额度对等位基因替换的影响主要取决于其起始频率的函数。

机遇在《进化的原因》中很少提及，且多数时候是被用来代表概率。因为霍尔丹认为机遇在适应性进化中所起的作用要比自然选择作用小得多。在他看来，不同种群中漂变导致的遗传变异减少将需要天文数字级的相当长的时间。[1]例如，在谈到堪察加半岛北极狐进化中的机遇作用时[2]，霍尔丹认为即使种群数量急剧减少，北极狐失去一个等位基因的可能性也很小，而且会由此引发整个生态环境的巨大变化。但不论如何，霍尔丹认为随机灭绝可能在进化中扮演了非常重要的角色。[3]另外关于突变中的机遇，当谈到辐射在诱发突变中的作用时，霍尔丹晦涩地认为，鉴于穆勒发

---

[1] Haldane J B S. The Causes of Evolution[M]. London：Longmans，Green and Co.，1932：117.

[2] 查尔斯·萨瑟兰·埃尔顿（Charles Sutherland Elton）曾诉诸机遇来解释堪察加半岛北极狐的进化。他认为，现代北极狐遭受了灾难性的种群损失，或规律性的随机灭绝。因此，北极狐的有效种群数量非常低，漂变对其影响应该很大。实际上，埃尔顿认为，随机灭绝是北极狐进化变化的一个重要原因。这与霍尔丹的观点相反。Elton C S. Animal Ecology[M]. London：Sidgwick and Jackson，1927.

[3] Ramsey G，Pence C H. Chance in Evolution[M]. Chicago：University of Chicago Press，2016：88.

现了如何控制变异速度的方法，显然，变异是偶然的，而非"天意"（providential）。①此时，尽管还不完全确定这是如何发生的，但遗传学家们已经知道生物经辐射后会增加突变率，并且突变率与辐射量成正比。这里的"意外"相比"天意"表现出两种内涵：首先，突变发生于染色体上的何处是一个机遇性事件；其次，大部分突变是不利的。因此，尽管尚不明确，但霍尔丹认为有利突变的产生或多或少是不确定性力量的产物，或者至少不是"天意"。

尽管在《进化的原因》的结尾霍尔丹坚定地对自然选择进行了辩护，不过他对于自然选择的力量的阐述十分谨慎，特别是对诸如杂交导致的不连续性变化以及关于突变产生必要的变异的观点专门予以说明。在他看来，当把自然选择视为种群进化变化发生的可能原因时，我们就必须基于达尔文的最初立场考虑。一方面，我们有理由相信，通过杂交或其他方式会产生新的物种。按照达尔文的理论，自然选择不会导致新物种的出现，当新变异随机出现时，物种必须在自然选择的筛选之前调整自己的生存状态，但这并非它们产生的原因。另一方面，自然选择只能作用于对适合度有影响的变异，不同于达尔文所设想的全面影响。大多数突变导致原有结构复杂性的降低，也就是说，尽管看起来有些矛盾，但事实是，多数的进化变化是退化的。但在更大范围上看，突变似乎只在某些特定的进化路径上发生，新的变异物种与亲缘关系相近的物种十分相似，与亲缘关系较远的物种则表现出更多不同。②

不同于费希尔和赖特，霍尔丹拒绝承认进化源于任何单一因素，因此他并没有形成统一的进化理论。这说明霍尔丹更加注重进化中各种情况导致的条件细节上的差异。对于霍尔丹的多样理论来说，进化论在经验层面上无疑是多元的。费希尔将自然选择理论设想为类似气体分子运动的物理理论般的普遍理论，而赖特则设想所有进化过程受各种种群结构、规模、

---

① Haldane J B S. New Paths in Genetics[M]. New York: Harper & Brother, 1942: 20.

② Haldane J B S. The Causes of Evolution[M]. London: Longmans, Green and Co., 1932: 138-140.

隔离方式的影响，并且选择只在较小种群规模上能控制进化的进程。霍尔丹显然不认同前两种进化的原因解释，但他也没有提出任何一般性的替代理论。他更看重的是在不同语境下的有效进化模型，对他来说，自然选择作为重要的因素贯穿于所有这些模型中才是最值得注意的，同时也是最难以揣摩的。自然选择是通过巨大数量的不同方式运作的，因而进化是复杂的，并没有单一的进化原因。这也暗示了，自然选择推动进化的方式可能就是基于机遇性条件的多重实现，在现实的层面上并不存在普遍的一般性进化模式。

1936 年后，在新一轮的概念变革中，杜布赞斯基开始将新的遗传学观念应用于物种研究，在某种程度上进一步发展了霍尔丹的研究，特别是将博物学家们发展出的概念结构与数字化的研究进行了综合。他沿用"隔离机制"的概念来描述种群间持续的生殖隔离，将遗传学和地理隔离因素纳入隔离机制。朱利安·赫胥黎（Julian Huxley）则通过分类学研究的整合，颠覆了曾经作为类型的物种概念。迈尔也发表了《分类学和物种起源》，通过展示大量物种形态资料揭示了地理隔离是如何塑造不同物种的。迈尔将该机制与不需地理隔离的同域物种形成（sympatric speciation）相区别，将之称为异域物种形成（allopatric speciation）。同域物种形成罕见，在宏观上可以忽略。但迈尔低估了赖特所强调的隔离的重要性，尽管迈尔为赖特的理论提供了经验资料。

三、赖特动态平衡理论中的机遇概念

同样是继承自皮尔逊的统计学工作，赖特最初的统计学研究主要围绕相关系数的使用展开，包括通过相关系数导出的近交系数来研究同系繁殖。通径分析是赖特在统计学领域的重要贡献，该种代数学是一种偏回归分析方法，其中赖特关注因果分析。在他的设想中，任何因果路径都是已知的，但不同路径的相对幅度却是确定的。其方法论通常利用路径关联顺序来绘出图示，每种路径影响表现为一个方向箭头，而未经分析的相关系数则表

示为双向箭头。路径中的每一步都与特定的"通径系数"关联，偏回归系数经由测量标准差单元而被标定，通径系数便成为路径中特定步骤在路径中的相对贡献的测量值。基于这一设想，赖特设计出一系列简单规则，根据路径图示推出相关方程式，继而可以用来揭示未知的变量。这种方法的特点在于，它并不依赖充足的测量值，且不局限于唯一的解，可以通过直观的方式对因果路径关系予以显示。不同于概率，通径系数可以为负数，能够展现更多的因果关系内涵，同时也较之概率所展现出的或然性表现出更强的动态随机性关联。

在生物学中，赖特最先将其通径分析方法应用于发育遗传学中。通过对天竺鼠及其他物种的研究，他发现了这些物种之间的相似性，进而猜测这些相似性状的基因是同源的。此外，赖特在分析中对于颜色等种类的解释基于的是当时相对新颖的酶化学学说，具有很强的前瞻性。正是基于这些理念，赖特的方法体现出定量的特征，通过对性状特征的数据开展分析。例如在关于器官尺寸系数的遗传研究中，他看重这些数据之间的相互关联，并对细微差异展开区分，包括器官常规尺寸、特定肢体因子、前后肢因子、上下肢因子、每一部分的特定因子等。这些相关性的分析使其成为以数学方法开展物种分析的先驱，也影响了他之后对于进化过程进行说明的设想。

不同于费希尔诉诸理想大规模种群的渐进进化设想，赖特从种群结构分析入手，结合其近交系数的研究，形成了其独特的理论思路，即建立一种普遍的方程式来描述突变、迁移、选择以及一些随机进程影响下的基因频率变化。相似地，该研究同样源于物理学理论，即福克尔-普朗克的微分形式的方程，用以解释扩散以及涉及确定性的和随机元素的进程。无论是费希尔、霍尔丹还是赖特，他们的理论都缺乏数学上的严密性，直到20世纪后半叶，人们知晓了DNA变化源于底层突变以及生存过程中非选择性的随机事件，从而出现了"分子钟"的概念，关于进化的变化率问题终于有了标准化的答案。

当得到了基本的方法论支撑后，赖特开始提出他的进化理论。在他看来，自然条件下的自然选择无法将一个生殖群体从一个相对较高的平均适合度水平提升至更高的水平，因为根据突变的无方向属性，任何变化都意味着该过程必将经历一个较低的平均适合度的阶段。基于机遇概念，赖特提出了一种不同于费希尔进化模式的"动态平衡说"（shifting balance theory），他在 1930～1932 年的一系列论文中概述了这一理论。赖特在这些论文中的论点对于早、晚期的综合进化论都非常重要，尤其是他对适应性景观的隐喻，这是一种多维度的适合度表现（在个体与种群中），是不同基因组合的产物。赖特关于进化中机遇的相对重要性的观点，在其动态平衡理论中得到最佳体现，其中他认为机遇在进化各层级和不同阶段中扮演着多重角色。其过程简要来说分三个阶段：①一个大规模种群分裂为一些部分隔离的次分种群；②一旦一个次分种群进入一个更高峰值的吸引范围，基因频率将会促使那些次分种群开始"攀登"种群的高峰，这是一个依赖简单选择的快速过程，而阶段①依赖于随机的过程；③一个次分种群到达相对高峰值并变得更加适应，相较于其他次分种群将会在数量上增加，继而输出移居者，使这一高适合度峰值扩散至整个种群，进而开启新一轮的循环。[1]新基因组合在亚种群中的固化是机遇性的，新的适应性组合在整个种群中的传播也是机遇性的。"仅因为机遇性因素"涵盖两类不同的原因：基因分离/重组和生殖的随机性。对于后者来说，如果不是无限大的种群，则我们必须要考虑该因素，即种群每一代中存活下来并成为父母的个体的随机抽样过程，以及对其中生殖细胞的随机抽样过程。赖特指的是，在二倍体生物中，一个等位基因的两个副本中的一个在减数分裂过程中通过重组随机地遗传给后代。生殖的随机性涉及一种可能结果，即某些父母可能只是因为机遇性而非适应因素才比其他父母有更多的后代。不同亲本由于选择抑或机遇而留下的幸存后代数量存在巨大差异。因此，在赖特那里，

---

① 赵斌. 语境与生物学理论的结构[D]. 太原：山西大学，2012：67.

进化中的机遇性因素是无法忽略不计的。

动态平衡理论是赖特对其所认为的进化的"中心问题"的回答。赖特在美国农业部工作时，曾开展过对哺乳动物皮毛颜色进化的研究，根据观察发现，尽管大规模尺度下的自然选择是有效的，但并不会产生最优的性状。对于真正具有新颖性的基因组合是如何产生的问题，赖特通过实验表明，近亲繁殖通常会导致智商下降，但也更易产生新的性状组合。他开始相信将自然选择与近亲繁殖结合起来的好处。因此，隔离小的亚种群，然后迁移，从而将整个种群转移到新的"适应性高峰"，这是一种解决新的适应性基因组合如何产生的方法。霍奇很好地总结了赖特的中心问题及其答案，即在什么样的统计学或种群的条件下，进化的累计变化是最迅速、持续和不可逆转的，其中有还是没有环境变异或变化？赖特的回答是，当一个大型种群被分解为小的亚种群，而且这些亚种群之间只有很少的杂交时，当这些亚种群中存在近亲繁殖、随机遗传漂变和自然选择时，当几个或多个亚种群中有选择性偏向的个体时，优越的基因组合会将这些个体输出到其他亚种群中，从而有助于改变整个种群、整个物种。①

在赖特动态平衡理论描绘的情景中，机遇在进化的不同层次和阶段起着多重作用。在亚种群中存在新的基因组合的机遇，以及这些新的适应性组合机遇性地在整个种群中传播。在1931～1932年的研究工作中，赖特频繁地谈及机遇。在多数情况下，他将机遇等同于概率，偶尔也将机遇称为随机性。他使用"机遇"这个词的频率远远超过其他任何人。尽管赖特所说的机遇在进化中以特殊的方式起作用，但他是所有早期现代综合论者中最独特的，他看到了漂变在适应性进化中的作用。

赖特认为漂变完全是机遇性的，它可能会导致等位基因中的某一或另外基因的频率在特定代际中突然增加。②同样，在他1932年的论文中，赖

---

① Hodge J. Darwinism after Mendelism: the case of Sewall Wright's intellectual synthesis in his shifting balance theory of evolution（1931）[J]. Studies in History and Philosophy of Biological and Biomedical Sciences, 2011, 42（1）: 30-39.

② Wright S. Evolution in Mendelian Populations[J]. Genetics, 1931,（2）: 97-159.

特将漂变定义为这样一个过程：某一世代的基因频率通常与前一代的基因频率在某种程度上略有不同，这完全是机遇性的。这种机遇性是由于偶然情况下的生殖隔离和基因重组，以及随之导致的生殖特性转化。此外，如果种群不是无限大，则另一个因素必须予以考虑，即对于每一代中成功存活并成为父系亲本的个体，在其生殖细胞分裂过程中因随机抽样导致的意外效应。[①]这里，赖特所说的"抽样意外"指的是，在二倍体生物中，一个等位基因的两个副本中的一个是在减数分裂过程中通过重组从双亲中随机传给后代的。另外，生殖随机性涉及这样一种可能性，即一些父系可能比其他个体有更多的后代。正如赖特所说的那样，配子随机抽样的条件很少能完全达到。不同父系留下的后代的存活数量可能会因选择或意外原因而发生巨大变化。这些"意外原因"似乎也指的是我们常说的"偶然事件"，例如某些亚种群仅仅因为栖息于山岭的不同方位而导致截然不同的进化后果。[②]

　　总之，赖特作为现代综合运动前期的代表人物，赋予了机遇概念以原因性的角色，并逐渐揭示出某些非选择性因素在进化中发挥其不可替代力量的可能性。不过，该时期对于机遇以及类似概念的理解依然十分模糊。

第三节　现代综合运动后期的机遇概念与解释

　　现代综合运动后期大约发生在 1935～1950 年，该时期生物学领域发生了具有历史意义的机构重组，包括进化研究学会以及期刊《进化》，以及组织各种跨学科会议和系列丛书等，通过将系统学、古生物学和遗传学联系整合起来，逐步推进进化论成为一门科学的学科。尽管学者们对进化生物学的核心问题及回答依然存在争论，但他们普遍赞同新的遗传学与达尔文

---

① Wright S. The roles of mutation, inbreeding, crossbreeding and selection in evolution[J]. Sixth International Congress of Genetics, 1932, 1: 356-366.

② Wright S. Evolution in Mendelian populations[J]. Genetics, 1931, (2): 97-159.

进化论观点之间的一致性。这些达尔文主义的观点有很多细微的差别，但大家基本一致地接纳了达尔文逻辑的基本原则：自然选择作用于有机体个体，导致种群的遗传变化（微观进化）和物种形成（宏观进化），而导致种群进化的原因同样导致了物种和世系的分歧。此外，此时近乎所有人都将自己的观点看作是针对达尔文主义观点的各种反对意见的回应，包括反进化论者、定向演化论者和新拉马克主义者。这些学者的核心观点在于：首先，他们的研究旨在以一种"达尔文式"进化观替代定向或直向演化的进化论，在后者看来，进化的方向是预先确定的；其次，他们主张基因的起源（突变）和排序（重组）在某种意义上是机遇性或随机的过程；再次，他们主张自然选择是种群适应性变化的概率性原因；最后，当下的物种分布和适应性在很大程度上是出于偶然，无论何时何地，包括在减数分裂中突变，抑或像风暴、洪水和其他自然灾害等这样的偶发事件对现有环境构成的挑战，都或多或少地在生态学意义上和所有物种世系的进化中起作用。[1]

一、杜布赞斯基突变理论中的机遇概念

延续费希尔、霍尔丹、赖特所推动的数字化的群体遗传学工作，杜布赞斯基将这些工作推进到第二阶段，即推动建立进化的数学研究与自然中的进化现象研究之间的关联。杜布赞斯基主张，该阶段的工作核心在于通过遗传学的视角，清晰地描述达尔文的生命分支系统的观点，充分理解基于数学群体遗传学的方案如何能够具体揭示连续遗传变异是如何使截然不同的地方性种群表现出基因频率的差异的，以及经过较长时期后这种频率差异如何放大并形成新的物种，并最终形成更高的分类。[2]值得注意的是，正是杜布赞斯基提出了"没有了进化论生物学便没有意义"的著名言论。

经历了一系列发展后，机遇在进化中的地位显然已经不再是可有可无

① Gould S J. The Structure of Evolutionary Theory[M]. Cambridge: The Belknap Press of Harvard University Press, 2002: 518-519.

② Kitcher P. The Advancement of Science: Science Without Legend, Objectivity Without Illusion[M]. New York: Oxford University Press, 1993: 49.

了。如果说现代综合运动前期的生物统计学家们在以数学为基础建立进化理论的过程中，试图将机遇因素抽象化为数学上的要素或是平衡态，那么后期的生物学家们则是着重对机遇在进化中的作用进行更为明确的定义。

现代综合运动时期是生物学家们就进化生物学达成共识的时期，特别是对机遇的意义和作用研究方面，这是一个特别富有成效的时期。这一时期的生物学家们提及了众多机遇的同源词，如随机的、偶然的、意外的、无目的的等。在任何特定语境中所说的"机遇"的含义都各不相同。面对这种概念上的混乱，生物学家们尝试用数学来表征这些概念，即形成一种能表现定量关系的机遇解释。

杜布赞斯基在其 1937 年出版的《遗传学与物种起源》中，从遗传学、群体遗传学、生态学和自然史的角度对生物学研究进行了综述，其中涉及物种起源的基本问题。在第一版中，杜布赞斯基看到了进化中机遇的重要作用，而在 1951 年出版的第三版中，这一作用明显被弱化了。杜布赞斯基探讨了在染色体结构自发改变过程中机遇的作用，染色体在减数分裂的总体分布，种群迁移的模式和种群的分离，以及在小规模随机交配隔离种群中特定基因的固化和丢失时表现出的特征。

1937 年时，杜布赞斯基主要捍卫的观点是，微观进化足以支撑宏观进化。该观点可概括为，突变是必要的，但单一突变又不足以引起物种水平的变化。在他看来，大量基因的差异造成了物种之间的差异，因此，当一个物种突然发生突变，若要推动这一结果，就需要许多相关基因同时发生突变。假设两个物种间存在 100 个基因的差异，且其中每个基因的突变率高达 1∶10 000，那么一个新物种突然起源的概率将是 $1/10\,000^{100}$。这就像假设放在火上的水壶里的水会结冰一样，根据当时的物理学原理，存在理论上的可能性，但实际中是不可能的。[①]

在该论证中，杜布赞斯基的目的是捍卫德弗里斯和贝特森等突变论者

① Dobzhansky T. Genetics and the Origin of Species[M]. New York: Columbia University Press, 1937: 40.

的观点。值得注意的是，这个论证本身几乎是排除概率可能性的，使得其成为现代综合论者们用来驳斥进化论中的突变论或直生论者们的基本原理。典型便是理查德·戈尔德施密特（Richard Goldschmidt），他的书①出版于 1940 年，但他还是被以迈尔为代表的现代综合论者们过度曲解了，因为他捍卫了突变进化，或者说主要由宏观突变推动的进化。实际上，戈尔德施密特持有一种整体论的、有机的、自上而下的基因观念。他认为染色体并不存在孤立的、可分的、物理意义上的基因。在遗传机制的作用范围内，染色体是具有整体性的功能单元，只有在作为整体层面上的功能中心时才可被识别，任何微小基因改变都会影响整体功能。不过是因实验中观察到的染色体局部损伤使得人们产生一种错觉，即染色体是由不相关联的基因构成的。

虽然单个突变不足以产生新的物种，但在种群水平上，杜布赞斯基认为机遇起了重要作用。他认为，在某种程度上，突变在一个种群中是否能够长期留存只是运气问题。因为在自然种群中出现的大多数突变在其起源后的几代内就消失了，与它们是中性的、有害的还是对生物体有用与否无关。能长期持存的突变个例是幸运的幸存者，因此它们的频率可能会增加而不是消失。②

通常，只有少数后代会遗传到新突变的基因，而在种群规模稳定、繁殖率高的物种中，后代是否会遗传到该突变的基因是个运气的问题。绝大多数的突变会在几代后被清除，即使是那些有益的突变。虽然杜布赞斯基在《遗传学与物种起源》第一版中没有使用"随机遗传漂变"这个术语，但他确实遵循了赖特的观点，认为当一个小种群被孤立时，仅仅是出于机遇原因，某些基因会被复制，而另一些基因则会丢失。由于那些曾存在过的遗传变异的不断消耗，小规模的繁殖种群组成的群落将很快在遗传上变

① Goldschmidt R. The Material Basis of Evolution[M]. New Haven：Yale University Press，1940.

② Long Island Biological Association. Cold Spring Harbor Symposia on Quantitative Biology[C]. New York：Biology Lab. Cold Spring Harbor，1955：131.

得统一。需要强调的是，在不同的群体中，不同的基因会丢失和变异，这种丢失或变异仅仅是出于偶然的原因。①后来，杜布赞斯基将这一现象称为"漂变"或"赖特效应"。

杜布赞斯基承认突变是"偶然"发生的，而且突变的原因是未知的，他使用"自发"这一术语来描绘对突变可能应用于现象的无知，但他对突变的原因进行了推测。通过引证一些实验的结果，即在基因环境中引入辐射、碘、碘化钾、硫酸铜、氨、高锰酸钾、铅盐和芥子气等因素，突变率会显著增加。然而，他并不确定突变的机制，因而也没有推测最终的解释是否涉及不确定性的因果过程，只是阐述了结果的不可预测性。在他看来，X 射线、紫外线和上面提到的化学诱变剂似乎是非特异性的，因为它们显著增加了有机体所有基因发生改变或损坏的频率，我们无法预测到底哪些基因会发生变化。②杜布赞斯基在后来版本的《遗传学与物种起源》中淡化了机遇的作用。但正如约翰·贝蒂（John Beatty）认为的，杜布赞斯基总是把漂变和选择看作是互补的，他后来强调其观点仅仅是出于对选择和漂变相对意义的一种立场上的转变。他认为虽然杜布赞斯基对各种实验室物种的实证研究在这里发挥了重要作用，但他的主要动机是为了反驳自然变异的"经典"观点而支持"平衡"观点。③经典观点通常与优生学的观念相关，这种观念认为大多数高度适应的种群在基因上是一致的，主张进化群体中的遗传变异在根本上是有害的。杜布赞斯基强烈地反对这一经典的观点，他认为变异对包括人类在内的物种的长期生存和成功是绝对必要的。因此，很可能他所持的这种观念影响了他做出大多数群体中都存在变异的自然分布的假设。

1955 年，在冷泉港举行的定量生物学报告会上，杜布赞斯基强调群体

---

① Dobzhansky T. Genetics and the Origin of Species[M]. New York：Columbia University Press，1937：134.

② Dobzhansky T. Genetics and the Origin of Species[M]. 3rd Ed. New York：Columbia University Press，1951：38-45.

③ Beatty J. Chance and natural selection[J]. Philosophy of Science，1984，51：183-211.

遗传学是进化论研究的核心，在他看来，孟德尔、摩尔根等人基本理论的数学推论构筑了群体遗传学的基础。费希尔、霍尔丹、赖特是群体遗传学的理论先驱，尽管他们脱离了现象和实验，但像灯塔一样为严密的定量实验和观察提供了指引。[①]杜布赞斯基对于种群中自然变异的机遇性的设想构成了新达尔文主义的核心。

二、迈尔物种形成理论中的机遇概念

康拉德·哈尔·沃丁顿（Conrad Hal Waddington）在其《基因的策略》中，为了阐述其对于生命本质的看法，对目的论的遗传学解释以及基因决定论质疑。不同于物理世界，生物学图景表现出三种不同的时间尺度，最大的尺度就是进化。任何生命都是经历过相当久远的祖先链条的产物，同时也是其后代链条的潜在祖先。在中间尺度上，任何动植物（如果成功存活的话）都必将经历其生活史，从受精卵、母体子宫中的胚芽，直至不断衰老并最终倒下。最小尺度即生物通过其快速的能量转换或化学变化维持其生命，它包括吸收和消化食物、呼吸等等。对于最大尺度来说，我们建立了生物特征如何通过代际传递并变化的解释，并将最小时间尺度的生物学图景也纳入其中。自然选择同时解释了这两种时间尺度的现象，但如果假设适应性强的生物机制的进化仅仅依赖于从一系列偶然的变异中进行选择，这些变异都是源于机遇性的原因，就好像随意地将砖块堆砌在一起，最终我们会从不同结果中选出我们最中意的房屋。但如果从中间尺度开始，这种情况将很难出现。生物间产生的遗传差异并不是完全随机的，就像两块砖之间的差异一样。它们来自有序发育系统的变化，每一种新品种都有自己的秩序，有时可能比原来的品种在秩序上少一些，但更多时候比原来的品种更复杂一些。正如沃丁顿的形象比喻，短期时间尺度的生理机能就像单个音符的振动；中间尺度的生活史就像旋律乐章一样，众多音符自己

---

① Long Island Biological Association. Cold Spring Harbor Symposia on Quantitative Biology[C]. New York：Biology Lab. Cold Spring Harbor, 1955：13-14.

谱写了这些乐章；长期尺度的进化就像整个音乐作品的结构，其中的旋律在不断重复和变化着，重复着始与终。①该比喻说明了这种生理学现象表现出的发育秩序本身是进化的"作品"，表现出目的性的一面，但进化进程本身则是由诸多机遇性事件所构筑的，是这些目的性背后的原因。通过这种方式，沃丁顿将生物学图景中的机遇性和目的性以及二者关系通过其独有的方式诠释出来。

同时，沃丁顿发起了对于数学群体遗传学方法的挑战。他认为该方法并没有达到数学理论通常可以预期的结果。一方面，数学的群体遗传学研究没有给出任何关于进化真实细节的重要陈述。尽管这些公式中包括了选择有利性、有效群体大小、迁徙以及突变率等数学参量，但对于进化的定量预测来说非常不准确。另一方面，即便做不到准确，数学方法本应当能够提供新的关系或过程类型的解释，并以此提出较为灵活的理论以解释各种现象。但群体遗传学的数学理论离实现这一目标尚有距离，鲜有新思想因其而产生。②

沃丁顿的观点对迈尔产生了重要影响，也正是在他的鼓励下，迈尔开始了对于数学群体遗传学方法的批判。在1959年冷泉港召开的定量生物学讨论会上，围绕"遗传学与20世纪的达尔文主义"这一主题，迈尔发表了其演说《我们在哪里？》，对群体遗传学理论的正统地位发起挑战。在其看来，1900～1920年，孟德尔理论的再发现期间形成的核心观点是，进化是因突变而产生的；而在20世纪20年代到30年代末的"经典群体遗传学"时期，其核心观点强调的是，进化表现为基因频率的变化，以及借由突变、选择乃至某些随机事件产生的对于这一频率的影响。原本基因作为受自然选择操作的单元，其选择或留存对应着各式各样的原因，但在群体遗传学中，为了便于数学模型化而建构了许多简化的假设，例如各种给定的基因

① Waddington C H. The Strategy of the Genes: A Discussion of Some Aspects of Theortical Biology[M]. London: Routledge, 1957: 6-7.

② Waddington C H. The Strategy of the Genes: A Discussion of Some Aspects of Theortical Biology[M]. London: Routledge, 1957: 59-60.

参数。尽管为进化研究带来了定量化的途径，但是却模糊了自然的真实情况。

正如迈尔在其《动物物种与进化》"基因型的统一体"一章中提出的那样，传统孟德尔遗传学研究将基因位点简化为彼此分离且相互独立的实体，并在此基础上建立了遗传法则并设定基因的基本生理学信息，而在理论中，基因主要表现为基因频率。基于这种理论架构，整个种群的遗传结构就像是豆袋，里面装满了各种颜色的豆子，而突变就好比一种颜色的豆子被换做其他。这种遗传学也可被称为"豆袋遗传学"。然而这存在许多误导，不符合种群与发育遗传学研究的事实，无论基于生理学还是从进化论的视角，基因都不应当看作是独立的单元，基因并不仅仅代表着某种"效用"，同时它们彼此之间也体现出"相互作用"。[①]也就是说，在迈尔看来，进化变化被理解为基因的输入或输出，就好像当向豆袋中倒豆子时可能会丢失某些豆子。迈尔认为这种"豆袋遗传学"已经失去了价值，它应当被更重视基因间交互影响的"新群体遗传学"所取代。在以费希尔、霍尔丹、赖特为代表的"豆袋遗传学"时期，数学分析及模型研究成为支配性的方法。尽管迈尔承认这些研究所提供的数学理论对理解进化变化和遗传变异具有一定价值，但并不构成真正的贡献。因为在他看来，尽管数学理论提供的更为严密的定量陈述能够帮助我们更好地理解拥有微弱选择优势的基因在种群中是如何扩散的，更新了我们对于进化中遗传因素和各种事件的观念，但它并不能提出新的知识。迈尔的观点或多或少地充斥着偏见，他关于群体遗传学中缺乏对自然现象多样性的描述的指责在最为普遍的立场上可能是存在的，但并非全部，例如霍尔丹的工作就不应归为其中。

应当说，迈尔的观点体现了他作为系统学家和生物地理学家的知识背景。在他看来，分类学和生物地理学能够提供对进化的深刻理解，而单凭种群遗传学则存在局限。其在 1942 年出版的《动物学家视角下的系统学与

---

① Mayr E. Animal Species and Evolution[M]. Cambridge：Harvard University Press，1963：263.

物种起源》中就曾充分地体现了系统学和生物地理学的背景，同时也展现了自然史的传统，这些在其所推进的进化综合运动中具有重要作用。其中的重点在于，如何解释物种形成；为渐进进化提供额外证据；提升生物物种概念的重要性。在迈尔看来，可能动物学家的视角更适合研究物种形成的必要条件，即非生物性的隔离机制。迈尔认为，同域物种形成几乎是不可能的，而且几乎没有证据支持，而异域物种形成则更为普遍，而且有大量证据支持。对于迈尔来说，如果没有随机分布和交配的障碍，种群就不太可能发生分化。因此，如果要产生新物种，种群就必须在地理上或生物学上形成生殖隔离，并且，大多数物种形成的情况发生于机遇性的气候或地理事件使得种群被迫分割之后。①

迈尔较少使用机遇概念，但在为数不多的使用中，同样也将其视为概率的代名词。然而，对于迈尔来说，偶然性确实在地理隔离中发挥着作用，这通常是气候事件的结果。地理隔离和生物隔离（生殖隔离机制受选择的结果）对物种形成都是必要的。迈尔认为："这两类隔离机制之间存在着根本的区别，它们在很大程度上是互补的。一方面，单独地理隔离并不能导致新物种的形成，除非伴随着生物隔离机制的发展，当地理隔离被打破时，生物隔离机制开始发挥作用；另一方面，通常生物隔离机制不可能是完美的，暂时性的地理屏障对阻止随机交配来说是必要的。"②如果我们完全将地理障碍的产生归因于机遇，那么机遇对于物种形成和生物隔离机制的自然选择同等重要。尽管他没有对这些机遇事件的相对作用发表评论，但仍有理由认为，它们在迈尔的进化物种形成观点中发挥了基础性作用。

三、辛普森进化模式理论中的机遇概念

同样出于对分类学的兴趣，辛普森与迈尔一同建立了进化分类学。他们试图将两种设想作为分类的依据：将分类视为一个单一的谱系实体；分

---

① Mayr E. Systematics and the Origin of Species from the Viewpoint of a Zoologist[M]. New York: Columbia University Press，1942：226.

② Ramsey G，Pence C H. Chance in Evolution [M]. Chicago：University of Chicago Press，2016：94.

类成员栖息于某一普遍适应的栖息地，生活模式相同。例如鸟类属于同一个分类，因为鸟类为单一谱系实体，享有近乎相同的适应区域和生活模式。同时，辛普森提出了平行进化（parallelism）的假说，该假说经常被理解为介于同源进化与趋同进化之间。辛普森认为在该种进化中，相似特征的发育发生于两个或多个共同祖先世系中，以不同世系中表现出的相似遗传以及发育机制特征为基础或媒介，在突变或环境影响下，产生了相似的表现型。辛普森认为，平行进化与趋同进化之间没有本质的区别，因为相较于彼此疏远的亲缘物种，突变更可能产生趋同性的相似。①

　　更重要的是，辛普森支持戈尔德施密特以物种水平为界，将进化划分为"小进化"和"大进化"的观点。戈尔德施密特认为，自然选择仅仅作用于物种层级以内，促使基因产生微小的进化改变，这称为小进化；而某一物种完全转变为另一物种的决定性进化过程则是另外一种方式，无法单纯依靠微小基因变异的累积，该方式就是大进化。大进化通过以染色体的结构性突变（structural mutation）导致的与普通类型存在巨大差异的生物类型为起点，例如始祖鸟，进而在局域性生存环境中获得巨大适应而留存并构成进化，由此形成一个新种或属甚至科一级层次的新分类。与之不同，辛普森认为"小进化"与"大进化"之间存在关联而非各自独立的过程。在他看来，前者是研究物种水平以下的现存生物群体的小尺度进化变化；而后者则主要以化石为对象研究物种水平之上的分类单元随地质时间尺度的进化变化。之后的学者不断地调和、发展了其观点，形成了基本共识。小进化的研究主要包括两方面：一方面，关注该进化模式的因素和机制，包括遗传突变、自然选择、随机遗传漂变等随机现象构成的因素如何作用于生物个体及群体的层级，进而引发群体遗传构成的变化；另一方面，主要关注物种形成的机制，特别是新物种的形成方式和过程，导致同种群体之间的形成隔离并独立演化的各种因素，特别是种内分化以及由亚种、半

　　① Simpson G G. One hundred years without Darwin are enough[J]. Teachers College Record: the Voice of Scholarship in Education，1961，62（8）：1-10.

种到完全种的演化过程等。大进化的研究关注的是物种水平以上的分类单元在地质时间尺度上的进化变化。其主要研究内容涉及：物种及以上分类单元的起源和原因；在生物历史向度上的进化谱系变化和形态；物种形态变化的速度以及相关分类单元产生或绝灭的速度、物种的历史寿命等；宏观进化的方向和趋势；物种灭绝的规律、原因及其与进化趋势、速度的关系等。

　　小进化与大进化的尺度在物种层级上产生交汇，它们的研究都涉及物种形成。有关小进化与大进化之间联系的问题在整个学术界产生了巨大争论并延续至今。例如，间断平衡论者们认为小进化的机制不足以解释大进化的历史事实；新达尔文主义者则主张小进化是大进化的基础，小进化的机制在一定程度上足以解释大进化的现象。辛普森在其《进化的速度与模式》中阐述了综合古生物学和遗传学的主要任务。为了更好地理解这种综合，他着重于强调了宏观进化变化的节奏（速率）和模式。在所涉及的相关原因中，辛普森特别强调了机遇。该书中，作为原因的机遇性事件关乎概率和随机性。

　　辛普森认为，进化在节奏和模式上的差异是偶然性事件造成的。他所说的"节奏"意味着"进化的速率"，指种群中基因频率相对于某个绝对事件的单位，如年或世纪的变化率。他倾向于将进化的速率视为单位时间内物种形态相对于特定标准形态的变化量，这意味着可能存在相似但不完全相同的基因变化率。[①]辛普森测量物种形态变化率的标准在本质上基于分类学。辛普森主张用阶段时间内形成的连续属（successive genera）的数目除以总持续时间来度量形态变化的速率。例如，从始祖马（hyracotherium）开始到现代意义上的马属（*Equus*）之间的历史阶段经历了 8 个连续的属，持续时间约为 4500 万年。按照辛普森的标准，形态进化的速度是每属平均需要 560 万年，或者说每百万年经历 0.18 个属。利用这一标准，辛普森表示了几个属的形态变化率。通过这种方法，他发现不同化石类群或连续属

---

① Simpson G G. Tempo and Mode in Evolution[M]. New York: Columbia University Press, 1944: 3.

的进化速度是不同的。①

　　辛普森区分了不同的进化模式：微观进化、宏观进化、超级（mega-）
进化。这些模式是按分类学上的等级进行分类的。微观进化涉及物种内部
的差异，但其间的变化是连续的，继而在物种或物种形成的层级上产生了
分歧。宏观进化涉及分化和间断性，包括物种形成和属水平之上的进化分
歧。②超级进化则囊括了微观和宏观层次的进化事件以及在更高分类层级（如
科和目）上的间断性。②关于这种划分的理由，首先，辛普森接受了赖特的
观点，认为大规模种群本应具备高度的变异性，但事实上却表现出很低的
变异水平，表现为缓慢的进化变化。因为在大规模种群中，自然选择的影
响时强时弱，一方面，若是遭遇强选择，那么即使种群中存在可观的可变
异（variable）性状，强烈的选择作用也会消除种群内出现的任何变异；另
一方面，在弱选择条件下，种群结构则趋向于稳固的特定基因结构。在此
种情况下，发生的进化模式就属于微观进化。

　　在辛普森看来，机遇事件增加了中等规模种群的进化速度，从而在种
或属的水平上产生间断性或分歧事件。这也是赖特曾经描述的进化原因。
中等种群规模易于表现出与大规模种群相似的变异性，但也更容易发生漂
变。因此，选择的作用是消除变异，而漂变的作用是抵消选择作用维持变
异。中等规模种群更有可能推动适应和不连续的宏观进化。

　　辛普森还考察了较低变异性的小规模种群。小规模种群和大规模种群
存在相似的情况，在进化过程中其正常变异率极低。然而，自适应变异在
小规模种群固化的概率会更大，或者说，在小规模种群中，突变更为有效，
即单一突变在种群中留存的概率更大且更为迅速地在种群结构中趋于稳
定。③辛普森引用了埃尔顿的随机灭绝模型④和赖特的动态平衡模型。他认

---

①　Simpson G G. Tempo and Mode in Evolution[M]. New York：Columbia University Press, 1944：17.

②　Simpson G G. Tempo and Mode in Evolution[M]. New York：Columbia University Press, 1944：97-98.

③　Simpson G G. Tempo and Mode in Evolution[M]. New York：Columbia University Press, 1944：68.

④　Haldane J B S. A mathematical theory of natural and artificial selection [J]. Mathematical Proceedings of the Cambridge Philosophical Society, 1927, 23（5）：607-615.

为一些随机灭绝事件如洪水或大灾难会使种群数量急剧减少，动态平衡理论就运用到在小种群中变异速度更快的观点，因此它能提升进化的速度。在这种快速变化进程中产生的连续的或间断的属的数量在宏观上可能会表现为科和目这种更高分类水平上的不连续性，即超级进化。

总之，辛普森强调群体规模在决定进化速度和模式方面起着至关重要的作用。机遇通过增加中等规模种群的进化速度，从而在种或属的水平上导致物种的不连续或分歧事件。面对进化理论中的难题，即对于进化变化来说变异的供应较少。辛普森通过对进化的时空尺度分层以及强调机遇事件的作用，主张在小种群中，适应性突变得到固化的机会更大，或者说，突变在小种群中的利用效率更高，单一突变有更大的机遇并更快在种群中生存和扩散。

四、斯特宾斯植物变异理论中的机遇概念

同样作为现代综合运动的重要推动人，斯特宾斯一生兴趣广泛并经历了不同寻常的职业道路。当时其他植物学家都是专注于某一植物类群的专家，而斯特宾斯的研究则涵盖了数量惊人的生物，包括禾草、牡丹和生产乳胶的植物银胶菊等。其贡献主要基于植物分类学研究，伴随20世纪的生物学的进展，他在包括系统学、细胞遗传学、植物进化生物学、植物育种学，乃至发育生物学和分子生物学方面都有涉猎。作为一名实验室工作者、显微镜学家、农业学家、理论家、敏锐的博物学家，乃至自然保护主义者先驱，除了原创的研究论文和科学专著，他还撰写了许多有影响力的普通生物学和进化论教科书。斯特宾斯与迈尔、赫胥黎及其他现代综合的奠基者有很多共同之处，他们都有着相似的广泛兴趣和多样的职业生涯，学术视野广阔且多产。在20世纪60年代和70年代，他们都成为进化论的公开拥护者，积极地反对科学创世论。同时，之前综合进化论的主要奠基者们大多是动物学家，而他是唯一的一位植物学家，专注于了解植物的变异和进化。

斯特宾斯收录于"哥伦比亚生物学系列丛书"的《植物的变异与进化》（1950 年）被认为是现代综合运动中最后一部重要著述，也是最长的一部。该书综合了植物遗传学和系统分类，指出新达尔文主义的遗传学原理不仅可以说明物种的起源，而且能够解释高阶元单位的起源，较之之前同类著述更具概括性。该书呈现了双重目的，不仅论证了基因水平上植物的进化机制，从而使植物进化与动物进化相协调，支持了杜布赞斯基在 1937 年出版的《遗传学和物种起源》中提出的主张，同时也推动形成了植物进化生物学这一新的研究领域。该书融合了费希尔、霍尔丹、赖特等早期现代综合论者的论点和论据，也囊括了后期现代综合论者的一些观点。该书的主要目的是总结遗传学、细胞学和种群统计研究的进展，以及它们对于植物进化的重要性。书中斯特宾斯充分地对比了植物与动物的进化，讨论了它们遗传系统的相似性、物种形成的模式、种群规模和结构在进化趋势中的作用。与《物种起源》写作风格类似，首先，该书一开始就讨论了变异及其原因，并从讨论植物和植物间变异的基本分类学和趋势，转向讨论环境可塑性和基因突变的基础。接着，斯特宾斯讨论了围绕自然选择研究的实验和生物史证据，并考察了适应性和明显非适应性特征的原因，以及这些特征之间的相关性。再之后，该书主要讨论了遗传进化系统因素，这里所谓的"遗传系统"是指影响遗传重组速度和性质的"内部"因素，继而对进化的速度和方向产生了影响。斯特宾斯认为，它们主要由各种独特的基因组合所决定。此外，该书还讨论了隔离的作用，以及杂交和多倍体物种形成的多种实现形式。最后，收尾章节则利用遗传学和古生物学的资料，梳理了不同且独特的染色体组型和形态学的长期进化趋势。

在对于进化中选择和漂变的相对重要性问题上，斯特宾斯模棱两可。他强调，关于自然选择中的强度、遗传力和杂交种群的大小等诸多细节尚不可知，但在杂交植物中，自然种群很少能保持足够数量的后代，种群规模小使得许多独有的特征可通过随机交配而产生并保留。例如，在某些情况下，物种要么处于高度特殊的栖息地中，要么由于极端环境或种群规模的异常急剧减少从而减少到较小的数量。斯特宾斯显然借鉴了赖特的论点，他把等位基因的随机固化描述为赖特效应的例证，认为这无疑是种群、种族和物种之间非适应性特征差异的主要来源。不过，他似乎认为大多数杂交植物的种群相对较大，因此基因随机固定的概率可能不如自然选择作用于这些种群产生的影响大。尽管如此，斯特宾斯确实注意到，在热带地区或岛屿上的种群中，由于基因随机固化，种群存在更高的非适应性特征出现的机遇。①

在斯特宾斯的书中，绝大多数情况下机遇是"随机性"的代名词，就像在孤立种群中等位基因的"机遇性固化"一样。斯特宾斯认为这些机遇性因素可能在物种和所在属的分化早期起作用。在他看来，分歧最有可能是特殊或不寻常的环境因素导致的，继而通过遗传因素的不同组合的随机重组导致隔离。②在物种形成和分歧的语境中，这一观点迎合了赖特的动态平衡理论。此外，斯特宾斯的观点诉诸概率解释，如提到交叉授粉的最大机遇，而不太使用偶然性这一概念，即便使用，大多也是涉及诸如自然选择等因素已知或可疑原因的对比分析。

通过梳理可以看到，尽管存在分歧，但是综合进化论者们之间也达成了几点共识：第一，突变是变异的最终来源，由于机遇而产生且大多是有害的；第二，减数分裂是（有性生殖）随机变异的一个来源，从两条染色体中的任何一条中获得等位基因的机遇率为 50%；第三，同系繁殖是基因组合机遇性的一个来源，也就是说，小的且遗传学上唯一的亚种群的隔离可能是进化新颖性的来源；第四，漂变和隔离可能在适应性进化或物种形成中发挥作用，成为小的隔离亚种群中出现新基因组合的原因；第五，偶然事件在大进化中起着重要的作用，例如诸如地质、气候变化等灾难事件而导致的物种灭绝、隔离以及大进化变化的变化率。

---

① Stebbins G L. Variation and Evolution in Plants[M]. New York：Columbia University Press，1950：144-145.

② Stebbins G L. Variation and Evolution in Plants[M]. New York：Columbia University Press，1950：508.

　　综合进化论者们一直认为，机遇在进化中扮演着重要的解释角色，并且在理论中诉诸机遇不仅仅承认无知，还将机遇（及其同义词）解释为概率、随机抽样、偶然事件或与选择相反的事件等的背后主体。按照现代综合论的观点，机遇、偶然性或意外事件在进化变化中发挥着原因性的作用。漂变和选择之间的对抗也不是体现在非因果过程与因果过程的对立上，而是像霍奇所说的，表现在"因果性非偶然的"（causally non-fortuitous）过程与"因果性偶然"过程的对立上。①在新达尔文主义者看来，这就是对机遇或偶然在进化变化中所扮演着原因角色的理解方式。

　　本章对进化生物学中机遇的讨论只是冰山一角，无法呈现完整的历史维度，但至少通过有限篇幅说明了进化生物学中的机遇既不像某些人所说的，是解释性的空洞，也不像另一些人所说，是进化生物学的外围因素，而是具有重要的解释作用。蒂莫西·沙纳汉（Timothy Shanahan）认为判定一个概念对一个特定领域是否具有解释重要性，在于排除这个概念后，是否还可以对这个领域的现象进行解释。②通过论证，显然按照这个标准我们有理由相信"机遇"是进化生物学以及相关哲学讨论中不可消除的概念，并在现代进化生物学中不断展现其作为核心问题的价值。

---

① Ramsey G, Pence C H. Chance in Evolution[M]. Chicago：University of Chicago Press, 2016：101.

② Shanahan T. Chance as an explanatory factor in evolutionary biology[J]. History and Philosophy of the Life Sciences, 1991, 13（2）：249-268.

第四章
进化中的机遇与因果解释

从通俗意义上讲，在我们关于进化的理解中，自然选择是唯一起决定性作用的因果性因素，也容易让人产生存在某种自然主体在对自然物种进行筛选的错觉，而这种误解源于人们缺乏对从达尔文开始就一直在其理论中强调的机遇概念的理解。本章将着重从因果解释的角度讨论机遇概念在进化理论中的解释性角色、其与自然选择的关系以及由其所引导的进化理论的发展。

第一节　当代进化生物学中机遇的内涵

在从分子遗传到宏观进化理论的广泛跨度中，机遇概念都是一个很基础的主题，哲学家把他们的注意力集中于生物学家如何使用这一模糊不清的概念上，特别是当他们试图描述生物体的特殊变异来源时，即基因突变，他们所认为的所有导致适应性变化的基因突变都是因"机遇"而发生的观点是新达尔文主义的基石，尽管在这之后有很多争议，但这仍然是当代生物学的普遍共识。可以说，直到最近，生物学家在谈论基因突变时所引用的"机遇"概念仍然模棱两可。生物学哲学家致力于澄清这一概念，他们从进化论的角度提出了机遇的精确定义，形成一大批专注于突变、选择、适应性间关系的概念，或从进化生物学的角度定义和研究基因突变的机遇概念内涵。

一、进化中的各种机遇概念

进化中的机遇概念一直是进化生物学的焦点，不仅包括在基因变异产生层面上所涉及的新变异形成的机遇，也包括在后期存续层面上的变异，即在进化过程中的扩散或消失的机遇。传统的生物学哲学家们通常关注于后一种意义，即在讨论自然选择的概率本质和随机遗传漂变的规则随机性（stochasticity）时，机遇处于核心地位。在这个框架中，进化变化被认为是种群中随机/非随机抽样过程的结果。我们做一个简单的类比，将群体中等位基因或基因型的样本空间通过瓮中的小彩球表示，这些颜色代表相应的适应度值。一只手根据颜色来选球就是自然选择，另一只手通过盲选挑选小球则代表随机遗传漂变，而机遇的作用则是另外一种情况，即关于代表某种新变异的小球是如何被放入瓮中的，这个问题在过去很少受到哲学上的关注。其原因似乎是现代综合论所达成的共识的疏漏：机遇仅限于突变，而突变是可遗传变异的最终来源。根据这个限定的概念，突变是机遇性的，因为它们的产生独立于它们的适应度。在小球类比中，每种颜色的小球在被选择之前，其存在于瓮中的概率与它们因颜色而被选择的概率是因果独立的。生物学哲学家和历史学家一致认为，这种机遇的概念是基于反对突变拉马克主义的假说，其中，环境可以诱导突变，从而在特定的环境中产生更适合的表型。①

　　然而，这个有限的定义并没有穷尽机遇概念的不同含义，而这些含义在阐明现代综合论关于变异产生的观点时至关重要。其通常被用来反对自然选择的方向性，不仅起到了消除突变拉马克主义的作用，还有助于对抗其他替代的解释策略，在这些策略中，变异的产生是某种创造性的过程。在现代综合论早期，突变论者和自然选择论者的争论就体现了这一点。突变论者强调的是自然选择的创造性作用，其基于"变异并非进化驱动因素，而是其先决条件"的假设。这种假设要求突变不仅在选择层面上是无方向性的（尽管突变论者从未质疑过这一说法），而且在受它们影响的表型变异方面也是无方向性的。为了使选择具有创造性，突变需要提供丰富的可用性，对表型性状有持续的影响，并且几乎是等概率的影响。换句话说，性状变异应该是充足的，渐进的和无方向性的。与此相对，自德弗里斯起，突变论者将自然选择视为一个过滤器或"筛子"，它仅仅是丢弃或保留变异。

---

① Razeto-Barry P，Vecchi D. Mutational randomness as conditional independence and the experimental vindication of mutational Lamarckism[J]. Biological Reviews of the Cambridge Philosophical Society，2017，92（2）：673-683.

从他们的视角看，只有通过新突变引入的新表型变异，或者说把新类型的小球不断地放入瓮中，或者可能它们之中的某种小球的数量加入的比例更多，随后自然选择才可以与这些新方向的变化范围相一致。在这种观点中，变异的产生与变异的选择作为进化的因果导向因素一同出现。相反，现代综合论的机遇观点反对变异是进化中新颖性的主要来源的观点，主张自然选择会永久地作用于丰富且无偏态的变异之上，确保自然选择是解释"任何进化的非随机性结果"的唯一一原因解释。①不过，近期进化发育生物学的进展使现代综合论的机遇观受到冲击，并且在一定程度上，人们开始重新审视突变拉马克主义观点，尤其是我们对于突变以及由此引发的表型变异的随机性的理解。这部分内容将会在后面的章节中讨论。下面我们还是回到现代综合论的机遇观上。

　　加永区分了三种机遇概念。第一种机遇概念是通俗理解上的运气，即发生于计划之外的未预期事物，其中涉及某种目的性或意向性的因果关系。第二种是随机事件。我们可以基于拉普拉斯妖（Laplace's demon）的假定，即由于我们无法预测诸如掷骰子等活动的结果，此时，这一事件对于我们来说就是"随机"的，而对此的经典解决方案便是概率，即随机事件服从于某种概率法则，其归因于某种"随机变量"的数值分布。在这一语境中，因果性问题被忽略了，量子力学便是这种非决定性随机现象的典范。第三种是相对于给定理论系统的偶然性。哲学通常认为，初始条件相对于由覆盖法则所构成的理论体系来说是"偶然性的"，例如在伽利略的自由落体运动公式中（$e=1/2gt^2$，e 为位移，t 为时间），加速度系数 g 的值就是偶然性的，也就是说，g 的值只能从经验上来确定，但是在牛顿理论体系中，在知道落体及地球的质量和形状的相关信息的情况下，某一高度上 g 的值是可被推导出来的。在这三种定义中，当且仅当，由于我们无法获知足够的初始条件，或我们没有能力对结果进行计算，使得某些要素无法在某一特

---

① Wagner G P. The changing face of evolutionary thinking[J]. Genome Biology and Evolution, 2013, 5（10）: 2006-2007.

定理论中被预测，那么它们就仅仅属于偶发的（fortuitous）等级。[①]

对于生命科学来说，许多理论都涉及机遇，尤其在关于进化生物学的历史讨论中，有许多与其相关的术语，如偶然性、不可预测性、随机性、规则随机性、概率性。[②]从亚里士多德时代起，偶然性便被认为是生命系统不可避免的属性，例如生物的生殖过程。达尔文承认偶然性的重要性，同时通过两种方式将机遇置于其理论的核心位置：变异是通过"机遇"引起的，变异通常不发生是由于现有性状有利于它们的后代；并且种群发生的任何变异都是在最佳的"机遇"窗口传递给它们的后代。这些机遇性的特征涉及"随机性"的程度，常被理解为进化过程中的某种"固有的不可预测性"。

可以说，20世纪的现代综合运动确立了今天的进化理论，之后的机遇概念存在于五种意义之上。

第一，虽然科学存在一种形而上学的主张，即认为世界本质上是非决定论的，但是这一预设在现代综合运动中长期未形成正式的讨论，现代综合运动的代表人物霍尔丹与杜布赞斯基在其学术生涯晚期才从哲学视角触及诸如自由意志与非决定论问题，而赖特也是出于个人兴趣对此问题着迷。唯一不同的是费希尔，他将物理学（气体理论以及热力学第二定律）意义上的非决定论作为其理论的重要部分。[③]因此，进化理论涉及机遇问题时大部分都聚焦于相对宏观的尺度，例如基因分离、小种群的隔离等。

第二，机遇这一术语有时也可与随机互换，当互换时通常指随机的易变性。基于均一分布群组的随机取样所获得的结果通常是等概率的，而基于非均一分布群组的取样所得结果则不然。一方面，在讨论细胞层面减数分裂时的等位基因随机配对或随机取样时，大多数进化理论学家们都倾向

①　Gayon J. Chance, explanation, and causation in evolutionary theory[J]. History and Philosophy of the Life Sciences，2005，27：395-405.

②　stochasticity 特指蕴含某种概率规则的随机性，与 randomness 通常都译为随机性，但为便于区分，文中称为规则随机性。

③　Ramsey G, Pence C H. Chance in Evolution[M]. Chicago：University of Chicago Press, 2016：84-93.

于预设其结果是等概率的。在这里，等概率的两个或多个结果的交替出现表现出随机性。另一方面，在谈到个体层面的随机突变时，机遇则表示的是适合度方面的随机性。有时，当类似突变这样的事件被视为机遇时，那么它既可能是基于认识论立场表示其出现时机的不可预测性，也可能是基于本体论立场表示其源于某种非决定论的过程，而这一点也经常导致非决定性属性的争论。

第三，机遇也经常被用作概率的替代术语。例如，拥有某一概率可能会提高或降低导致某一结果的概率。所有的进化论者都将自然选择视作一种概率性理论，即便某一物种拥有极高的适合度，也不代表其能够成功生存或繁殖，而仅仅是提升其生存繁殖的概率。事实上，通常一个随机重组基因是适应型的机遇（概率）相当低，当可能出现的不同结果表现为不等可能概率（unequal probability）时，它们各自出现的机遇只能被表示为高或低。

第四，诸如洪水、风暴、火山爆发等重大环境事件时常被进化理论学家们视为机遇，有时也与随机或偶然事件的表述互用。这类事件极为少见，通过对生物地理状况、生物生存关系或生态环境演变产生重大影响，进而导致生物、世系、种族产生不可预料的重大改变（通常是不幸的）。这些随机事件以及突变等其他生物性机遇要素虽然都塑造了进化，但彼此之间在原因上不存在关联。换句话说，这些事件通过分割地貌、消除某些资源或隔绝某些生物群体而打乱了当前的演化趋势。

第五，联系近些年在生物学哲学中热议的突变与漂变话题，它们时常被当作导致"反向选择"（opposing selection）的"机遇"要素。需要指出的是，关于它们所导致的随机结果的定义，在前面第二点中已经予以说明。这里需要指出的是，对于特定生物特征或环境，自然选择将会具有一种可预测的"方向"（在关于目的论的讨论中它也被理解为自然的目的性），而突变与漂变所导致的结果则是相对不可预测的。这种机遇性结果不具有趋于适应或特定结果的"方向"。多数学者认为突变大多是有害的，通常，当提及突变的方向性时，实际上他们已经预设了适应的突变占比极少，基于自然选择从而显得突变的特征具有某种"可预测"的演化趋向。种群层级上漂变的方向则主要是指其能减少杂合性，小规模有限种群相较于被取样的初始种群更易保留较小的变异类型。在这种意义上，漂变也可以有一种"可预测"的结果。不过，一些学者认为它们是与自然选择"相反"的"非方向性"基因频率变化。因此，如何解释漂变引发了诸多争论，难点在于如何从因果上确定存在哪些相关因素以及它们如何发挥作用，从而对完善进化理论说明构成了障碍。

总之，在进化理论中我们对机遇概念的理解存在语境依赖，机遇常常被定义为一种与"方向性"因素、过程、趋向，抑或与可预期结果相反的术语。在这五种意义中提到的事件都可以被归为机遇，但其与自然选择机制之间的关系问题变成了一个令人困扰的问题。

二、机遇与自然选择的界定

在进化生物学中关于机遇的概念区分存在很大的困难。贝蒂曾对进化理论中机遇与自然选择的区别进行过说明，他反对过去人们广泛地认为的一个生物体的适合度就是其繁殖成功率的观点，因为这使得随机遗传漂变与自然选择之间的区别变得隐晦。取而代之，他提出了一种倾向性的解释。在他看来，一个生物体在后代数量上的适合度仰仗于其在物理上应对特定环境的能力。基于这种观点，自然选择可以被理解为一种基于这种适合度差异的取样过程，而随机遗传漂变的取样过程则与该差异无关。继而，适合度差异变成了区分机遇与自然选择角色的关键。①这一看似清晰的区分显然并不易于操作。虽然通过将自然选择的倾向性与机遇的随机性加以整合，我们可以得到遵从适合度原则的倾向性解释，但是在一些案例中，自然选择显然无法与漂变现象进行区分。按照贝蒂的话来说，即便是基于恰当的"自然选择"说明，我们仍然难以区分"不太可能的自然选择结果"与基于

---

① Beatty J. Chance and natural selection[J]. Philosophy of Science, 1984, 51: 183-211.

随机遗传漂变的进化。①

举个例子，假设有浅色与深色两种蛾子生活于由40%浅色树木和60%深色树木所构成的森林中，同时该森林中也生活着对色深敏感的蛾子的捕食者。我们可以预期，在其他条件不变的情况下，在该环境中深色蛾子更适应，因为作为整体的森林能够给予深色蛾子更好的环境保护。但假设在某一代际中，我们发现族群中有很大比例的深色蛾子被捕食者捕食，而浅色的只占小部分，并且证据表明，深色蛾子被捕食时正栖息于浅色树上，而浅色的蛾子正栖息于深色树上。尽管深色树木比例要多于浅色，但深色蛾子更频繁地附着于浅色树上。通过这个例子便产生一个疑问，基因或基因型频率的变化是和自然选择还是随机遗传漂变有关？按照之前对于两个概念的区分，这一问题可转化为该变化是差别化取样的结果还是无差别化取样的结果？一方面，我们很难说对浅色树上的深色蛾子的捕食是一种无差别取样；另一方面，我们也不能说仅由自然选择导致了这一变化。至少是，很难说最适者得到选择。

在这一论证中，选择与漂变被认为是在概念上有区分且相互影响的因素，但是如何区分它们显然是一个麻烦的问题。当然，作为贝蒂的论证设计来说，其分析的主要依据是自然选择发生效力的环境相关性，也就是被捕食的深色蛾子所处的环境。从总体上来讲，在深色树占据多数的森林中，深色蛾子显然是适应的，但将考察的群体缩小为较小的单元时，那么在某些环境中，会出现深色蛾子不适应的情况，如果是这样，显然环境的相关性将变得至关重要。所以，关于进化中机遇与自然选择之间的区分问题显然不是概念上的问题，而是如何正确划分以及衡量与各种环境属性相关联的肇因。对于追求更为精密的进化说明来说，我们需要在我们的分析中加入更为细节化的对于生物体生存繁殖起到肇因作用的环境属性的说明。在不同的分析中，都可能存在某一环境属性起到相对重要的原因作用的情况。

---

① Beatty J. Chance and natural selection[J]. Philosophy of Science, 1984, 51: 183-211.

因而，这些分析所预想的是一种不均匀的整体环境，我们需要对其中的局部情况做出具体判定。也就是说，以生物体个体或小规模群体为视角的话，随时间其适合度变化与各种环境变化存在联系①。这便产生了一个困境，即具有高机动能力的生物构成了大多数生物环境的一部分，这使得测定特定时间内某一生物体的适合度变得异常困难。

当然，如果按照索伯的看法，由于"总体适合度"概念的存在，确定一个生物体的绝对适合度几乎是不必要的，但同时，它也在该生物的生存繁殖过程中不扮演任何原因角色。②也就是说，总体适合度只能用于特定结果的预期，但并不能作为特定结果的原因。此外，戴维·迪皮尤（David Depew）与布鲁斯·韦伯（Bruce Weber）曾从有关进化生物学中机遇概念历史演变的视角，试图通过两个重要历史事件来理解机遇：首先，进化理论是何时以及如何开始变得统计学化的？其次，这样的理论是怎样描述世界中的"真正机遇"过程的？他们在回答这些问题时，着重论述了该时期作为达尔文主义理论基础的遗传学进展，以及统计学引入进化理论引发的"概率革命"，该历史也被形容为"驯化机遇"。在他们看来，这段历史分为两部分，首先是引入统计学作为"收集和分析可计量数据"的方法；接着是引入一种具有鲁棒性的概率理论，即他们主张源于统计的概率是基于真实事物的客观倾向性。③对于一个生物体的整个生命历史来说，这并不是说没必要讨论更为包含性的环境因果关联，而是意味着去区分哪些适合度成分与给定基因频率变化相关。贝蒂将单个生物体的适合度与特定环境关联无可厚非，这是因为他是站在因果关联的意义上考量的：一方面，他关注于特定微环境；另一方面，他截取了生物体的单一代际而不是考察整个物

---

① 这里指的是生物个体或小规模群体的适合度，而非指通常意义上的基因型适合度，因为基因型的适合度不过是拥有该基因型个体的适合度的平均值。

② Singh R S, Krimbas C B, Paul D B, et al. Thinking about Evolution：Historical，Philosophical and Political Perspectives[M]. Cambridge：Cambridge University Press，2000：309-321.

③ Depew D J, Weber B H. Darwinism Evolving：Systems Dynamics and the Genealogy of Natural Selection[M]. Cambridge：MIT Press，1995：202-206.

种历史。在这里，机遇与自然选择之间的区分变为核心问题。

目前已有许多关于进化过程中的自然选择与机遇的区分研究，其中虽然认可了机遇的原因作用，但依然没有很好地在理论上为其找到合适的位置。比如戈弗雷-史密斯基于生殖成功率的量度（业已达成的适合度），通过区分"内在的"与"相关的"或"外在的"特征，继而将自然选择（内在的）导致的生殖成功与"偶然"成功（相关或外在的）区分开来，前者属于进化理论中的"遗传组成"要素，而后者显然是外在的。①在某种程度上，这种处理依然回避了机遇问题，而强调了自然选择作为原因的首要地位。还需提到的是，迈克尔·斯特雷文斯（Michael Strevens）将自然选择与漂变的界定难题归结为统计学中的参照类问题（reference class problem），即在确定一个物理性结果的概率值时，哪些因素以及为什么应当纳入考虑？在他看来，机遇性的漂变解释属于频率解释，其所针对的各种事件类型都有相对恒定的频率，通过对参照类的分析能够帮助我们在具体案例中从概率上区分作为原因的漂变与选择的作用过程。②当然，这一方案的问题核心是如何去鉴定概率的成分，它依然需要对导致结果的原因过程进行分析。因而，在忽视具体原因性细节的总体进化说明中，机遇是否是必要的考察项，是否仅仅是难以处理但可回避的细节描述？对于此，我们有必要从具体进化过程的角度进行回应。

三、作为进化过程的机遇

联系前面提到的贝蒂关于自然选择与机遇的区分，即是否会基于适合度对个体进行差别化取样，这体现了进化运行的方式，而在某一代际中的特定等位基因频率则是结果。米尔斯坦正是从这一角度出发，认为生物体间的物理差异往往与它们的繁殖成功率差异相关，如果我们要了解生物学上的情况，就必须关注产生相关结果的过程，而漂变与自然选择展现的正

① Godfrey-Smith P. Darwinian Populations and Natural Selection [M]. Oxford: Oxford University Press, 2009: 63-65.

② Ramsey G, Pence C H. Chance in Evolution [M]. Chicago: University of Chicago Press, 2016: 145.

是这种过程。①

如果说自然选择是一种明确且具有倾向性的过程，那么作为过程的机遇显然要难以定义得多，其基于不同案例类型是多样的。

（一）机遇性变异

贝蒂通过分析达尔文关于兰花变异现象的研究，围绕"机遇性变异"，即变异中的机遇性差异展开分析。②他认为在达尔文眼里，首先，变异并非对于环境的适应性响应，环境导致的变异并非必然是适应的；其次，变异与环境之间的因果关系复杂，以至于难以预测，继而以是否具有可预测性为标准将变异分为"波动"变异与确定变异，且认为多数变异属于前者；最后，机遇性变异与概率相关，即种群规模越大以及经历的时间越长，有利变异出现的机遇就会越多。③总之，机遇性变异是相似环境中的相近种群在不同时期产生的不同变异，针对一个确定的结果，初始相近种群中存在不同的适应策略，形成了围绕某一"主题"的巨大数量的变异。例如在兰花案例中，围绕繁殖这一目的，"兰花围绕吸引昆虫传粉"这一主题产生了众多的变体。为了吸引昆虫靠近传粉，兰花进化出了通过模仿、拟态、气味、雨水，甚至向昆虫抛射花粉等不同方式的利用昆虫传粉的品种。最典型的要数马达加斯加大彗星兰，其通过花蜜吸引昆虫，但是其近 30 厘米的花距使得达尔文推测马达加斯加必定存在拥有极长喙从而能吃到花距底部花蜜的蛾。最终达尔文基于自然选择做出的判断在 1903 年得到证实（即存在一种天蛾符合这一预期）。在这一案例中，天蛾的存在通过自然选择得到预测，它与大彗星兰构成了围绕花距与喙长度上的军备竞赛，但是大彗星兰的变异显然是缺乏理由的（在达尔文看来，这无法反映自然的目的性。

---

① Millstein R L. Are random drift and natural selection conceptually distinct?[J]. Biology and Philosophy, 2002, 17: 33-53.

② 在生物学哲学的讨论中，通常认为变异并非对环境的直接响应，因而这里贝蒂的机遇性变异不同于传统达尔文意义上的随机变异，在达尔文那里，主要讨论的是一种不符合自然目的论的随机因素，而这里更多的是要强调机遇性变异中的进化意义。

③ Beatty J. Chance variation: Darwin on orchids[J]. Philosophy of Science, 2006, 73（5）: 630.

关于目的与机遇的问题，这里不作专门探讨），也正是这种机遇性变异开启了特殊的过程。也就是说，基于机遇性变异的自然选择所达成的结果具有偶然性，同时也导致了物种机遇性的分化。在贝蒂看来，基于机遇性变异的自然选择会产生多重性的进化结果，进而实际的结果也是偶然性的。[①]

（二）随机遗传漂变

自随机遗传漂变概念产生以来，人们对该定义一直存在争论。尽管一些观点认为随机遗传漂变在塑成种群结构中发挥了作用，但其中的机遇性因素始终让我们对它难以把握，甚至它是否具有方向性也存在争论。丹尼斯·沃尔什（Denis Walsh）等将漂变等同于"实际上的取样错误"，是一种统计学上的误差，即针对某一特征频率的测量结果与基于适合度差异所做出的预测出现分歧。在他们看来，进化理论完全是一种关于结果的统计理论。同时他们主张，漂变不具有预测性以及恒定的方向。[②]这种观点显然忽视了作为机遇性根源的漂变的实在性，也无法挽救自然选择机制的预测性。同时，漂变虽然通过机遇实现了其对于种群结构的影响，但这种影响从长期来看确实具有方向性，例如漂变倾向于消除一个种群中的杂合性，从而趋向某些基因位点的纯合性。因为在每一代际中某些基因会机遇性地繁殖失败或留有"额外"的拷贝，若没有诸如突变等其他因素的影响，种群中该基因位点将趋向于纯合子。与贝蒂类似，克里斯托弗·斯蒂芬斯（Christopher Stephens）也主张应当从作为原因的过程入手来看待选择与漂变，认为它们是相关联的。因为选择与漂变彼此可以相互独立，因而他们在概念上是可以区分的，但在本体论上却无法实质地区分。[③]例如，在一个拥有三个成员的种群中，分别拥有某一基因型 AA、Aa、aa，拥有第一、第三种基因的个体意外死亡都会对未来的基因频率产生影响，但第二种不

---

① Beatty J. Chance variation: Darwin on orchids[J]. Philosophy of Science, 2006, 73（5）: 640.

② Walsh D M, Lewens T, André A. The trials of life: natural selection and random drift[J]. Philosophy of Science, 2002, 69: 452-473.

③ Stephens C. Selection, drift, and the "forces" of evolution[J]. Philosophy of Science, 2004, 71（4）: 550-570.

会，也就是说，有些机遇事件并不会对以基因频率为考察对象的结果产生影响，而是仅在过程中体现。因此，选择与漂变在本体论上难以区分，作为整体构成的原因性过程，漂变中的机遇因素对于基因频率变化来说可能是沉默的，也可能产生具有方向性的影响。

此外，理查德·理查森（Richard Richardson）将机遇过程描述为因种群规模有限而在代际发生的类型传递错误，相比于较大种群，这一过程在小种群内会导致更大的变异。不同的是，对于有关决定论与非决定论的生物学哲学争论，理查森认为漂变所具有的机遇本质与该问题无关。通过分析人群婚配产生的血型频率影响，他认为漂变是更高层级的操作，而不涉及任何个体意向的选择。[1]也就是说，能够导致某一显著结果的漂变与不能导致可观察结果的漂变同为漂变，机遇在其中并不代表"无因"（uncaused）或本质上的随机，并不支持量子力学非决定论的实在论解释，尤其是"渗透效应"解释[2]，但也不代表机遇与那些真实的潜在原因无关。

（三）搭车效应的随机遗传漂变

搭车效应的随机遗传漂变有时也被称为随机遗传漂变，但不同于前面提到的随机遗传漂变，虽然两者都是随机进化过程，都表现出规则的随机性且独立于自然选择。如果说后者是由于在每一代际中随机取样所导致的等位基因频率变化，那么前者则是通过随机地与其他非中性基因产生连锁效应而导致的等位基因频率变化。普通的随机遗传漂变与种群规模相关，假设一种理想群规模为 N，漂变是唯一作用于其上特定等位基因的因素，初始频率分别为 p 和 q，一代之后，等位基因频率随机变化率为 $pq/2N$。[3]搭车效应的随机遗传漂变虽然与种群规模有关系，但与其中个体数量的关系不大，它是与基因重组率以及有益突变的频率和强度有关。也就是说，通

① Richardson R C. Chance and the patterns of drift: a natural experiment[J]. Philosophy of Science, 2006, 73 (5): 642-654.

② 赵斌. 选择与进化非决定性[J]. 自然辩证法研究, 2017, 33 (4): 29-34.

③ Gillespie J H. Is the population size of a species relevant to its evolution?[J]. Evolution, 2001, 55 (11): 2161-2169.

常的随机遗传漂变导致的代际种群变化是相互独立的，而搭车效应的遗传漂变则是自相关的，一旦形成变化，那么在未来代际中这种变化可能会一直延续下去，从而随时间形成较之普通随机遗传漂变更大的种群等位基因频率变化。

正是从过程而非从统计性结果的角度考量，罗伯特·斯基珀（Robert Skipper）讨论了搭车效应的随机遗传漂变，认为其在小规模种群中产生的结果预期与一般随机遗传漂变一致，也就是说，仅从关于它们的数学模型中很难去区分它们，但从过程上看则截然不同。与后者相比，搭车效应的随机遗传漂变对于种群规模相对不敏感并且从原因上讲更为显著，因为它在抑制杂合子方面的作用比普通随机遗传漂变更为显著。①总之，作为特殊的随机遗传漂变，搭车效应的随机遗传漂变实际上是一种与通常机遇不同的另类机遇，它作为原因性过程说明的需要，应当给予关注。

（四）中性分子进化

中性分子进化将视角聚焦于分子领域的机遇现象，特别是与随机突变有关。木村资生在提出中性理论漂变假说时就设立了分子水平与个体水平的变异现象二分，即前者在分子水平的突变表现为中性的随机，而伴随以机遇性的表达（重组、漂变等），通过自然选择的操作得以形成偏态。迈克尔·迪特里希（Michael Dietrich）认为，中性分子进化在早期理论构想阶段是一种简单有效的数学模型、一种群体遗传学中的可检验理论，体现为生物化学过程的"分子钟"。该过程随机产生突变并通过自然选择的筛选从而保留有益突变。其中也涉及漂变，但发生在分子水平。作为原因性过程，我们很难去区分中性理论漂变假说者与选择论者们的设想对于真实的进化过程来说哪个更重要，即便双方都承认中性、漂变以及选择现象的存在。对于中性理论漂变假说来说，作为"分子钟"的分子进化是认识存在于分

---

① Skipper R A Jr. Stochastic evolutionary dynamics: drift versus draft[J]. Philosophy of Science, 2006, 73（5）: 655-665.

子乃至更高层级机遇现象的立足点，只是目前从实践上讲还不具有实际意义。

不论怎样看待进化中的机遇，中性分子进化作为过程因素是毋庸置疑的。可它在进化理论中所扮演的角色是什么却不好定义，而在使用上，总结起来存在以下路径：第一，在理论中频繁使用机遇作为解释性概念来说明现象，在前面章节提到的四个案例中，机遇确实发挥了解释作用；第二，讨论机遇的工具主义角色，即机遇仅仅用来在不同情况中排除结果的偶然性，从某一起点（例如中性理论）来建构包含了漂变、选择、迁徙等因素的理论而不去探讨其实在性，即从本体论意义过渡到认识论意义；第三，从科学表征的角度运用机遇，从而对自然现象进行说明，在许多案例中，机遇具有实在性且表现出不同的表征属性；第四，机遇可作为必要的辩护，例如机遇性变异案例中的机遇为自然选择的合理性提供了支撑，而中性分子进化中的机遇则成为构建进化理论模型的基础可检验模型。结合米尔斯坦在探讨导致进化变化的力和原因时的观点，即在基于力的概念讨论进化理论结构中的因果性时，我们应当接受适度的多元论观点（承认多种驱动因素的存在）。[①]同样，针对作为过程性原因的机遇，我们目前也应承认其在解释上的必要性，理论上的工具性意义，甚至可以承认其实在性并接受一种进化理论表征意义上的多元论。因其对进化过程细节具有的解释作用，所以需正面认可其对于进化理论的支撑作用。

第二节　基因突变理论中的随机性

当生物学家们试图描述有机体获得特殊变异，即基因突变的来源时，这一概念伴随的随机性内涵更是变得含混不清。尽管前面我们已经进行了

---

① Stephens C. Forces and causes in evolutionary theory[J]. Philosophy of Science, 2010, 77（5）: 716-727.

一定的讨论，但对于基因突变理论中的随机性内涵与定义来说，特别是从因果解释的机制视角，我们还需要有更进一步的澄清，这也是我们探讨生物学中机遇概念本质的起点和基础。

一、基因突变理论中的随机性概念

大多数用于描述基因突变的机遇概念的哲学分析都囿于进化的视角。然而，像机遇、随机性、规则随机性、概率等用于生物学的术语也常被用来讨论突变，而没有从进化的角度提及它们的效用。特别在经典遗传学和分子遗传学中，它们被用来描述围绕 DNA 序列的许多可能突变及其随时间的统计分布，甚至用来讨论引发突变事件的物理化学过程。这一章节着重描述了基因组和表型水平上的突变事件，以确定这个概念的确切意义和作用，了解在何种意义上，基因组序列变化导致的基因突变独立于它们的表型效应和进化结果，以及引起它们的物理化学过程是机遇性事件。

关于机遇的理解，一方面，围绕生物学机遇概念的哲学讨论表明，在基因突变中，很难区分非决定论框架下的纯粹机遇（pure chance）与决定论框架下作为无知的"机遇"（也可理解为并不存在客观的机遇），并从中选择一个恰当的形而上学立场。这需要我们就基因突变的特征进行更加深入的讨论，特别是对产生突变的概率性物理化学过程进行深入研究。另一方面，通过指明关于基因突变的当前知识的状态，以及生物学家们用来描述基因突变的理想化模型和实验技术间的差距，能够帮助我们更好地理解机遇概念在生物学中扮演的角色。

通常认为，解释基因突变的机遇性特征的唯一方法是研究基因突变起源的物理化学的原因性过程，如特定 DNA 序列的变化、突变在一定时间内或在 DNA 序列位置上的分布。因此，我们应当区分两个概念：机遇性过程和机遇性结果。为了尽可能从科学的角度达成统一认识，我们可以通过认识论的途径，即某种认识模型来进行描述和定义，用规则随机性术语来描述机遇性过程，用随机性来描述机遇性结果。①

　　首先，规则随机性过程是一个按照随机法则描述进化的过程。换句话说，从给定的某个或某系列初始条件开始，该类模型可以描述若干可能的进化方向，并根据一定的概率定律预期许多不同的结果。根据这一定义，某些过程的规则随机性特征并不意味着其形而上学层面上的不确定性本质。或者说，这并不意味着从完全相同的起点开始，真正的进化过程实际上可以有不止一种可能的路径并产生众多不同的可能结果。

　　其次，如果一个结果的特征是不规则的，无序的，鉴于其不可预测性，那么它就是随机的，缺乏结构、模式或定律等属性。至少在数学领域，随机性的定义依赖于算法的复杂性，例如柯尔莫哥洛夫理论所揭示的复杂性，特别是在数据集合中所体现的随机序列概念。这种表征随机结果的方法可以应用于一系列的事件，尤其是一系列机遇实验的结果，例如，一系列投掷骰子行为的点数结果所构成的数字序列。若一些结果为单一事件，是因为产生它们的初始条件不能重复，例如进化中的单个突变就是这种独特事件，它们并不具备不规则、无序、缺乏结构等特征。因此，如果不观察产生突变的过程，我们实际上无法断言单个突变是随机的。这也是解释作为规则随机性过程结果的随机特征的唯一方法。

　　最后，如果一系列事件组成的结果空间呈现为随机的，例如基因位点或时间线上的突变分布，即便从形而上学的视角考量，这也并不一定意味着这个过程的起源是非决定性的。一个特定的结果也可能是由一个具有完全决定性的内部结构机制导致的。也就是说，这是由非概率性（improbability）的定律和非决定性的机制所决定的。例如，随机数字序列可以借由决定性的生成器或非决定性的（量子）生成器生成。②

　　因此，无论是点突变这样的单一事件，还是如基因组突变的时间分布

①　Earman J. A Primer on Determinism[M]. Dordrecht: Springer, 1986: 154-169.

②　Glennan S S. Probable causes and the distinction between subjective and objective chance[J]. Noûs, 1997, 31（4）: 496-519.

这样的时空延伸事件，作为随机特征的突变事件应该通过其产生过程的规则机遇性特征来定义它。揭示事件的起源是解释所谓机遇性的唯一方法。

这里我们还需区分两个概念，强随机性（strong randomness）和弱随机性（weak randomness）。前者反映了分子遗传学家统计评估基因突变发生速率所采用的理想化方法。如果要为基因突变提供一个真实而准确的解释，那么强随机性的概念并不合适。后者对应于突变的分子概念，考虑了所有可能的在基因组水平上影响突变过程的物理化学因素。通过引入一定数量的突变偏差和最近一些关于基因突变的实验研究可以发现，在从分子的角度来描述所有的基因突变时，弱随机性是合适的概念。

二、基因突变理论的强随机性观点

强随机性与弱随机性取决于这样一个观点，即随机事件是规则随机性过程的结果，也就是说，随机性特征不是由事件的属性来定义的，而是由产生它的因果过程来定义的。定义某一事件是"强随机性"的，当且仅当它是规则随机性（因果）过程的结果且满足以下两个条件。

A：它是一个无差别抽样过程，在这个过程中，参与抽样的元素之间在特征上没有任何差异，但却起着原因性作用。所有元素被抽样的概率是相同的。

B：这是一个随时间矢量的动态的过程，被抽样元素的概率不会随时间变化。这样的概率相对于其他事件的发生是独立的，因为随着时间的推移，没有任何事件会以任何方式扰动它。

总之，强随机性事件是随机抽样过程的结果，这个过程类似于从瓮中抽取一组小球，其中每个小球都有相同的抽样概率且被取出后会被再次放回瓮中。将这一定义应用于基因突变，若突变是强随机的，当且仅当它是规则随机性的物理化学过程的结果那么它应满足以下两个条件。

A1：它是对 DNA 序列差异进行无差别采样的过程。在该过程中，核苷酸位点的物理化学特征差异不会在突变的产生中起到原因性作用。尽管事实上一些位点易发生突变而另一些则不会，但在假设中，DNA序列的突变分布并非如此，突变发生的概率在所有的位置都是一样的。

B1：它如同细胞发生过程一样，是一个随时间矢量的动态过程，同时也是一种无差别抽样过程，考量的是细胞内外的物理化学条件在特定时间段内的差异。换句话说，在这个过程中，这些差异在突变发生的时间分布中没有起到作用。某一特定位点或整个DNA序列在特定时间段内发生突变的概率在每一时刻都是均同的。相对于其他突变的发生，外部环境事件是独立的，随着时间的推移，这些事件不会以任何方式扰动突变过程。

对于弱随机性来说，若一个事件是"弱随机性"的，当且仅当它是一个规则随机性（因果）过程的结果，而该过程不满足成为"强随机性"事件所需的两个条件中的一个，于是便会出现以下三种情况。

a：这是一个随时间矢量恒定的无差别采样过程。更确切地说，抽样元素的特征差异确实发挥了原因性作用。也就是说，任意元素的抽样概率存在差异，且随时间不发生变化，独立于其他任何事件。类似于从瓮中取出一组小球的过程，其中一些小球由于其物理特性而比其他小球有更大概率被抽选到，例如，某一小球具有黏性，而其他小球表面光滑，则该小球有更大概率被抽选到，同时，小球取出后会被再次放回瓮中。

b：这是一个随时间矢量变化的无差别抽样过程。该过程没有任何作为原因的差异性的特征元素，所有元素在某一时刻具有相同的抽样概率，但这个概率随时间改变，其不独立于其他事件，这些事件可能会随时间推移产生影响。可以说，这个过程类似于从瓮中取出一组小球，其中每个球都有相同的抽样概率，但被抽取的小球没有被放回瓮中。

c：这是另一个随时间矢量变化的无差别抽样过程。同样举例描述，在从瓮中取小球的过程中，其中一些小球具有某种特征，比如具有黏性，相比其他小球，比如表面光滑的小球，具有更高的被抽样频率，同时被取出的小球并没有被放回瓮中，也就是说，这里原有小球没有被替换，而是位置空缺。

与此对应，弱随机性概念可用于基因突变现象的描述。说一个突变是弱随机性的，当且仅当它是一个规则随机性物理化学过程的结果，同时该过程不满足成为强随机性事件所需的两个条件中的一个，存在以下三种情况。

a1：这是一个基于 DNA 序列且不随时间变化的无差别抽样过程。在该过程中，核苷酸位点的物理化学特征差异确实在突变过程中起原因性作用，DNA 序列上的突变位点分布也是如此。DNA 序列上任意两个位置上发生突变的概率是不同的，但是在观察时间内单一位点的概率不会改变。因此，该突变过程类似于具有替换效应的无差别抽样过程。

b1：这是一个涉及 DNA 序列中位点突变差异随时间变化的无差别抽样过程。在该过程中，核苷酸位点的物理化学特征差异不会在突变过程中起原因性作用，细胞内和细胞外的各类差异在观察时间段内也都是如此。在 DNA 序列所有位点上发生突变的概率是相同的，但随时间的推移会发生变化，而且其他突变和环境事件可能会以不同的方式产生影响。因此，该突变过程类似于没有替换效应的无差别抽样过程。

c1：这是一个基于 DNA 序列且随时间变化的无差别抽样过程。因此，在这种情况下，突变过程类似于没有替换效应的无差别抽样过程。

让我们考察一个由四个核苷酸碱基组成的短核苷酸序列 ATTC，包含一个腺嘌呤，两个胸腺嘧啶以及一个胞嘧啶，并设定从 t_0 到 t_n 的一段细胞过程。如图 4-1，假设突变发生于 t_0 到 t_n 的某一时刻，比如 t_1 时刻的一个点突变使腺嘌呤转化为鸟嘌呤。该突变出于某种物理化学过程，它既不倾向于任何可能的变化，也不倾向于发生在任何特定时刻，那么此时该突变就是一个强随机性事件。它和其他所有可能突变的发生概率是一样的，而且它的概率不会随时间而改变。但是，如果该点突变的原因性起源，比如从腺嘌呤到鸟嘌呤的转化，存在某种或多种变化的倾向性，或是在发生的时间点上存在倾向性，那么这种突变就是弱随机性事件。通过对这些条件的审查可以断定，一个随机突变若非强随机性事件，那么就是弱随机性事件。

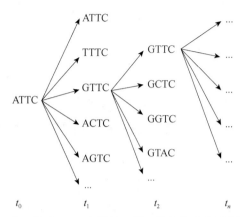

图 4-1[1] 基于 DNA 序列的 t_0 到 t_n 的细胞突变过程举例

从分子遗传学的角度来看，在排除表型效应的适应性量度前提下，分子遗传学家过去总是倾向于使用强随机性概念，尤其是当他们用波动实验来评估突变率时。波动实验是萨尔瓦多·卢里亚（Salvador Luria）和马克斯·德尔布吕克（Max Delbruck）于 20 世纪 40 年代提出的一种统计方法，标志着细菌遗传学的诞生。该实验设计巧妙，并且依赖于特有的统计学推论。起因是 1942 年，卢里亚和德尔布吕克观察噬菌体生长过程，设计了噬菌斑实验，初步发现噬菌体的生长曲线，噬菌体的生长包括潜伏期、生长期以及裂解释放阶段。之后，二人发现失活噬菌体可以持续附着在细菌表面，并且对细胞生长以及细胞抗侵染的能力构成影响，尽管当时人们认为噬菌体侵染能力的降低是因为放射性造成的病毒突变（真实原因是噬菌体已失活）。通常噬菌体在侵染的最后阶段会裂解细菌，使得培养基重新变透明。可如果持续培养一段时间后，培养基又会重新变得浑浊，这意味着菌落的复起，说明这些细菌已经拥有了抗噬菌体侵染的能力并能将该能力遗传下去。

为了解释该现象，有两种假设被提出：一种观点认为噬菌体感染导致了突变，使得通过自然选择的细菌发生了"进化"，通过这种获得性突变，那些受到选择的细菌存活下来；另一种观点认为这种突变是细菌培养的过程中自然发生的，是细菌在被侵染之前就发生的自发突变，只不过发生这

---

① Ramsey G, Pence C H. Chance in Evolution [M]. Chicago: University of Chicago Press, 2016: 182.

种突变的概率比较低。这两种假设的区别在于：若是获得性突变，那么菌落数将是随机分布的，波动较小；若是自发突变，则噬菌体侵染前的任何时刻细菌都有可能发生突变，培养基上分布有数目不同的菌落，波动较大。卢里亚和德尔布吕克的实验结果表明，抗噬菌体细菌的突变是自发产生的，与噬菌体的侵染无关，尽管就目前来说这一解释并不准确。

1949 年，道格拉斯·莱亚（Douglas Lea）和查尔斯·艾尔弗雷德·库尔森（Charles Alfred Coulson）对该实验进行了进一步扩展，从而被称为 Lea-Coulson 模型[①]，尽管存在局限，但该模型依然是现今评估突变率最常用的理论和模型。[②]根据该模型的假设：①突变发生的概率（如自发的点突变）与之前的突变事件无关；②这种概率在细胞生命周期中是恒定的；③突变体在克隆细胞群中的比例很低；④将突变转变回野生型的倒位突变可以忽略不计；⑤当种群被置于选择性环境中时，不会发生突变；⑥在细胞培养过程中，每个细胞生命周期发生突变的概率是恒定的；⑦在每一代中，每个基因或核苷酸的突变率是根据该代际中基因组的突变率来计算的，即每一代基因组的每个基因或核苷酸发生突变的概率相同。因此，在每一代中，每个基因或核苷酸的突变率为平均值，即每一代的每个基因组突变率与基因或核苷酸总数之比。因此，每一代的突变率都可能因所考察的基因或核苷酸而不同，这一事实在这里被忽略了。

显然，Lea-Coulson 模型的核心假设体现了强随机性的特征，尤其是 DNA 序列任意位置突变概率均同、单一位点突变概率随时间恒定，以及突

----

① Coulson C A, Lea D E. The distribution of the numbers of mutants in bacterial populations[J]. Journal of Genetics, 1949, 49: 264-285.

② 目前，这类模型通过被称为 DeNovoGear 的软件得到了相当程度的改进。它包含一个概率算法，根据对突变率、测序错误率和研究群体中出现的初始遗传变异进行估值，计算基因组每个位点的突变可能性。这种新方法可以避免许多在对突变率估值时潜在的 DNA 测序误差，包括基因组的采样不充分导致的基因测序过程中的错误，以及序列之间的比对错误。另一种评估突变率的方法是最近发展起来的。该方法使用绿色荧光融合蛋白（MutL-GFP）检测突变，这种蛋白质既能修复 DNA 不匹配，又能形成绿色斑点，使其可以在显微镜下被观察到，当错误不能被修复时，这些斑点就会转化为突变，这使得实时评估突变率成为可能。尽管该方法存在限制，但它允许在任何有可能使预估产生偏态的选择过程之前计算变异率，最重要的是，它没有假设基因突变是强随机性事件。

变事件之间因果独立的假设。尽管这在理论上是一种进步，但这些假设简化了突变过程的真正特征，是早期围绕基因突变的分子遗传学研究所提出的理想化理论。但事实上，其中始终存在着一种"突变偏态"（mutational biases），以不同程度和方式影响突变事件的发生位置、类型、时刻和速率。虽然分子遗传学家们承认，在分子水平上，每一次突变都不可避免地受到各种物理化学因素的影响，但在 Lea-Coulson 模型中，我们通常会忽略这些现象而追求能做出必要简化的理想化指标，从而用这个模型来评估各种生物的突变率。

不过，问题在于：强随机性概念是否真的适合用来描述基因突变？那些简化的模型对突变率的评估以及由此得出的进化模型的预测是真实的吗？如果我们想要对突变过程提供最真实和精确的描述，尤其是基因突变的真实随机特征，以 Lea-Coulson 模型为代表的强随机性概念是不恰当的。当然，其中所涉及的工具主义与实在论争论并不是这里讨论的重点，我们也不能排除存在符合强随机性特征物理过程的突变类型，但大多数的证据表明，具有概率偏态特征的弱随机性对于基因突变现象来说可能更为普遍。

三、基因突变理论的弱随机性观点

自 20 世纪上半叶开始，推动现代综合运动的生物学家们在经典遗传学研究成果的基础上逐步承认了基因突变。从 20 世纪 50 年代之后，突变在分子进化理论中进一步理论化，其中对于基因突变的随机性特征并没有发生观点变化，但表现出弱随机性的一面。在 20 世纪 50 年代发现遗传物质的分子结构，即 DNA 之前，现代综合生物学家们提出了对于遗传变异的原因推测，用经典遗传学的术语来说，就是分子结构的某些位置的基因或染色体的修饰。这种观点认为，在整个基因组中，突变的概率并不相同，有些基因比其他基因更容易发生变化。20 世纪 50～60 年代，突变热点（mutation hotspot）的发现揭示了 DNA 序列的物理化学特性在某些基因组区域发生突变的概率更高。此外，在分子生物学兴起之前，现代综合论的支持者们承认不同类型的突变的发生概率并不相同，某些物理化学药剂，如紫外线、芥子气等，可以增加突变率，这些突变在遗传控制下，可以通过被称为修饰子的特定基因而得到增强。

1953 年，DNA 结构被发现后，生物学家们从分子的角度重新阐述了已经被承认的所有物理化学结构突变的偏态。由于核苷酸序列的一些物理化学特质，基因组中的一些位点比其他位点更容易发生突变。例如，在突变"热点"上，由于核苷酸复制时复制酶发生的一些错误，某些位点的突变率会更高。此外，DNA 的双螺旋结构也是基因组突变率差异的诱因。一些物理化学试剂更倾向于在特定的核苷酸序列水平上产生突变，而与特异性酶产生有关的某些基因中出现的突变，会导致突变率的整体增加。20 世纪 60 年代，生物学家们也开始认为突变既可以发生在生长阶段，也可以发生在分化之后的稳定期。不同的发育过程拥有不同的突变率。至 20 世纪 90 年代，许多生物学家就突变机制的特殊性与适应性展开争论，认为这一发现并没有对现代综合论的范式构成挑战，特别是从进化的观点来看，没有改变基因突变的机遇性特征。①

自 20 世纪 90 年代初起，突变在来源、速率以及分布上的偏态被逐步发现。世纪之交，生物学家们对这种偏态进行了深入研究，并展开了一系列实验。这里的发现主要体现为统计相关性，即作用于相同 DNA 序列的遗传突变间的因果关系：这些相关性涉及发生变化的核苷酸序列的时间和位置。这些偏态的发现颠覆了之前生物学家们设想的基因突变的方式，同时对分子遗传学中用来计算突变率统计方法的基本假设构成了挑战，特别是 Lea-Coulson 模型。

这一历程始于 1991 年，雅克·尼尼奥（Jacques Ninio）观察到微生物种群的 DNA 复制保真度时而会暂时降低，这导致发生成对突变或是多点

---

① Merlin F. Evolutionary chance mutation: a defense of the modern synthesis' consensus view[J]. Philosophy and Theory in Biology, 2010, 2（3）: 1-22.

突变的突变体暂时增多。①为了解释该现象，尼尼奥提出"瞬时的"或"表型的"突变体假设。根据该假设，成对或是多点突变是由微生物亚种群的暂时性超突变（temporary hypermutability）导致的。尽管这只是一种推测，没有直接证据，但这种解释存在合理性并被沿用至今。5 年后，尼尼奥注意到多点突变，或被他称为的"复杂突变事件"，也可以发生在多细胞生物中，无论是果蝇还是人类。继而他又提出两种解释。根据第一种，多重突变中的突变之间是相互独立且同时发生的，就像在细菌中发生的"瞬态"或"表型"突变一样。然而，这种情况意味着有害突变的水平过高而可能使生物体无法生存。因而尼尼奥更偏好第二种解释：多重突变是连续事件的结果，这些事件与它们发生的时间和 DNA 序列位置相关。基于第二种解释，尼尼奥又提出了两种关于多重突变起源机制的假说。根据第一个假说，表观遗传标记，如甲基群，是在突变事件发生后形成的。然后由于表观遗传标记的存在，在基因组位点周围继而发生其他的突变。根据该假说，由于同源染色体的局部异质性，在重组的"热点"水平上相继发生多点突变。换句话说"遗传转换"（genetic conversion），即双链完美互补的 DNA 链发生改变，伴随该过程会发生多次突变。尽管这一假设引人注目，但当时他没有进行任何跟进实验，所以这只是种理论推测。

10 年后，约翰·德雷克（John Drake）对若干因 RB69 噬菌体 DNA 聚合酶功能错误而导致的试管内突变展开分析。他发现，在种群水平和基因组序列水平上，发生成对突变或多点突变的突变体数量明显高于按照泊松分布（Poisson distribution）的分布预期。②几年后，德雷克将论文标题由《多数突变具有多点突变》改为《瞬态超突变引起的突变簇》后，该论文得以发表。其中，他建议用细胞群的一个团簇的瞬时超突变来解释成对突变和

① Ninio J. Transient mutators: a semiquantitative analysis of the influence of translation and transcription errors on mutation rates[J]. Genetics, 1991, 129（3）: 957-962.

② 按照泊松分布，在趋近于无限次数的测试中，即便初始条件发生变化，特定事件频率依然稳定于之前事件出现概率的统计平均值。

多点突变的高发情况。[①]之后，经验科学逐步证实了这些设想，在核糖核酸（RNA）病毒和DNA病毒、原核生物、真核生物（如酵母）以及许多多细胞真核生物的体细胞中都观察到具有多点突变的突变体。其中最为典型的案例就是被称为大蓝（Big Blue）[②]的转基因小鼠实验。在该生物的众多突变中，成对或多点突变在基因组中发生的位置非常相近，这为分子遗传学家们用突变团聚体（mutational agglomerates）或隔离群（isolate）来进行研究的方法提供了依据。更准确地说，他们观察到在一个特定的基因组区域（*lacI*区域及其周围3万碱基范围内）密集分布着多点突变的Big Blue突变体，包括双点、三点等。对于这种突变模式，专家们提出了"突变花洒"（mutation showers）假说。与经典的泊松分布相反，在种群和基因组序列中的基因突变是按照指数规律分布的。[③]

对于DNA序列上的突变分布，尽管多点突变起源的分子机制尚未被精确地描述出来，但分子遗传学家们并不认为这种突变是由同一DNA分子在连续复制过程中发生的数次突变引起的。因为这一假设会将突变率提升至过高水平，这显然对生物体是有害的。出于同样的原因，分子遗传学家们也不赞同在相同的复制过程中，这些突变事件之间是彼此独立的。他们更倾向于多个突变同时发生的观点，也就是说，这些事件之间存在因果联系。至于突变在种群水平上的分布，他们认为具有多个密切关联突变的大量突变体可能并不是由构成性突变体机制（constitutive mutator mechanisms）的活动导致的，而是由于某个亚种群的瞬态突变高发。

这些新的观察结果与为此解释的假说意味着：首先，突变发生的概率是变化的，这不仅是由于特定位点的物理化学特性及其核苷酸内容的变化，

---

① Drake J W, Bebenek A, Kissling G E, et al. Clusters of mutations from transient hypermutability[J]. Proceedings of the National Academy of Sciences of the United States of America, 2005, 102（36）: 12849-12854.

② 王雪, Suzuki T, Hayashi M, 等. Big Blue 和 Muta™ 的 lambda *c II* 筛选[J]. 癌变·畸变·突变, 1999,（6）: 302.

③ Drake J W. Too many mutants with multiple mutations[J]. Critical Reviews in Biochemistry and Molecular Biology, 2007, 42（4）: 247-258.

还是由于其他紧密相邻的 DNA 序列部分的修饰作用，它们也是因果链中的一部分；其次，这种概率不是随时间而恒定的，而是取决于各种突变体的存在、处于何种发育过程的特定阶段、某些诱变机制的瞬态激活，以及相同 DNA 序列中的先前变化影响等。因此，所有这些新的突变偏态的发现拓展了我们对于干扰突变过程的物理化学因素的认识。对于这里的探讨来说，更重要的是，这一发现支持了这样一种观点，即大多数的基因突变都是"弱随机性"事件。

要论证这一主张，我们需要解决三点问题。第一个问题是如何评估特定 DNA 序列上突变发生以及何时发生的概率。这取决于我们关注的层级，例如，核苷酸层级、DNA 序列的特定片段、基因层级、染色体层级抑或整个基因组层级，也取决于观察的时间跨度，例如一个世代、多个世代抑或任意时间段等。同样的突变可能同时出现强随机性和弱随机性，这似乎是矛盾的。例如，在给定的 DNA 序列的每个核苷酸上，点突变发生的概率可能是相同的，但由于基因规模（即构成基因的核苷酸数目）的差异，也可能造成基因水平上的估值的不同。与此相反，在给定 DNA 序列的每个基因上，点突变发生的概率可能是相同的，但在核苷酸水平上评估时可能会出现不同的情况，因为这取决于我们所观察的核苷酸情况，但对于每个基因来说，组成核苷酸的概率总和是相同的。此外，点突变的概率可以是恒定的，也可以随时间推移而变化，这取决于考察的时间段。

针对这一问题，我们要强调的是，基因突变的随机特征在分子水平上是被湮没的。突变是 DNA 核苷酸序列的变化，并涉及其起源的物理化学过程。换句话说，这里的问题涉及突变发生的概率与最小且最佳的生物尺度，即核苷酸层级。在这个层级上才适合对基因突变的概率展开评估。当然，从实践角度来看，精确而客观地评估核苷酸层级上所有可能变化的特定概率是非常困难的，近乎不可能的。然而，从对随机性进行定义的理论观点来看，这一层级的基因变化概率与生物现实息息相关，其间的每一种性质和物理化学因素都可能在突变过程中起到原因性作用。在随时间矢量变化的概率方面，细胞代际可能是更好的单位，因为从生物学视角来看，它的时间尺度较小且能恰当地覆盖细胞从出生到繁殖（复制）的时间过程。

第二个问题是"弱随机性"概念的适用对象范围。质疑者可能会认为，这一概念可以适用于非常广泛的一组物理和生物现象，从而导致对描述基因突变的概念价值和相关性构成产生影响。我们要辩护的是，一个概念可以适用于许多对象，同时又与这些对象的特征有关。如果这是一个解释性的概念，其作用并不因其适用性的范围而受到损害。即便"弱随机性"的概念适用于描述其他生物现象，但也并不意味着它不能用于基因突变的解释。我们可以乐观地承认，近乎所有生物现象都是"弱随机性"的，可以将"弱随机性"视为一个普遍性的描述，但这并不妨碍其在描述某一特定对象时，根据对象特征提供更精确和具体的随机性概念。

从分子的角度来看，弱随机性的概念已被证明是描述所有基因突变，或至少是大多数物理上可能突变的适当方法。事实上，它解释了每一个可能影响突变过程的物理化学因素，例如突变偏态。同时，在这一特殊问题情境下，这一概念还有进一步精确的空间和需要。根据现有的实验数据，例如，突变概率因时间、DNA 序列位置不同而出现的变化，以及突变事件之间的独立或依赖关系等，我们可以确定某些类型的突变研究满足 A1 和 B1 条件。以此为基础，可以形成一个更精确、更具体的"弱随机性"定义，其对于描述研究中的突变也是合适的。总而言之，"弱随机性"既能捕获所有基因突变的共同特征，又能比较不同种类的突变及其各自的随机性特征。

第三个问题是关于弱随机性概念的意义。质疑者可能会认为，弱随机事件仅仅意味着它是由规则随机性过程导致的结果，也就是说，弱随机性事件存在一个确定的概率。正如前面所说的，"弱随机性"是通过事件及其生成过程的概率来定义的，同时，现代综合论者们通常把机遇作为概率的代名词，这也符合这一定义。但是弱随机性的概率内涵是什么？显然，概率是解释要素，涉及其所定义的每一个对象概念，这与概率概念的意义和作用有关。用来描述和预测某一特定现象的概率的解释问题就成为这一问题的核心，而在这里是基因突变，是掌握其中弱随机性本质的关键，无论是从客观还是主观视角。

　　总之，对于围绕基因突变的随机性问题，学界一直以来存在很大争论。最早达尔文认为的全然随机的自然突变理念在今天似乎已经发生了动摇，代之以具有部分随机属性，但在整体上或特定历史跨度中表现出某种规则的弱随机性概念。这一进程体现为非均一的概率变化过程，也就是说，在不同阶段和条件下表现出某种概率偏态或"方向性"。因此，解决概率解释的问题能够从形而上学层面揭示产生所调查现象过程的本质，特别是相关的决定性或非决定性问题。对该问题的探索是对生物学中机遇概念的意义和作用的最深层哲学分析。当然，如果没有科学实践的支持，这项工作也是无法推进的。这方面内容将会在下一章进行讨论。

第三节　进化发育生物学视角下的机遇性与倾向性

　　在关于自然选择和随机遗传漂变的概率本质讨论中，机遇概念是核心，但其在种群基因编译中所起的随机抽样作用比较容易被哲学界所忽视。在进化发育生物学的维度中，对随机性和机遇性的理解可划分为不同的层次，特别是近期关于变异性和可演化性的研究涉及对变异的概率因果性的理解。也就是说，发育在进化中不仅仅是一种限定条件，而且具有创造性。通过提出一种变异概率（variational probability）的倾向性解释，我们可以从某种程度上阐明发育生物学中涉及的理论因果属性、变异概率、现有变异（extant variation）等易混淆概念，并与前面章节中提到的近代发育类型观念的本质讨论结合起来。

一、变异产生过程中的机遇性与随机性

　　现代综合论认为大多数情况下的机遇仅限于突变，而突变是可遗传变异的最终来源。根据该概念的定义，突变是机遇性的，因为它们的形成不

依赖于它们的适应度。这种机遇概念反对"拉马克主义的突变论"的假说，即环境可以诱导突变，从而在特定的环境中产生更适合的表型。①从二者争论中可以看出，我们对进化的理解是由两个概念上和时间上存在差异的过程所组成的，即那些涉及产生变异和变异取样的过程，而这种理解应该从根本上被放弃。因为，选择论者的主张是正确的，即在抽样变异中，自然选择也会产生变异。在解释这种具有创造性的选择作用时，瓮中小球的类比确实存在误导。在选择已实现的表现型时，自然选择不仅使得特定颜色的小球成倍增加，而且还增加了在同一颜色范围内产生新变异的可能性。这是由于选择既影响变异的产生，又影响变异的固化。

进化生物学的研究揭示，变异产生机制导致的非随机概率与种群抽样无关。在这种情况下，变异再次被定义为因果决定因素，而不是进化变化的先决条件。②特别是，自20世纪80年代初以来，致力于发育和进化之间的综合研究的学者们不停地反思他们所理解的随机变异的概念，认为在进化中，选择可能决定了特定竞争中的赢家，但发育的非随机性定义了参与其中的玩家。③虽然某种突变相对于其所处环境的适应程度的高低可能是随机的，但对于受其影响的性状来说不是随机的④，并且各种"发育偏态"（developmental biases）作用于自然选择的表型分布显示，随机的基因突变并不意味着表型的随机变异。⑤

进化发育生物学是一门面向众多具体问题的综合性学科，这些问题主要是关于在进化过程中导致表型改变的发育机制的实际变化。例如，鱼类

① Razeto-Barry P, Vecchi D. Mutational randomness as conditional independence and the experimental vindication of mutational Lamarckism[J]. Biological Reviews, 2017, 92（2）: 673-683.

② Stoltzfus A. Mutationism and the dual causation of evolutionary change[J]. Evolution & Development, 2006, 8（3）: 304-317.

③ Alberch P. Ontogenesis and morphological diversification[J]. Integrative and Comparative Biology, 1980, 20（4）: 653-667.

④ Pavlicev M, Wagner G P. Coming to grips with evolvability[J]. Evolution: Education and Outreach, 2012, 5（2）: 231-244.

⑤ Bateson P, Laland K N. Tinbergen's four questions: an appreciation and an update[J]. Trends in Ecology & Evolution, 2013, 28（12）: 712-718.

和陆地脊椎动物共有的基因调控网络的改变是如何成为鳍—肢过渡基础的？此外，进化发育生物学的一个主要认知目标是关注发育的特性如何与表型变异产生的概率相关，而不是如何在一个种群中被固定下来。例如，在某些四足动物中，发育如何影响前肢和后肢独立变化的可能性，以及如何影响在这个世系中出现有利变化的可能性。由发育倾向所产生的变异概率的研究聚焦于"变异性"和"可演化性"的概念，也凸显了对进化发育生物学的哲学关注点。因此，变异概率在变异性和可演化性研究中的表征与它们在进化中的创造性作用成为这方面研究的核心。在这种情况下，变异的机遇性特征，也就是说，由偶然事件的因果结构产生的概率可以被更好地理解为客观概率，而非随机选择。后面我们将通过区分变异中随机性和机遇的不同层次定义，从概率哲学的角度对它们进行探讨。

现代综合论者关于机遇的观点与自然选择论者间存在某些一致。因此，它们的外在论观点忽视了内在的遗传和发育机制在进化变化中的因果作用。由于不符合自然选择的方向，变异的产生及其导致的表型变化被认为是随机的。基于这一观点，将变异机制描述为随机的并不会否定其他机制存在的可能性，但若只注重变异的适应性方向，这似乎掩盖了对其他相关进化机制的认识。由于变异是进化的样本空间，因此我们需要对在这种空间中认定随机性的标准以及产生这种模式的过程进行精确定义，这将有助于澄清涉及产生变异机制的进化过程中的机遇概念。

在有关概率的哲学讨论中，随机性适用于结果，而机遇性适用于产生结果的过程。①随机试验是具有确定的一组可能结果的过程，即样本空间，例如，骰子掷出的点数是 1 到 6，每个结果或每组结果（如落在双数面上）称为一个事件，每个事件都有一个概率度量，例如，掷出 6 个点数中的某一个的概率是 1/6。样本空间、事件集和概率度量构成一个概率空间。如果某一事件集或一系列结果呈现不出任何顺序或模式，那么它就是随机的。

---

① Eagle A. Chance Versus Randomness[EB/OL].https://plato.stanford.edu/archives/spr2019/entries/chance-randomness/[2023-08-23].

例如，如果连续出现的骰子点数没有任何规则，那么这就是一个随机序列。根据客观概率的观点，如果随机试验的过程与代表世界真实特征的概率相关，而非由于我们认知的局限性，那么这个过程就是机遇性的。对于掷骰子过程的随机性而言，骰子自身的质量分布或投掷骰子的初始条件会影响到最后点数结果的概率。例如，一个通过灌水银被动了手脚的骰子很容易投出 6 点，在均同情况下，意味着其概率要高于其他结果。那么此时的一系列骰子事件在之前所说的意义上就是非随机的，但是掷骰子的过程本身是机遇性的，因为它们的客观属性定义了概率空间。

转向进化的内在论（internalism）观点，其认为产生变异的生物体内部机制是一种渠化的（channelized）进化变化。进化中变异的样本空间可以根据突变对生物系统三个不同方面的影响来被定义。虽然在进化生物学中广泛讨论的随机概念涉及突变对适合度的影响，但这些影响也可以在基因型和表型水平上定义。从突变对三种不同层级样本空间的影响来看，它们分别是基因型、表型和适应性，同时也考察包括发生突变的繁殖过程。这归因于这些过程的生成作用包含了一个因果的、生成性的机遇概念。这与变异概率的观点形成对比，变异概率是非因果地对进化结果负责，既不影响其方向性，即反对突变论，也不导致适应，即反对突变拉马克主义，而这里认为这些过程是因果性的概率过程，也就是说，这些过程的因果结构决定了变异产生的概率。①

之所以如此判断是因为，分子遗传学的研究表明，突变对基因组的影响在经典的等概率预期情况下是非随机的。②不同种类的突变、点突变、倒位等有着不同的概率分布，甚至核苷酸的变化也不是等可能性的，也没有独立的概率。基于这一新的经验证据，所谓的新突变论，即突变驱动进化

① Abrams M. Probability and chance in mechanisms[M]//Glennan S, Illari P. The Routledge Handbook of Mechanisms and Mechanical Philosophy. London：Routledge，2017：169-184.

② Wagner A. The role of randomness in Darwinian evolution[J]. Philosophy of Science, 2012, 79(1): 95-119.

理论重新引发了关于变异在进化中的解释作用的争论。[①]与经典突变论相比，新突变论不仅考虑了点突变的概率，而且还考虑了各种基因组变化的概率，包括基因组复制、融合、基因横向转移等，以及这些概率背后的分子原因。[②]在这个层次上，不同种类的突变结果定义了样本空间，而它们的关联概率在科学实践中获得了确证。反过来讲，分子过程可被视为参与了变异产生的随机过程，从而带来这些结果。

二、基因变异与表型变异的概率区分

与遗传变异相关联的是发育，发育偏态与突变偏态一样，同样对变异的机遇性带来了概念上的挑战。呈现发育偏态的变异"只是表明突变没有在其他可能的方向上发生的一种方式"。突变偏态和发育偏态是导致必然变异的内部机制，而不是外部的选择性力量，二者都是进化的重要指向因素。[③]然而，进化发育生物学中所用的概率与突变的分布无关，而是与发育结果的表型分布有关。进化发育生物学所面临的正是这样一种假设，即所谓的遗传水平变异特征可以外推到形态学水平。也就是说，即使在基因组中的突变是等概率意义上的随机性，但由这些突变所产生的表型变异并不是随机性的，遗传突变的随机性不等同于形态学层面的随机性。

在早期群体遗传学模型中，基因变异直接映射于表型变异，突变的随机性和形态学的随机性是无关的。这些模型将发育排除在进化动力学的解释之外，从而回避了表型性状，将基因型直接映射到适合度上。更重要的是，这些模型所基于的形态学随机性假设不仅发挥了工具效用，而且极具代表性，将这种随机性映射于所研究现象的真实特征。[④]因此，至少在费希尔开辟的经典群体遗传学理论中，这种必要的简化并不是将发育排除在群

① Wagner G P. The changing face of evolutionary thinking[J]. Genome Biology and Evolution, 2013, 5（10）: 2006-2007.

② Nei M. Mutation-Driven Evolution[M]. Oxford: Oxford University Press, 2013: 197.

③ Ramsey G, Pence C H. Chance in Evolution [M]. Chicago: University of Chicago Press, 2016: 198.

④ Millstein R L. Discussion of "four case studies on chance in evolution": philosophical themes and questions[J]. Philosophy of Science, 2006, 73（5）: 678-687.

体遗传学适应性动态模型之外的唯一原因。一方面，发育的复杂性被认为是统计噪声，这不仅是为了简化，也因为它能够将理想大规模种群中所有可能的等位基因组合平均化；另一方面，有机体的复杂性意味着有利突变总是可能的，只要种群规模足够大，它们就会出现并固化。[①]因此，经典群体遗传学假设发育不会影响基因与表型性状间的直接映射关系。因此，基因和表型变异间的映射可以被视为一个简单的线性映射，而进化可以被定义为基因频率的变化。

与此相反，研究证据表明，在表型变异非随机性和高度结构化模式下的进化解释框架中，发育过程不应当被忽视。[②]早期进化发育生物学的倡导者们强调，形态学层面的变异并不是随机的，因为它在表型空间的各个方向上都是各向同性（isotropy）分布的。因此，从该角度来看，我们需要在发育导致的表型层面上定义变异的样本空间。反过来，突变也会影响能够产生突变的发育过程，从而产生表型效应。例如，哺乳动物牙齿进化的进化发育模型显示，根据它们所影响的发育参数，不同的突变可以产生相似的牙齿形态，反之亦然，相似的突变也可以导致不同的牙齿形状。[③]

虽然在20世纪80年代，发育在进化中的作用主要被认为是对自然选择理论的一种约束或限制，但自20世纪90年代中期以来，进化发育生物学文献引入了更多带有主动性的术语，如变异性和可演化性，以把握发育的创造性。[④]从该观点来看，发育系统并不限制自然选择，而是通过突变产生形态变异。不可实现的形态（non-realizable morphologies）不在由发育过

---

① Hansen T F. The evolution of genetic architecture[J]. Annual Review of Ecology Evolution and Systematics, 2006, 37（1）: 123-157.

② Wagner A. The role of randomness in Darwinian evolution[J]. Philosophy of Science, 2012, 79（1）: 95-119.

③ Salazar-Ciudad I, Jernvall J. A gene network model accounting for development and evolution of mammalian teeth[J]. Proceedings of the National Academy of Sciences of the United States of America, 2002, 99（12）: 8116-8120.

④ Brigandt I. From developmental constraint to evolvability: how concepts figure in explanation and disciplinary identity[M]//Love A C. Conceptual Change in Biology: Scientific and Philosophical Perspectives on Evolution and Development. Dordrecht: Springer, 2014: 305-325.

程导致的可能结果所定义的样本空间内。因此，强调形态空间的有序性和离散性并不会使自然选择在进化中的重要性变得相对化，而是进一步解释了自然选择是如何运作的。因为，自然选择不仅作用于表型性状，而且每个被选择的生物体除了其已实现的表型，还包括了能够创造新的结构化变异的生殖机制。因此，一些人认为，它们是进化结果的生成性原因。①我们可以认为，在进化发育研究中，通过对变异概率进行因果解释，可以更好地理解这一结论。因此，发育系统可以被视作概率系统或某种机遇设定，表现出特定的设定条件，导致可能结果的概率分布表现。

正如前面论述的，目前所接受的机遇的观点解释了突变对适合度的影响，即当且仅当某一特定环境中特定突变为有利型的概率与其在该环境中发生的概率之间没有特定的因果联系时，突变是一种进化上的机遇性。②也就是说，其中的因果联系并不是将概率本身联系起来，而是将导致这些概率的因果因素联系起来。最近关于定向突变体机制的研究重新兴起，并对原有关于突变的理解提出了挑战。例如热应力（thermal stress）可能会增加大肠杆菌的突变率，从而增加在群体中出现更适应、耐热变异的可能性。③然而，发育路径的进化研究并不局限于此，而是着眼于进化机遇性的更为一般的阐述，根据该观点，变异是偶然的，因为它独立于自然选择的通常适应方向。根据这一观点，像漂变、突变或发育这样截然不同的原因性因素被认为是机遇性的，并会产生随机的适应性结果。④然而，自20世纪90年代中期以来，进化发育生物学对可演化性的研究表明，产生更适应表型变异的能力可能受到发育变化趋势的因果性影响。可演化性被定义为一种

①　Stoltzfus A. Mutationism and the dual causation of evolutionary change[J]. Evolution & Development, 2006, 8（3）: 304-317.

②　Merlin F. Evolutionary chance mutation: a defense of the modern synthesis' consensus view[J]. Philosophy and Theory in Biology, 2010, 2（3）: 1-22.

③　Jablonka E, Lamb M J. Evolution in Four Dimensions[M]. LLC: MIT Press, 2005.

④　Millstein R L. Chances and causes in evolutionary biology: how many chances become one chance[M]//Illari P M, Russo F, Williamson J. Causality in the Sciences. Oxford: Oxford University Press, 2011: 425-444.

增加适应性进化概率的能力，在这一层次上，变异的样本空间是表型变异在发育过程中产生的适应性空间，具有非随机的相关概率。

可以认为，进化生物学中的变异概率在概念上独立于群体水平上的概率抽样过程，并且有着不同的生成方式。新突变论者强调的基因型变异概率可以用突变机制来解释，而进化发育生物学中的概率则依赖于发育系统的结构。表型水平上的变异模式不是随机的，在形态学或是适应性层面上也是如此，发育扮演着变异的机遇提供者的角色。

三、变异性与发育机遇设定

进化发育生物学中普遍存在变异与变异性之间的区分。变异指的是种群中现存的性状变异，可通过样本内一系列静态观察来测量；而变异性考察的是表型性状对环境及其遗传影响的响应与相应变化，不仅包括已实现的变化，还包括所有可能的结果。在进化发育生物学中，表型的变异性与发育的变异性或者说发育系统中的变化趋势相关。①发育系统所能产生的形态学变异的数量和类型各不相同。例如，某些发育系统可以产生更多的渐进形态学变异，与其他类型相比，它更为平缓，产生的变异更为复杂多样，其中的一些系统可以产生更多的模块化变异。因此，不同的变异对应不同类型的发育机制，导致了来自遗传和环境变异的不同形态学变异。②反之，表型样本空间的每个可能结果都有着不同的相关概率。从这个意义上说，变异性涉及什么可能发生，其定义了可能的一套表型变异类型的概率分布。变异性也用来指潜在的变异趋势，其导致了该模式的产生及其概率分布。③

一般认为，这些趋势依赖于基因型–表型图的结构，其在概念上独立于

---

① Hallgrímsson B, Brown J J Y, Hall B K. The study of phenotypic variability: an emerging research agenda for understanding the developmental–genetic architecture underlying phenotypic variation[M]// Hallgrímsson B, Brown J J Y, Hall B K. Variation. Boston: Elsevier Academic Press, 2005: 525-551.

② Salazar-Ciudad I. On the origins of morphological variation, canalization, robustness, and evolvability[J]. Integrative and Comparative Biology, 2007, 47（3）: 390-400.

③ Wagner G P. Homology, Genes, and Evolutionary Innovation[M]. Princeton: Princeton University Press, 2014: 19.

一些如等位基因频率和遗传方差这样的种群遗传学理论参数。基因型-表型图是进化发育生物学的核心工具，用于代表不同生物体、发育系统或基因型层面的发育趋势，以生成具有不同概率的表型变异分布。①可以说，基因型-表型图是将分子变异映射到表型性状变异的函数，描绘了联结基因型空间的所有可能的发育过程，即一个基因型或其某个区域的突变导致的所有可能的基因型和表型空间，涵盖了所有可能的相关表型变异。基因型-表型图捕获了发育中的结构性与动态属性。例如，在一个给定的基因型-表型图中，突变的影响可以以一种模块化的方式构建，这意味着它们可以影响一些表型性状而独立于其他因素。但是，突变效应也可能因其表达所处的发育阶段不同而表现出不同。因此，影响早期发育的突变被认为是生成性稳固的（generatively entrenched），因为它们更有可能产生广泛的下游效应。②此外，基因型-表型图可以在不同的组织层次和不同的分类尺度上被定义，以便考察一个种群、物种、谱系甚至是整个生物世界是如何构造变异的。例如，后生动物的基因型-表型图结构可以被描述为一个模块化的结构，而不必理会其所代表的发育过程的极端多样性。应用范围越广，基因型-表型图所表示的结构关系就越抽象。

　　关于基因型-表型图对演化过程中变异概率的适用性的共识在于，它们作为变异的结构化原因，在发育中扮演着表征的角色。无论这些图谱应用于何种抽象水平上，它们都代表了在产生表型结果的过程中保持稳定的发育条件。我们可以通过赌博游戏来例示机遇设定的因果属性，例如轮盘、掷骰子或掷硬币。③在这些例子中，通过类比于骰子及其掷到不同点数的概率，旨在把握进化发育过程中有效概率的因果性质。这里存在一个概念上

　　① Pigliucci M. Genotype-phenotype mapping and the end of the 'genes as blueprint' metaphor[J]. Philosophical Transactions of the Royal Society of London Series B, Biological Sciences, 2010, 365 (1540): 557-566.

　　② Wimsatt W C. Generative entrenchment and the developmental systems approach to evolutionary processes[M]//Oyama S, Griffiths P E, Gray R D. Cycles of Contingency: Developmental Systems and Evolution. Cambridge: MIT Press, 2001: 219-237.

　　③ Strevens M. Probability out of determinism[M]//Beisbart C, Hartmann S. Probabilities in Physics. Oxford: Oxford University Press, 2011: 339-364.

的区别，即触发原因（triggering causes）和结构原因（structuring causes），掷出骰子的角度和速度是触发条件，而骰子的特性和重量是决定样本空间和结果概率分布的结构原因（当然，这个例子并不准确，因为投掷骰子的 6 个可能结果是确定的，不会随着投掷次数的增加而发生其他的结果空间的演化）①。同样，突变为发育过程设定了不同的初始条件，但正是发育过程的特性构成了这些突变的表型效应。虽然发育过程依赖基因输入，反过来也可能被某些突变所改变，但它的一般结构性往往能保持稳定。可以认为，这种结构化特征正是由基因型–表型图所体现的。

举例来说，RNA 模型就是一种非常简单的基因型–表型图，其中 RNA 核苷酸序列代表基因型，RNA 二级结构或形状作为表型。这个映射函数以序列折叠形状的方式给出，在说明变异概率在该领域中如何概念化时非常有用。首先，这个模型允许将生成的概率与被选择的概率分离，因为它在逻辑上先于自然选择，且独立于自然选择。其次，虽然进化发育生物学中的大多数概率是根据复杂的发育相互作用产生复杂表型的过程而被定性描述的，但在这个模型中，只要所有可能的基因型及其相应的表型是已知的，那么该模型就是可以量化的。再次，一个序列通过折叠过程达到固定结构的过程类似于一个发育过程，而将特定形状分配给一组序列的算法规则对应映射关系。正如在复杂的进化发育基因型–表型图中，实际的物理过程被这些算法规则抽象化。最后，在 RNA 模型中，变异概率不依赖于突变发生的概率。基因型的变化对应于从基因型空间的一点到另一点的移动，这种移动可以在等概率统计意义上被建模为随机的，但这种简化的假设依然会导致表型变化过程是非随机的结论。②

在 RNA 模型中，基因型空间或所有可能的序列空间，是用一组网络表示的，其中每个节点对应一个序列，每条边连接由单点突变分隔的序列

---

① Ramsey G. The causal structure of evolutionary theory[J]. Australasian Journal of Philosophy, 2016, 94（3）: 421-434.

② Wagner A. The role of randomness in Darwinian evolution[J]. Philosophy of Science, 2012, 79: 95-119.

（图 4-2）。中性网络是折叠成相同形状的序列的子集。网络中某些节点的单点突变相对于表型来说是中性的，因此基因型和表型之间缺乏一一对应关系。在该模型中，表型 j 的变异性源于其中性网络（S_j）内的任意点突变引起的 RNA 二级结构（S_k）的改变，其概率表述如下：

$$(S_k; S_j) = \gamma_{kj} / |B_j|$$

其中 γ_{kj} 表示从表型 j 到表型 k 点突变的数量，B_j 是表型 j 中性网络所有点突变的集合。一个给定的基因型-表型图有一个特定的变异概率，其取决于中性网络在基因型空间中的分布方式。通过这个模型，我们可以量化一个表型的变异性，将其作为一个由突变引发表型变异的概率函数。表型变异取决于基因型-表型图结构对于表型变化的约束或可通联性（accessible），通过生成过程的结果（在 RNA 中则是折叠加工）来获得，通过这种方式，基因型-表型图将序列连接到形态。表型变化的概率分布不是通过网络中的基因运动解释的，而是由中性网络在基因空间中的结构和分布，即基因型-表型图的结构来解释的。也就是说，这种分布导致了只能在一定的表型方向上产生基因表型变异。对变异性的研究表明，基因型-表型图的结构在表征发育关系时，给代际表型变异的模式及其相关概率提供了说明。①

　　基因型-表型图结构允许在表型变化的样本空间上建立概率度量。在 RNA 模型中，基因型和表现型之间的密切程度，即序列之间的突变距离以及由此导致的表型之间的突变距离，表征了一个给定的性状，这使得测量突变引起的表型变化事件成为可能。基因型-表型图决定了个体如何跨代探索表型空间，从一组表型结果导向另一组。个体序列在整个基因型空间中"移动"，每次突变都改变了表现型空间形状的可通联性。从这个意义上说，发育设定不仅是无限迭代实验的机遇设定，其中每一个实验都对应一个生成性事件，也是一种历史依赖的机遇设定，即每一次机遇性尝试的结果都会改变下一次尝试的初始条件。

① Schuster P. Evolution in silico and in vitro：the RNA model[J]. Biological Chemistry，2001，382：1301-1314.

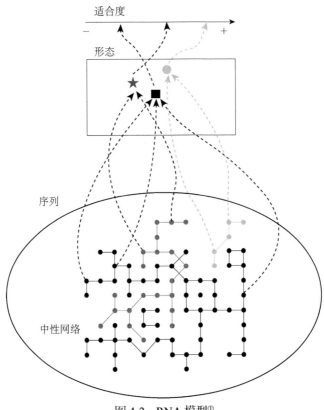

图 4-2　RNA 模型①

　　然而，在解释长期进化时概率空间本身可以改变。虽然发育的鲁棒性会使这种可能性大大降低，但是某些突变还是会影响基因型-表型图的结构，从而改变作为发育结果的表型的概率分布。与典型的机遇设定不同，在长期的进化过程中，发育导致的概率分布因不同实验表现出差异。还是以掷骰子为例，在其随机设定中，作为触发原因的投掷角度和速度，与作为结构原因的骰子形状和重量间没有因果关系。因此，在这个案例中，对于触发原因能够最终影响骰子的结果这一可能性没有体现出来。由于导致 RNA 折叠的生化规则恒定，这里所讨论的 RNA 模型确实具有与进化发育中变异概率类似的局限性。更为复杂的基因型-表型图结构在因果机制上受

　　① Rosa L N D L, Villegas C. Chances and propensities in evo-devo[J]. The British Journal for the Philosophy of Science, 2022, 73（2）: 509-533.

到一些发育过程设定的影响，包括物理的，遗传的以及表观遗传等方面，这些都足以影响进化。例如，基因型-表型图所表征的模块化架构揭示了某些四足动物的四肢独立于其他四足动物特征而进化的可能性更高。在某些动物类群中，比如鸟类、蝙蝠和翼手龙等，前肢和后肢之间的早期发育相关性被打破了。因此，这些特征是独立进化的，而且在未来也更可能如此。物种演化的发育趋势始终处于动态变化之中，因而现存的基因型-表型图与祖先的基因型-表型图不同也就很正常了。

总之，在今天的观点看来，作为达尔文理论基石的随机变异并不是一种在基因上均同且随时间恒定的强随机性概念，而是更适合作为一种弱随机性来理解，并且这种理解在最新的进化发育生物学视角看来是完全合理的。同时，基因突变与表型变异之间也带有某种随机性的设定，它表明其表型变异的机遇事件并不完全是全然的随机性过程，而是体现某种倾向性的概率通径。虽然这些发现有可能并不起眼，但事实上足以对当今的达尔文进化论观点构成冲击，并上升至理论层面的重构，而这一切的开端就是我们对于生物学中机遇与随机性的再理解。同时也说明，在基因突变乃至表型变异层面的全然的非决定论过程的观点是不准确的，从当今进化发育生物学的视角看来，这是一个具有概率倾向性的过程，并且这一倾向性也会因受到自然选择和环境等的影响而发生变化，其符合因果解释的特征。

第五章

进化理论中的非决定论争论

进化过程到底是决定性的还是非决定性的，一直是生命科学中一个无法回避也比较难以说清的问题。现代进化理论的建立并没有让这一问题得到圆满的解决，继而引发一系列本体论和认识论意义上的争论。按照今天的科学标准，我们关于生命起源和演化的理论解释必须符合基本物理原则和经验标准，而各种机遇现象的存在使得我们不得不依赖数学工具来建立进化理论，在理论和经验层面上如何调和非决定论问题引发的争论，引发了一系列的哲学讨论。

第一节　非决定性的来源与概率的因果论

关于我们是否能够从基础的物理或经验层面解释进化过程在本质上是决定性的还是非决定性的，这引起了学者们在实在论与认识论维度展开的各种争论。为了推进这些问题的探讨并获得实质性的进展，我们有必要逐项讨论和定义各种机遇概念的内涵，从而建立一种能够统一各种机遇性因素的一般因果解释框架。

一、关于进化本质的决定论与非决定论争论

在理查德·蒙塔古（Richard Montague）看来，如果一个理论不是决定性的，那么它一定是概率性的。[①]进化过程具有明显概率性特征，依循蒙塔古的观点，进化本质更接近于非决定性过程，但该观点始终受到争议：格雷夫斯、芭芭拉·L.霍兰（Barbara L. Horan）、罗森堡三人（简称 GHR）认为进化应该是决定性的，其具有的概率性特征并不是进化的本质，而是由我们的认识局限性造成的；[②]布兰登和卡森（简称 BC）则相信进化的本

---

① Montague R. Formal philosophy[M]//Thomason R. Selected Papers of Richard Montague. New Haven: Yale University Press, 1974: 369.

② Graves L, Horan B L, Rosenberg A. Is indeterminism the source of the statistical character of evolutionary theory?[J]. Philosophy of Science, 1999, 66: 140-157.

质是非决定性的，并将进化的概率性特征认为是一种实在。①在裁定两方的争论之前，首先应当澄清决定性与非决定性的概念：若在 T_1 时刻发生的事件 S_1 只能引发在 T_2 时刻发生的事件 S_2，则该过程为决定性的；若在 T_1 时刻发生的事件 S_1 能够引发在 T_2 时刻发生的事件 S_2 或者是事件 S_3，则该过程为非决定性的。如果我们接受这样的定义，那么在 T_1 时刻发生的事件 S_1 在 T_2 时刻只能引发单一事件 S_2，或者既可能引发事件 S_2 也可能引发事件 S_3，则这将成为判别一个过程是决定性的还是非决定性的标准。具体到进化过程来说，例如，在英格兰工业化时代的 T_1 时刻发生了一个事件 S_1：一只飞蛾的颜色突变为深色，使其能很好地隐蔽在被污染的环境中。在 T_2 时刻发生了事件 S_2：飞蛾的天敌来到这只飞蛾所处的位置时没有发现这只飞蛾。如果进化过程是纯粹决定性的，那么就有 T_1 时刻的事件 S_1 只能引发事件 S_2 的发生。反之，如果这个过程是非决定性的过程，那么就可能引发事件 S_3：飞蛾的天敌来到这只飞蛾所处的位置时发现了这只飞蛾。并且事件 S_3 具有一定的发生概率。从实际看来，事件 S_3 完全有可能发生（当然要基于具体的语境条件）。由此说明，事件 S_1 所引发的事件 S_2 只是一种概率性的结果，尽管事件 S_2 可能发生的概率较大。从这个例子中可以看到：由一种变异所引发的适合度升高只是一种倾向性的升高，具有一定的概率性，这点也被 BC 拿来作为对 GHR 的有力反驳。依据对决定性与非决定的判断标准，至少从这个例子来看，进化过程并不一定是一种决定性的过程，所以我们有理由去认真对待进化非决定性的观点。

罗森堡曾提出："生物学进化论是一个卓越的概率性理论"②，进化论的概率特征使得它难以被证伪。进化论在自然选择和遗传法则的原理上都具有概率性，自然选择的原理是：如果生物体 A 比生物体 B 在环境 E 内具有更高的适合度，那么在环境 E 内，生物体 A 比生物体 B 将可能拥有更多

---

① Brandon R N, Carson S. The indeterministic character of evolutionary theory: no "no hidden variables proof" but no room for determinism either[J]. Philosophy of Science, 1996, 63（3）: 315-337.

② Rosenberg A. Instrumental Biology or the Disunity of Science[M]. Chicago: University of Chicago Press, 1994: 57.

的后代。①遗传原理是这样的：对于三个生物体 A、B 和 C 来说，如果 C 是 A 的后代而不是 B 的，那么 C 的性状将与 A（而非 B）更相似。这两个原理结合起来使生物进化通过自然选择和遗传得到了解释。因而我们可以对英格兰工业化时代飞蛾翅膀趋于深色的原因给出如下说明：深色飞蛾由于能够在受污染环境中更好地伪装自己，会较少地受到捕食者的攻击，因而具有更强的繁殖优势从而将这种性状传递下去。但如果将概率性从自然选择原理中移除，那么适合度将等同于实际的生殖成功率，这个原理就成为一种无谓的同义反复：那些比别的生物拥有更多后代的生物就是比别的生物拥有更多的后代的生物。因此将决定适应性的因素独立于实际生殖成功率之外是十分必要的。飞蛾 A 因其具有深色翅膀而比飞蛾 B 在污染环境中更适应，尽管飞蛾 B 在实际上可能有更多的后代。这里也需要有经验性的预设，即后代与其他生物相比，更可能拥有与它们的亲本相同的性状，否则进化论就不能解释引发他们适合度变化的性状是如何出现的。如果后代不倾向于继承他们亲本的性状，那么一个提高他们父代适合度的性状就不能被他们的子代所继承，所以自然选择就不能提升拥有能提高适合度的性状的生物的数量，进化论中适合度概念将丧失解释效力。所以概率性本质并不能从进化论中消除。

通常我们认为，生物学理论所基于的量子力学不确定性使得进化过程在分子层面应当被解释为一种非决定性的机制，而在宏观领域，GHR 则认为它是一种渐进的决定性机制。GHR 是典型的理论多元论者，他们认为微观和宏观的解释都成立，这种宏观与微观领域的二分得到了索伯的赞同："我意识到，科学解释了一个生物体、一团细胞，甚至大量的多样性原子，它们都占据了相同容量的空间。每一种计算方式都有它在科学中的用处，并没有一种支配性的定律能规定我们去采用哪一条原则，更不用说哪一条是准确的了。"②本

① Brandon R N. Concepts and Methods in Evolutionary Biology [M]. Cambridge：Cambridge University Press，1996：26.

② Sober E. The Nature of Selection：Evolutionary Theory in Philosophical Focus[M]. Cambridge：MIT Press，1984：131-132.

着工具主义和实用主义的立场，GHR认为进化的概率性特征只是一种关于世界的不完备解释，是由我们认识的局限造成的，体现为一种不可知论的倾向。BC则是一元论者，他们认为整个进化理论是内部统一的非决定性理论，进化论在宏观领域也应当是一种非决定性理论，进化的统计概率特性具有实在性。他们所基于的观点之一就是"向上渗透理论"①，该观点认为微观粒子领域所具有的量子不确定性可以向上渗透到宏观领域，所以整个进化进程应当是非决定性的。当然，关于量子理论是否能够运用到DNA分子水平，这点还没有得到经验和理论上的证实。BC所持的第二个观点认为预期适合度与实际适合度之间并不存在决定性的关系，适合度是一种倾向性的解释，主张相同个体在同一选择压力下可以表现出相同的预期适合度水平，但并不代表实际适合度与预期适合度间具有决定性关系，从这点上说，进化并不是决定性过程。此外，BC认为随机遗传漂变也是一个非决定性过程，在统计学中如果样本的数量太小，就会造成样本中某一特性的频率与原整体中该特性的频率的差别变大，而漂变就是一种生物取样过程，由于实际的生物种群规模很小，所以会发生随机遗传漂变，由此也支持了非决定论的观点。

BC反驳决定论者的最重要一点是，他们认为自然选择本身也是非决定性的，通常生物学家们认为自然选择是一个决定性过程，因其结果具有一定的指向性②，并且有的学者把自然选择与牛顿力学相类比，认为自然选择是一种力的作用。例如理查德·列万廷（Richard Lewontin）所认为的，"自然选择"通常被定义为发生于当且仅当存在适合度的遗传变异时③，也就是说，自然选择更像是一种由特定条件引发的力，存在机遇性。然而自然选择并不完全类似于牛顿力学（它具有指向性和预测性），而是具有机遇性和不连续性。布兰登就此认为，自然选择将不可避免地与漂变产生联系。在

---

① Brandon R N, Carson S. The indeterministic character of evolutionary theory: no "no hidden variables proof" but no room for determinism either[J]. Philosophy of Science, 1996, 63 (3): 315-337.

② 即依据初始条件对结果进行推论的可预测性。

③ Lewontin R C. The units of selection[J]. Annual Review of Ecology and Systematics, 1970, 1: 1-18.

真实的生物种群中，自然选择并不能消除群体水平的漂变效应，因而自然选择也是非决定性的。[①]BC 将进化论中的适合度、漂变、自然选择等过程看作是非决定性的，并且认为其概率性特征是一种本质的实在。然而 GHR 显然不能同意 BC 的论述，GHR 认为在化学键水平之上的所有物理事件是渐近地趋近于决定论，量子的概率性是如此之小，以至于基于量子的概率永远不能解释进化现象或进化理论。[②]并且随机遗传漂变中的生物取样过程也不是非决定性的，比如"相同的大火、相同的洪水在相同的条件下将产生相同的结果"。[③]"类机遇性"或者漂变的非决定性表象是通过对生物种群无差别的简单抽样造成的：即生物体是通过一种不依赖于它们适应性的方式被选择的。如果抽样是决定性的，那么通过"抽样"概念引入概率的观点则是多余的。霍兰认为，我们对环境中异常行为的认识局限会使得进化变异的确定性变得模糊[④]，并且自然选择和适合度理论所描述的是一种附生特性，在相同的选择压力下相同的表现型将具有相同水平的适合度，所以说表现型和适合度之间也应当是一种决定性的关系。

二、非决定论视角下的机遇类型与内涵

在前面章节中，我们就机遇的意义进行了简单阐述，而为了更好地理解在非决定论争论中机遇的类型和内涵，下面就七种不同类型的机遇概念进行详细区分和阐述，并对其中的非决定性属性进行分析。

（一）非决定论的机遇

这里主要关注于特定流程或流程类型的不确定性，也就是所谓的纯粹机遇。非决定论被一些人认为是微观过程的真实描述，例如那些为量子力

---

① Brandon R N, Carson S. The indeterministic character of evolutionary theory: no "no hidden variables proof" but no room for determinism either[J]. Philosophy of Science, 1996, 63（3）: 315-337.

② Rosenberg A. Instrumental Biology or the Disunity of Science[M]. Chicago: University of Chicago Press, 1994: 57.

③ Horan B L. The statistical character of evolutionary theory [J]. Philosophy of Science, 1994, 61（1）: 76-95.

④ Horan B L. The statisticalcharacter of evolutionary theory [J]. Philosophy of Science, 1994, 61（1）: 76-95.

学的哥本哈根学派解释辩护的人。该过程的一个典型例子就是放射性衰变，但是对于宏观层面的过程，特别是进化过程，它们是非决定性的吗？例如，如果克隆植物生长于完全相同的条件下，但在高度、体重等方面却依然有很大的差异，这是否是非决定性在宏观水平过程中的一个例子？正如前面提到的，布兰登和卡森认为，基于诸如此类的例子，科学实在论者应该得出进化过程是非决定论的结论。

当然，如果克隆植物的高度是由非决定性的机遇决定的，那么我们就不能对植物的高度做出判断，但事实也并非完全如此。例如加利福尼亚州的罂粟通常能长到50～60厘米高，但绝对不可能长到1米高。应当说，考虑到这种植物的某些物理特性和生长条件，它可以达到一个可能的高度范围。如果植物的高度真的是由非决定论的机遇决定的，那么实际上它是指在相同的条件下可以产生不止一种可能的高度。因此，非决定论的机遇实际上是指在一个给定的时间点上，即便所有原因被考虑到，却依然会产生一系列可能的未来结果的现象。

然而，这种机遇概念对进化生物学的重要性容易引发质疑。事实上，已经有学者对进化中机遇的含义进行了探索，其将进化描述为一个随机过程，与宣称自然世界到底是不是非决定论的本体论追问毫无关系。①此外，布兰登和卡森关于进化的不确定性的争论并没有被普遍接受。格雷夫斯等人认为，进化过程的宏观层面存在"渐进决定论"。米尔斯坦认为，鉴于我们目前的知识状态，即使一名科学实在论者在非决定论问题上也应该是一个不可知论者，并形成与"渐进决定论者"之间的辩论。事实上，大多数有关的讨论都是以一种哲学直觉转换为另一种直觉而告终的，而不是真正去追踪无可置疑的从不确定微观现象到广泛的宏观进化的过程。②

---

① Lenormand T，Roze D，Rousset F. Stochasticity in evolution[J]. Trends in Ecology & Evolution，2009，24（3）：157-165.

② Millstein R L. How Not to Argue for the Indeterminism of Evolution：A Look at Two Recent Attempts to Settle the Issue[EB/OL]. https://www.researchgate.net/publication/36443796_How_Not_to_Argue_for_the_Indeterminism_of_Evoluton_A_Look_at_Two_Recent_Attempts_to_Settle_the_Issue[2023-08-23].

即使进化过程在某种程度上是非决定论的，即在微观层面上存在不确定性，并且假设决定论者也承认微观层面的现象偶尔会"渗透"到宏观层面，观察到的进化过程的统计结果似乎也并不可信，所有的结果并不完全可以用非决定论来解释。比如即便我们对克隆植物的变异进行相同的处理，也不会得到完全相同的个体。①在有关模型中或在任何特定情况下，我们都不可能知道所有的相关原因。一些观察到的统计结果是由这些未知的原因造成的。因此，我们应对非决定论问题保持中立，也就是说，不在机遇概念上假定决定论或非决定论立场。有些人可能认为非决定论的机遇概念是唯一真实的机遇概念，但在进化生物学中，机遇的其他含义同样是实在性的，并发挥着解释作用，只是在含义上有所不同。每个机遇概念都描述了世界可能存在的一种特定方式，而当机遇概念被归因于一种特定现象时，该现象在实际上是否符合关于这种机遇的描述是一个经验问题。

（二）作为对真正原因无知的机遇

通常，我们定义一个未来事件是机遇性的，是因为我们不知道导致该事件的某些原因。例如，抛投一枚均质硬币有50%的机会正面朝上。在排除存在微观非决定性机遇渗透的情况下，我们通常认为存在许多未知的原因，比如硬币被翻转的方式或风的阻力等，会影响每次投掷的概率性结果。也就是说，我们关于硬币出现正面概率为50%的解释，其实只是我们对其他原因的无知。在进化论中，达尔文所指的变异的机遇性正是这种无知的结果，尽管这并不是达尔文所归结的唯一导致新变异的机遇性原因。②

这种将机遇等同于无知的观点在今天的生物学家中仍然存在，正如拉塞尔·兰德（Russell Lande）等人所阐明的那样，群体规模的波动往往是随机的，或者在时间上是随机的，这反映了我们对个体死亡、繁殖和传播

---

① Weber M. Determinism, realism, and probability in evolutionary theory[J]. Philosophy of Science, 2001, 68: S213-S224.

② Darwin C. On the Origin of Species by Means of Natural Selection, or the Preservation of Favoured Races in the Struggle for Life[M]. London: John Murray, 1859: 131.

的详细原因的无知。①当然，我们并非完全不知道影响群体规模波动的因果因素。已知的因果因素包括当前的种群规模、有关物种的典型生物寿命、密度依赖的种群调节等。这些原因性因素是被考虑的原因，它们决定了哪些结果是可能的，而哪些被我们忽视的原因最终被忽略了。

有人可能会质疑这是一种拉普拉斯式的机遇概念，所以其本质上是一个决定论的概念。但事实并非如此，即使进化是非决定论的，我们仍然可能无法知晓一些潜在的原因。因此，这种机遇的概念仍然可能存在。在这种情况下，可能结果的范围是由未知的因果因素和内在的不确定性所调和的。另一个问题在于，决定论与"机遇即无知"的观念相结合，可能会取消掉其他所有的机遇内涵。换句话说，似乎"机遇即无知"是决定论下的唯一有意义的机遇概念。②这种立场是错误的，借鉴亨利·普安卡霸（Henri Poincaré，又译作亨利·庞加莱）的思想，即初始条件的细微差异会导致最终现象的巨大差异。事实上，机遇性的法则可以正确地预测现象，比如，气体分子的运动表明所谓无知并不会涵盖所有机遇的含义。对于这些现象，至少概率演算所能提供的信息在被充分理解之前，其正确性是无法被动摇的。

（三）作为非设计的机遇

外在于计划或设计的事件常常被归因于机遇。例如，天空中的云层形成特定的形态，这一事件就是机遇性的。对达尔文来说，新变异在这个意义上也是机遇性的。在他看来，如果我们不承认原始犬类的变异是目的性的，例如为了使猎狗形成匀称有力的完美形象，我们便无法理性地解释这样一种信念，即自然界中的变化在本质上都是基于相同一般规律的结果，并受其意向性的特殊引导。③

---

① Lande R，Engen S，Saether B E. Stochastic Population Dynamics in Ecology and Conservation[M]. New York：Oxford University Press，2003：1.

② Rosenberg A. Instrumental Biology or the Disunity of Science[M]. Chicago：University of Chicago Press，1994：432.

③ Darwin C. The Variation of Animals and Plants Under Domestication[M]. London：John Murray，1885：431-432.

在这里，同一现象可能在多种意义上是机遇性的，例如前面提到的，达尔文也认为新变异的机遇性在某种意义上是自己对真正原因的无知导致的，而在这里，显然又代表了另一种意义上的机遇。这种机遇的形式很难明确，但在针对神创论或所谓的"智能设计论"时，便有了较为明确的定义。在进化论者看来，无论是新的变异还是选择本身抑或任何进化过程，都被认为是非设计的。因此，从这个意义上来说，变异的形成源于机遇性的发生，尽管这并不意味着其他机遇性的意义也是相关的。在围绕神创论的争论中，容易混淆的部分便是将"非设计的机遇"和其他机遇的意义混为一谈。前者并不意味着后者，正如道金斯指出的，非概率性陈述表明，复杂的事情不可能是机遇性发生的，但是很多人把"机遇性发生"定义为"在没有刻意设计的情况下发生"的同义词。因此，这里认为非概率性是设计的证据，但达尔文的自然选择理论表明，这种观点对于生物学中非概率性的理解是完全错误的。[①]

一个非设计过程的运行完全不存在任何"意向性"的原因。机遇概念是完全排斥意向性原因的，并且非设计的过程可能会导致看似有意设计的结果。在所有原因都被考虑到且处于决定论的情况下，非意向性的原因会唯一性地决定一个未来的结果。在这种情况下，非设计的机遇可以被解释为一种非意向性的原因，可能会导致不同的结果，其中一些看起来存在设计迹象，而另一些则没有。

（四）作为抽样的机遇

抽样通常分为差别性抽样与无差别性抽样。差别性抽样过程是指实体之间的物理差异与"挑选"过程中的实体之间的差异存在因果关系的过程。这可以被认为是一种"粗略"的挑选。一些实体的物理特性是它们被选中的原因，但它们不必然会被选中，有时反而其他缺乏上述特征的实体可能会被选中。从这个意义上说，自然选择是一个机遇性的进化过程。也就是

[①] Dawkins R. The God Delusion[M]. Boston：Houghton Mifflin Co.，2006：139.

说，在自然选择过程中，有机体之间的遗传物理差异与繁殖成功的差异存在因果关系。

无差别性抽样过程是指实体之间的物理差异与实体的"挑选"差异无关的过程。如果蒙住眼睛进行抽样，并且所涉及的物理差异只是颜色差异，那么就会发生这种抽样。从这个意义上说，随机遗传漂变是一个机遇性的进化过程，在这个过程中，诸如配子之间的遗传差异与哪个配子能够成功表达是因果无关的。生物学家还开发出了宏观进化模型，在该模型中，类群之间的物理差异与类群内部分支和灭绝率的差异无关。①

抽样过程涉及被抽样的种群中类型的比例、样本的大小和挑选机制等，这些都是需要考虑到的原因。鉴于这些原因，可能还包括某些非决定论因素，可以产生出不同的样本，它们的类型比例也不同。差别性抽样过程须考虑物理特征，这些物理特征赋予了个体之所以被"挑选"的相对能力。这将进一步限定可能的结果，至少是它们的预期出现频率。诸如群体中实体的位置等这类"微小的影响"往往被忽略，但这些并不会对结果预测产生显著影响，同时抽样过程会在每一代际中产生不同的可能类型比例，这会成为新一轮的初始条件。

（五）作为巧合或意外的机遇

这种机遇概念与亚里士多德有关，它暗示了独立因果链间的交汇。假设存在一个因果链，它导致一辆白色汽车于下午1点出现在特定十字路口，于同一时刻，处于完全不同的且独立因果链的绿色汽车也出现于此。两辆汽车继而发生的相撞完全是巧合的。在决定论的视角下，完全独立的因果链不存在，也就是说，如果回顾足够远的时间，甚至追溯到宇宙大爆炸之时，任何的两个事物很可能存在一个共同的原因。过去的哲学家提出了一个在决定论框架下解决机遇问题的有用方法。假如有两对兄弟，一对在同一军队服役，而另一对则在不同的军队服役。在这两种情况下，这两对兄

---

① Millstein R L. Chance and macroevolution[J]. Philosophy of Science，2000，67（4）：603-624.

弟都在同一天死亡。两种情况下，兄弟二人的死亡在一定程度上都是相互独立的，但后者情况比前者更独立，因此机遇性更大。

在这个意义上，进化生物学也出现了这样一个问题，物种灭绝是否是一个机遇性事件。例如，戴维·劳普（David Raup）曾指出，（在进化生物学中）我们要反复思考的主要问题是，在过去地质时期数十亿物种死亡是因为它们的基因不太适应环境，还是仅仅因为它们在错误时间出现在错误地点的厄运？① 例如，小行星撞击地球导致地表生物毁灭的因果链与一个特定物种持续存在的因果链交会。如果这两条因果链并没有一个共同的原因，那么它们的交会就是一个巧合。搭车效应的随机遗传漂变也表现出这种机遇的内涵。搭车效应的随机遗传漂变是一个连锁选择的过程，例如在一个双位点模型中，两个中性等位基因的任意一个碰巧链接到一个经历有利突变的位点，这是一个机遇性的过程，随后便是快速的选择性"延伸"固定过程，但这些有利突变发生的时机是随机的。在搭车效应的基因漂变的模型中，一个特定的中性等位基因与发生有利突变的位点的链接代表了两条独立的因果链在时空上的交会。

因此，作为巧合的机遇涉及两个或更多的因果链，而排除了那些在决定论框架下近期存在共同原因的因果链。通过忽略因果链的时机或位置，作为可能的结果，因果链间可能交会，也可能不交会。这可能又会体现出又一层面的机遇性。按照开始的例子，如果白色汽车早一点离开，或者走了另一条路，事故就不会发生了。

（六）进化的机遇

当现象独立于自然选择的一般适应方向时，就会表现为进化的机遇。② 这种机遇同样源于达尔文的思想，除前面已经提到的两种机遇概念外，这也是他所认为的新变异的机遇性的几种内涵之一。在进化生物学中，这种

---

① Raup D M. Extinction：Bad Genes or Bad Luck?[M]. New York：W. W. Norton & Company，1992：xi.

② Eble G J. On the dual nature of chance in evolutionary biology and paleobiology[J]. Paleobiology，1999，（1）：75-87.

意义可能是最具影响力和最持久的。也就是说，达尔文认为，新变异不是定向的，而是出于偶然，它们的出现不是因为它们对生物体有益。今天，生物学家们普遍认为，作为种群新变异来源的突变，在这个意义上是机遇性的，突变可能是适应的，不适应的或中性的，尽管人们对于是否所有突变都是机遇性突变存在一些争论（前一章节我们已经讨论过）。例如染色体重组发生于减数分裂期间的染色体对之间的交叉，从而产生新的基因组合，这是种群中新变异的另一个来源，同样涉及进化的机遇。

正如我们之前讨论过的，随机遗传漂变是一种随机抽样的形式，同时也展示了进化的偶然性。虽然漂变有时可能朝着适应的方向进行，但它更可能趋向不适应的或中性的方向，与自然选择所倾向的适应方向相反。因此，从这个意义上说，自然选择并没有表现出进化的机遇性，尽管从差别性抽样的意义上来说它是机遇性的。同样地，大进化的随机模型也体现出进化的机遇性。当然，有人可能会质疑进化的机遇包含不止一种含义并且很难与随机抽样过程中的机遇区分，但无差别性抽样在非进化的情况中是普遍存在的。以从瓮中取样彩色小球为例，这种差别就是，从瓮中取样的小球不涉及再复制（繁殖），而随机遗传漂变则涉及再复制（繁殖）。

此外，进化的机遇性可以在一些现象中表现出来，这些现象不存在无差别抽样，比如机遇性突变，这并不是说存在一些长期潜在的变异，其中的一些变异被"挑选"出来，而另一些则没有。相反，突变是在 DNA 复制过程中产生的"错误"，其结果是新的核苷酸序列与之前的核苷酸序列不同。该现象表现出无差别抽样的特征，但这不是进化的机遇，也不是无差别抽样，这表明这两个概念是不同的。因此，进化的机遇是无法作为适应性进化的原因的，因为它带来的结果可能是适应的，也可能是不适应的或中性的。如果没有其他的原因被忽略，那么在决定论下，一个不具备适应性偏态的原因当然会唯一地决定一个未来的结果。在这种情况下，进化的机遇可以被解释为一种不具备适应性偏态的原因，其可以导致适应、不适应或中性的结果。

（七）作为偶然性的机遇

古尔德曾在其《奇妙的生命：伯吉斯页岩与历史的本质》中以电影《美好人生》（1946 年）为隐喻，阐述了地球上的偶然事件在生命进化中的作用。电影中，主人公乔治在圣诞夜丧失了对生活的信心，准备自杀。于是，上帝派了一位天使，来帮他度过这个危机。在天使的指引下，乔治看到了如果自己没有来到这个世界，很多人的人生会变得不幸和痛苦。他由此明白了自己生命的价值何在，重新鼓起了生活的勇气。根据假如生活重来的假设，古尔德受到启发，提出了一种进化偶然性原理，即当进化就像重播一部磁带，会产生完全不同，但同样明智的结果。进化中的那些微小而毫不起眼的变化会导致一连串的连锁变化，就像生活中失去了乔治一样。①正如古尔德所说，无论发生什么事情，哪怕是在当时非常轻微和不重要的事件，进化都会进入一个完全不同的渠道。②如果我们在一开始就以微小的且无关紧要的变化为开端重放生活的磁带，那么这将会产生一个完全不同的结果。这就是古尔德所主张的偶然性，其所指的偶然性涉及对初始条件的敏感性。

在进化生物学中，这种例子屡见不鲜。例如，贝蒂描述了在相近的祖系兰花种群中，突变顺序的差异是如何导致兰花物种的巨大多样性的。③前面提到的搭车效应的随机遗传漂变在这里可用于对比，如果与中性等位基因相链接的有利等位基因发生的突变时间不同，就会产生非常不同的结果。④这些例子表明，相关过程所敏感的初始条件可以是时间上的微小变化，也可以是微小的性质变化。正如古尔德所断言的，如果所有脊椎动物的疑似祖先皮卡虫不能在进化历史的磁带回放中存活下来，我们以及大量物种就

---

① Gould S J. Wonderful Life: the Burgess Shale and the Nature of History[M]. New York: W. W. Norton & Company, 1989: 287.

② Gould S J. Wonderful Life: The Burgess Shale and the Nature of History[M]. New York: W. W. Norton & Company, 1989: 51.

③ Beatty J. Chance variation: Darwin on orchids[J]. Philosophy of Science, 2006, 73 (5): 629-641.

④ Skipper R A Jr. Stochastic evolutionary dynamics: drift versus draft[J]. Philosophy of Science, 2006, 73 (5): 655-665.

会从之后的历史中消失。①如果一个因果过程对初始条件敏感，那么作为原因的初始条件，其微小差异作为被忽视的原因将产生非常不同的可能结果，这些过程便是机遇性的。若是某些因果过程对初始条件不敏感，也就是说，即使初始条件稍有不同，也会产生相同的结果，那么该过程就不是机遇性的。

一些人可能会认为，由于我们对初始条件水平上细微差异的无知，对初始条件敏感的机遇概念并不能直接等同于对最终结果的不可预测性。相反，它指的是作为原因的初始条件层面上的微小变化与作为结果的效应层面上的巨大变化之间的不均衡。这里的机遇性就是这种不均衡，这使得预测变得非常困难，甚至从长期来看是不可预测的。在这里，使一种现象成为偶然的不是我们对初始条件中微小变化影响的无知，即使我们知道这些不同的初始条件和它们的影响，这种现象仍然对初始条件敏感。这里的关键在于，类似初始条件可能产生十分广泛的结果，这也是作为偶然性的机遇概念与其他机遇性概念共有的特征。

三、基于概率的因果论

根据前面章节所讨论的内容，机遇概念表现出不同的意义，并且它们很难被区分，一个特定的生物现象可能同时表现出多种意义。然而，它们之间也存在一个显著的共同之处，从因果论的角度来讲，它们都被描述为在原因性上是消极的。以至于存在一种误解，认为所谓非决定论应当被定义为"无原因"。例如，假设放射性衰变是一种不可终止的现象，当比较两种元素（如碳 14 和铀 238）的半衰期时，它们不同的结构导致了它们不同的半衰期，甚至一个特定的衰变事件也是由特定原子的结构引起的。然而，两个完全相同的原子在完全相同的环境中不太可能会同时衰变。对该现象的直觉往往会导致将"无原因的"作为非决定性的内涵，但这忽略了原子

---

① Gould S J. Wonderful Life: The Burgess Shale and the Nature of History[M]. New York: W. W. Norton & Company, 1989: 323.

结构所扮演的因果角色。因此，即使非决定性事件不是完全的原因，但它们仍然在一定程度上具有原因性因素。同样地，"机遇"的定义也包括了遗漏的原因和隐含的原因。

另一个共同之处在于，非决定性和各种机遇概念都意味着不止一种可能的结果。这些共性表明，作为对世界的经验主张，在各种非决定性之间进行的类比可能有助于理解各种机遇概念。也就是说，考察每一种机遇与非决定论的概念共性可以得出它们的共同特征，也有助于解释为什么它们被认为是机遇概念或是非决定性的。在这里，我们需要从本体论而非认识论层面上对非决定论下一个更准确的定义，即考虑到世界在某一时刻的完整状态，在未来的每一个时间点上，世界的状态并不是唯一确定的，对于未来特定的时间点，可能有多个状态。如果我们要寻求一种统一的机遇概念，其定义也与之类似，但并不完全相同。尤其是当我们考虑的不是世界的完整状态，而是世界中的某个子集时，就能够达成一种统一的机遇解释，即给定的特定原因性子集存在不止一个未来的可能状态。

因此，对于理解进化理论中的非决定论因素来说，如何去甄别每种机遇事件的所有可能原因的原因子集成为关键。鉴别原因子集涉及对每一种机遇概念进行甄别：哪些原因被考虑进去了，哪些原因在起作用但被忽略了。如果某种机遇概念得到证实，那么是什么原因导致它被排除？特定的机遇概念被采纳、忽略或排除的原因是类型不同，同时，它们在可能出现的相关类型上也表现出不同。

之前提到过的七种机遇概念以及所具有的非决定性特征对于现象来说并不是唯一的，一种现象可能同时表现出一种以上的机遇性质。正如随机遗传漂变现象就表现出不止一种机遇性质，即随机抽样和进化的机遇，而新变异的形成也是如此，即对真正原因无知的、非设计的以及进化的机遇。特定现象所表现出的机遇概念主要是一个经验问题。值得注意的是，对于一个给定的现象，非决定论的机遇可能适合也可能不适合，它可能与一个或多个其他机遇概念一起表现出来。所以，这些描述性的概括实际上很难统一于同一语境之下。目前，最好的方法是将导致某一结果的众多可能原因用概率表现出来，形成关于某一特定结果的原因子集的概率。原因子集涵盖了所应考虑到的原因，而它们导致的后果则是所有机遇要素综合影响导致的概率性结果。也就是说，存在一个原因子集 Q，对于某个特定机遇性现象 P 来说，其概率为 $\Pr(P/Q)$，其中原因子集 Q 提供了关于现象 P 的可能原因空间。举例来说，在判定原因时，类似随机抽样事件中的微弱影响往往被忽略，因而抽样的机遇虽然并不是被绝对排除的原因，但往往也不会被纳入原因空间。对于随机遗传漂变来说，其与当前表型的比例相关，该随机过程与特定遗传性状、群体规模以及特定环境因素对性状的影响息息相关。该原因子集可产生不同的结果，表现为表型的下一代比例变化。因此，对于原因子集 Q 来说，漂变过程中产生影响的特定遗传性状、群体规模以及特定环境因素等也应当被纳入，而导致的结果现象 P 就是特定表型在后代中的占比。也就是说，对于随机遗传漂移和随机抽样，我们可以通过计算概率的通常方法来计算整体中某一特定变化的概率。

因此，其他机遇概念也可以用同样的方式转换成概率，将一个特定结果的概率描述为当前事件原因子集的概率，我们要包括应考虑的原因，删除应忽略或排除的原因，然后通过常规方法来确定这些概率的值。这种方法已经在进化生物学中开始应用，例如托马斯·勒诺尔芒（Thomas Lenormand）、丹尼斯·罗泽（Denis Roze）、弗朗索瓦·鲁塞（François Rousset）等人就曾描述了一种进化的机遇的数学模型。[①] 原则上，我们可以使用定量的概率量度来比较不同的语境中的机遇。不过，我们只能认为，概率为不同机遇现象的理解提供了统一的量度，但它在解释上的意义还需要进一步观察。当然，我们有理由假定对概率的特定解释是对特定情况的恰当解释，继而将这种统一的机遇解释与机遇概念联系起来。例如，我们可以给出充分的理由来判断随机遗传漂变的概率是否存在倾向性，即是决

---

① Lenormand T, Roze D, Rousset F. Stochasticity in evolution[J]. Trends in Ecology & Evolution, 2009, 24（3）: 157-165.

定性的还是非决定性的。①倾向是建立在系统的物理特性之上的，而系统的
物理特性恰恰是需要考虑的原因，它们的属性是概率测量的来源。在这种
情况下，我们有充分的理由认为，作为无差别随机抽样的机遇具有决定性
或非决定性的倾向。机遇概念本身在原则上可以通过任何可辩护的概率解
释来理解，而非决定论的机遇除外，它最好被理解为一种自然的非决定论
倾向。例如，作为对真正原因无知的机遇似乎更像是一种认识论的概率，
其与人类的知识或信念有关，但事实上又不止于此。在抛硬币的例子中，
除抛硬币的过程机制和硬币本身特征之外，我们也并非对其他原因一无所
知，通常情况下，我们之所以设定50%的概率是因为该过程的物理特征，
即考虑到这种模式的可能原因或结果做出的判断，使得一个客观概率解释
成为一项可能的解释。通过将相关的考虑原因和观察结果解释为贝叶斯式
的证据，我们可将任何机遇概念转化为主观的可能性。

通过考察进化生物学中的这七种机遇概念用法，我们了解到除了非决
定性的机遇，无论进化过程是决定性的还是非决定性的，每一种都有其特
殊意义，而这七种机遇概念通过判定所要考虑的原因子集和可能的结果，
最终可以在概率解释的层次上进行比较。当然，这种基于概率解释的统一
机遇概念还有待论证，同时，这种统一概念也并不意味着更具体的机遇含
义被消除，它只是揭示了不同机遇概念的共同之处，即是什么使得"机遇"
成为机遇。这种统一的解释能帮助发现其他甚至进化生物学之外的机遇概
念。最为关键的是，这种统一将机遇概念与概率联系起来，赋予其量化、
比较的量度，并提供了更为形式化的解释来进行理解。

第二节　个体、群体、生态演化中的非决定性

这一部分将讨论生物个体、群体、生态演化中的实例以及理论观，来

---

① Millstein R L. Interpretations of probability in evolutionary theory[J]. Philosophy of Science, 2003, 70（5）: 1317-1328.

阐明认识论意义上的非决定性因素在这些层级上是如何展现其特殊机制功效的，以及为何我们无法忽视非决定性因素在相关解释中的特殊角色。

一、进化中的个体、群体演化的非决定性

如果认为一个理论是非决定性的，那么在其论域下所包含的所有解释也一定是非决定性的。之前的论述表明，尽管各方认可进化在分子层面存在非决定性的事实，但是在自然选择能够发挥效力的生态学层面，多数学者还是倾向于一种解释上的决定性，即承认进化在宏观与微观两方面存在解释上的二分。由于生物所表现出的行为实际上是一种选择优势，若能证明进化论所描述的行为是非决定性的，至少可以证明进化论部分是非决定性的。

觅食行为是生物界中最为普遍的一种行为，也是与个体适合度直接相关的行为。因此，我们可以从产生觅食行为的机制中寻找一些决定性或非决定性的证据：若非决定性的机制产生觅食行为，进而非决定性的行为引发非决定性的进化现象，那么就可以据此认为进化论是一种非决定性理论。布鲁塞·格利穆尔（Bruce Glymour）基于这一思路，从对动物觅食行为中一种特殊行为——随机搜索觅食行为的描述中试图找到产生这种行为的机制。[①]随机搜索觅食行为可以在很多动物的捕食行为中被观察到，这说明这种行为本身具有较高的适应性，并且这种行为模式的产生机制很可能是随机的。为了说明这种行为生成机制的随机性，格利穆尔借用皮埃尔·博韦（Pierre Bovet）和西蒙·本哈默（Simon Benhamou）的"最佳曲折度"的计算公式来发现随机性因素：假设一个觅食者通过采取一系列固定长度 L 的步骤产生出一条搜索路径，在每一步骤中，觅食者都会改变方向，定义 R 为每次转换方向的弧度，假设 R 从 0 开始计数，其标准差为 σ，而实际的路径则表现为一条与随机散布一阶相关的轨迹。计算路径的曲折度 S

---

① Glymour B. Selection, indeterminism, and evolutionary theory[J]. Philosophy of Science, 2001, 68（4）: 518-535.

的计算公式为 $S = \sigma / \sqrt{L}$ 。通过公式我们可以得到最佳曲折度的公式：
$S^* = (1.2 - 0.11\ln(A/C^2))/\sqrt{C}$ 。其中 C 代表搜索路径的探测半径[①]，
$A = i/d$ ，i 为觅食者离开所处斑块（区域）前捕捉到的食物的数量，d 为
斑块内的食物的密度。在最佳曲折度下，R 的最佳标准差 $\sigma^* = 1.2 -$
$0.11\ln(A/C^2)$ 。最佳曲折度可能因不同的捕食策略、表现型和环境而改变，
这三项因素都可能导致某种最佳曲折度。[②]

我们可以看到曲折度与随机变量 R 有关，那么就有理由相信是 R 的随
机性导致了这种行为生成机制的随机性。这种行为机制无论是由 R 直接引
发的，还是由其他变量决定 R 后再引发的，由于 R 的随机性，随机搜索觅
食行为的生成机制都是非决定性的。然而，也有观点认为，通过一些隐藏
变量的设定，可使得搜索路径的产生机制成为一种近似非决定性的决定性
过程。为了进一步为其观点辩护，格利穆尔同样将视角转换到微观领域，
在生物的细胞层面上，他认为应当认真对待细胞的结构及其组成部分所表
现出的随机性：离子轨道表现出了这种随机性[③]，神经突触亦如此。[④]在前
一种情况中，这种随机性是以细胞行为的变化表现出来的。实际上，两个
神经元之间[⑤]和两个非神经细胞之间[⑥]的行为具有随机性。在该事例中，都
有某种随机性因素对行为的形成产生某种程度影响的证据。当然，格利穆
尔也表达了对 GHR 反驳由微观领域向宏观领域的向上渗透性观点的看法，
认为至少目前并没有强烈反驳非决定论的观点，并且进化论面对着解释充

---

① 例如，在觅食者两边任意一侧能探测到食物的距离。

② Bovet P，Benhamou S. Optimal sinuosity in central place foraging movements[J]. Animal Behaviour，1991，42（1）：57-62.

③ Merlushkin A，Hawkes A G. Stochastic behaviour of ion channels in varying conditions[J]. Mathematical Medicine and Biology：A Journal of the IMA，1997，14（2）：125-149.

④ Faber D S，Young W S，Legendre P，et al. Intrinsic quantal variability due to stochastic properties of receptor-transmitter interactions[J]. Science，1992，258（5087）：1494-1498.

⑤ White J A，Klink R，Alonso A，et al. Noise from voltage-gated ion channels may influence neuronal dynamics in the entorhinal cortex[J]. Journal of Neurophysiology，1998，80（1）：262-269.

⑥ Nemoto T，Uchida G，Takamatsu A，et al. Stochastic behavior of organelle motion in Nitella internodal cells[J]. Biochemical and Biophysical Research Communications，1995，214（3）：1102-1107.

分性的困境，最好还是将之视为一种概率性的理论。①另外，这里主要涉及的是生物体无意识行为特征的非决定性因素，以及相关特征在推动进化过程中的作用，而关于在意识领域中的非决定论问题，特别是生物的理性能力的来源与必然性问题、自由意志问题等，我们将在后面章节中继续讨论。

从小规模群体进化中的非决定性因素来看，格利穆尔所探讨的觅食行为关注个体行为，而没有涉及群体水平。进化过程主要是群体水平的进化，所以这里将觅食行为建立在群体与环境的关系上对行为的形成进行溯源，并且确立了三个前提：特定觅食行为可以通过遗传继承，自然选择会对觅食行为的变异进行筛选，具有优势的觅食行为可以在种群内迅速扩散。传统觅食理论认为，环境内的食物分布呈斑块状，觅食者为了提高觅食的效率，需要对斑块的质量进行评判：是在此斑块内停留，还是另寻其他斑块。基于这一前提，同样能建立一种最优觅食模型，即大卫·斯蒂芬斯（David Stephens）和约翰·克雷布斯（John Krebs）基于对最优化觅食理论的研究而提出的最优化分析模型。②当觅食者在当前食物斑块中的平均觅食效率降低到一定的临界点（觅食者的期望点）时，就会离开这个斑块寻找一个新的食物斑块。觅食理论假定觅食的总收益为 G，我们将觅食中花费的时间分为两个部分：搜索斑块花费的总时间 T_O 和在斑块内觅食花费的总时间 T_N。

通过借鉴霍林圆盘方程拟合方法，大卫·斯蒂芬斯和埃里克·恰尔诺夫（Eric Charnov）基于斑块模型的有效扩展模型③构建了以下以平均觅食效率来评估环境的模型，由上面所定义的两个变量得到表示平均觅食效率 $\bar{X}$ 的公式：

---

① Glymour B. Selection, indeterminism, and evolutionary theory[J]. Philosophy of Science, 2001, 68（4）: 518-535.

② Stephens D W, Krebs J R. Foraging Theory[M]. Princeton: Princeton University Press, 1986: 247.

③ Stephens D W, Charnov E L. Optimal foraging: some simple stochastic models[J]. Behavioral Ecology and Sociobiology, 1982, 10（4）: 251-263.

$$\bar{X} = \frac{G}{T_O + T_N} \tag{5-1}$$

由于式（5-1）中的自变量不好测量，为了使得该模型更具有预测性，将式（5-1）中的自变量转变为平均值，参照霍林圆盘方程拟合方法，我们首先需要做出一些假设（基于整个觅食环境）：搜索到的食物斑块数量与搜索时间呈线性关系；搜索食物斑块所花费的平均时间为 t_O；在食物斑块内觅食所消耗的平均时间为 t_N；食物斑块的平均收益为 g。

在平均意义上，单位时间内搜寻到新的食物斑块的效率可以定义为 $\lambda = 1/t_O$，那么 λT_O 就为发现的食物斑块的总数量，因此可以定义总收益 G 的期望值

$$G = \lambda T_O g \tag{5-2}$$

由式（5-2）可得在食物斑块内觅食的总时间 $T_N = \lambda T_O t_N$，代入公式（a）可得

$$\bar{X} = \frac{G}{T_O + T_N} = \frac{\lambda T_O g}{T_O + \lambda T_O t_N} = \frac{\lambda g}{1 + \lambda t_N} \tag{5-3}$$

我们可以看到式（5-3）用平均值代替公式（5-1）中的总时间和总收益，由于平均值在一定的环境中可以通过样本抽样得到，因此式（5-3）与式（5-1）相比具有较好的预测性。觅食者在环境内的平均觅食效率是与动物的适合度直接相关的，平均觅食效率越高意味着该觅食者所具有的适合度也就越高，因此可以将适合度 F 等效为平均觅食效率 $\bar{X}$，式（5-3）可转化为关于适合度 F 的公式：

$$F = \bar{X} = \frac{G}{T_O + T_N} = \frac{\lambda T_O g}{T_O + \lambda T_O t_N} = \frac{\lambda g}{1 + \lambda t_N} \tag{5-4}$$

通过式（5-3）我们可以看到如果环境中食物斑块的分布较为密集，就表示搜寻新斑块的效率 λ 增大，即食物斑块间平均搜索时间 t_O 降低；如果某环境在平均水平上的食物斑块内含有的食物数量较多，就会引发食物斑块内的平均收益率 g 上升。同时我们不能忽视另一个问题：整个觅食的环境是变动的，由此便会导致整个环境的觅食质量（平均觅食的效率）发生

变化，不同环境的斑块分布情况和斑块内食物数量的差异都会导致式（5-3）中的自变量发生变化，从而导致最终的平均觅食效率发生变化。因此存在着一种对觅食环境的选择机制，如若觅食者进入平均觅食效率较低的环境，会使觅得的食物数量较少甚至达不到觅食者对食物的基本需求。例如一个斑马群在选择觅食环境时肯定是优先选择水草密度相对较高的环境而不会选择水草稀疏的环境，所有对环境是否合适的判断都基于觅食者的经验。如果发生超出经验范围的行为即觅食行为的变异，那么自然选择会保留有益变异，剔除有害变异。由此可假定在觅食者那里存在一个关于环境的菜单，即觅食者只会选择菜单中的环境类型进行觅食，并且这个菜单还会不断"进化"（觅食者会持续将一些满足要求的新环境类型加入到它的菜单中）。模拟大卫·斯蒂芬斯和克雷布斯的菜单模型，我们可得到下面的该菜单的最优化算法。

假设这种关于觅食环境类型的集合为$\{D|H_1，H_2，H_3 \cdots H_i \cdots H_n\}$，其中$H_i$（$i$=1，2，3$\cdots n$）表示菜单中不同的环境类型，用$g_i$（$i$=1，2，3$\cdots n$）表示它们所具有的收益。由式（5-3）可得第$i$类型的环境的觅食的平均效率$\overline{X}_i = \dfrac{\lambda_i g_i}{1 + \lambda_i t_{Ni}}$，其中$\lambda_i$是该环境单位时间内搜寻新食物斑块的效率，$g_i$是该环境内平均食物斑块觅食收益，$t_{Ni}$是该环境内的平均食物斑块内觅食花费时间，它们都是与该环境类型直接相关的变量。将菜单中的各个环境项的平均觅食效率$\overline{X}_i$（i=1，2，3$\cdots n$）进行排序，简化起见：假定排序为$\overline{X}_1 > \overline{X}_2 > \overline{X}_3 \cdots > \overline{X}_i > \overline{X}_n$，那么当觅食者遇到新的环境类型，即第$n$+1种环境类型，判断是否应当将其加入菜单中的公式应当是

$$\overline{X}_n = \frac{\lambda_n g_n}{1 + \lambda_n t_{Nn}} > \overline{X}_{n+1} = \frac{\lambda_{n+1} g_{n+1}}{1 + \lambda_{n+1} t_{Nn+1}} \qquad （5\text{-}5）$$

$$或者 \quad \overline{X}_n = \frac{\lambda_n g_n}{1 + \lambda_n t_{Nn}} \leqslant \overline{X}_{n+1} = \frac{\lambda_{n+1} g_{n+1}}{1 + \lambda_{n+1} t_{Nn+1}} \qquad （5\text{-}6）$$

如果第n+1种环境类型的平均觅食效率符合式（5-5），那么觅食者将不接受第n+1种环境类型成为菜单子项，因为在加入第n+1种环境类型后

会降低平均觅食效率；如果第 $n+1$ 种环境类型的平均觅食效率符合公式（5-6），那么觅食者将接受其成为菜单子项，整个菜单的平均觅食效率将被拉高。这种算法称为关于菜单的最优化算法，觅食者以最优菜单中包括的环境类型作为觅食选项。最优菜单也存在一个"进化"过程：开始时，菜单只有一个子项 $\{E|H_1\}$，依据最优化算法，每遇到环境类型的平均效率大于或等于现有菜单中平均觅食效率的子项，便将该环境类型纳入菜单。如此动态评判过程不断重复发生，菜单中的子项将不断地增加，这表现为一种菜单的"进化"过程。

具体到这种算法所反映的实际行为的进化过程，我们可以想象：通常觅食者会循规蹈矩地仅去现有菜单所列的环境中觅食，然而如果某个个体或者次分种群发生变异（或随机遗传漂变），进入到菜单之外的环境，并且平均觅食效率符合式（5-6），这使得该个体或次分种群具有相对较高的适合度，那么由于移居者的输出或其他次分种群的行为模仿，整个种群的适合度提高，而之前那个个体或次分种群的适合度则由峰值迅速回落，最终成为整个种群的平均适合度，这样的一种动态平衡过程会不断地循环发生以实现整个种群的进化。对这一过程的描述，我们可以参考赖特的动态平衡理论的三个阶段：①大规模种群分裂为一些较小的隔离的次分种群，其中一个次分种群发生随机遗传漂变；②发生随机遗传漂变的次分种群由于具有高适合度而达到种群数量的高峰；③该次分种群向其他次分种群输出移居者，这些移居者将会为它们所移居的次分种群带来适合度提升。这一过程也不断地循环发生。①

根据最优化菜单模型，我们可以看到群体觅食行为的进化过程从表面上看是一种具有目标指向性和可预测性的决定性过程，但很容易忽略一个重要前提，即觅食者面对新环境时并不能确定环境的平均收益效率有多高，这本质上是一种基于机遇的盲目试错机制，并且个体的意向在自然选择的

---

① Matthen M，Stephens C. Philosophy of Biology[M]. Amsterdam：Elsevier，2007：94-95.

筛选机制中是被排除在外的。觅食者的最优环境菜单的建立过程本身是随机性和概率性的，并不是每次对新环境的选择都会符合式（5-6），更多情况下可能符合式（5-5），而基于结果的自然选择解释往往掩盖了这一事实。在这种解释中，因为在符合式（5-6）的新环境中觅食会使得群体具有相对较高的适合度，在自然选择的压力作用下使得这类"冒险"群体被保留下来，继而这类群体在种群中的频率越来越高，并且随着动态平衡过程不断重复发生，这种最优化的觅食行为便进化成为今天所观察到的行为，而通常这一过程却被塑造为决定性的或类决定性的过程。另一方面，这个过程中觅食者对环境的选择过程表现出随机性和概率性，也就是说环境菜单中选择项的生成本身是机遇性的。基于前面的论证，至少在觅食行为的进化这一领域，我们可以将之理解为一种非决定性的过程。鉴于觅食行为之于种群生殖成功率的直接关联，据此我们可以推测进化在宏观领域也是一种非决定性过程。

二、生态演化中的非决定性

20 世纪初，整体论作为一种哲学认识，可追溯至南非政治家扬·克里斯蒂安·斯马茨（Jan Christiaan Smuts）那句著名的"整体大于各部分之和"。斯马茨提出"一个整体是各部分的综合或统一，它影响着这些部分的活性和相互作用，赋予了这些部分新的结构，进而改变了这些部分的活性与功能。"①这种观点认为，自然界作为一个系统，具有下向的因果关系，以及突现和目的性的特征。就生态学来说，弗雷德里克·爱德华·克莱门茨（Frederic Edward Clements）被视为首个在生态学中提炼出整体论和机体论视角的生物学家。1916 年，克莱门茨出版了他的研究《植被演替》，正式提出了植物群落概念，将之视为一种具有生理完整性的复合体，并且提出"超个体"（superorganism）群落是在逐步和有序发展之后达到成熟稳定阶段的具有稳态特性的实体。他曾与同事一起提出，植物之间的主要机

---

① Járos G. Holism revisited: its principles 75 years on[J]. World Futures, 2002, 58（1）: 13-32.

制是竞争，它控制着群落的形成。1936 年他又对顶级（climax）群落的性质和结构做了详细介绍①。

大约在同一时期，约翰·菲利普斯（John Philips）采纳了克莱门茨的观点，并思考了一种将动物排除在外的顶级生物群落概念。②1934～1935 年，他为"顶级"概念辩护，将之视为处于动态平衡之中的"综合生物群落"（integrated biotic community）的唯一适当描述。1926 年，植物生态学家威廉·斯金纳·库珀（William Skinner Cooper）也表达了类似的想法，认为生物体与它们的环境构成了一个系统，因为涉及某一事件的要素也会与其他要素相关。③

生态学在最初的几年表现出高度的整体论倾向。然而，克莱门茨式整体论尽管占据主导地位，但也遭到质疑。1935 年，"生态系统"这个词最早正式出现在英国生态学家阿瑟·乔治·坦斯利（Arthur George Tansley）的著名的论文《植被概念和术语的使用与滥用》中。按其观点，生态系统是自然界的基本单元，一个生态系统是由生物群落、其物理环境以及复杂的生命和非生命成分之间所有可能的相互作用所构成的。因此，相对于其他生物系统来说，非生命成分同样构成了生态系统的一部分。④坦斯利的论文发展了基于物理属性的机械自然观。系统成了克莱门茨研究的基本单位，现在它并不仅仅包括生物（无论是植物或动物），还包括"在最广泛意义上栖息地的因素"。坦斯利强调，任何动植物都无法与它们所处的特殊环境分开，这些包罗万象的方面共同构成了生态系统。坦斯利的观点连同雷蒙德·劳雷尔·林德曼（Raymond Laurel Lindeman）的"营养动力论"（trophic-dynamic aspect）共同构成了生态系统生态学的基础。⑤

早期整体论方法评论家亨利·艾伦·格里森（Henry Allan Gleason）通

① Clements F E. Nature and structure of the climax[J]. Journal of Ecology, 1939, 24 (1): 252-284.

② Phillips J. The biotic community[J]. Journal of Ecology, 1931, 19 (1): 1.

③ Cooper W S. The fundamentals of vegetational change[J]. Ecology, 1926, 7 (4): 391-413.

④ Tansley A G. The use and abuse of vegetational concepts and terms[J]. Ecology, 1935, 16 (3): 284-307.

⑤ Lindeman R L. The trophic-dynamic aspect of ecology[J]. Ecology, 1942, 23 (4): 319-417.

过实验对克莱门茨的决定论表示怀疑，且断言，植物群丛与生物体并无相似之处，也不能与物种相比拟。格里森强调，植物群落是真正意义上的个体性现象，他将之描述为依赖环境选择作用以及周边植物类型的一种暂时性、波动性和偶然性的聚集。①因此，格里森的研究标志着以群体为中心的生态学研究的开启。同时，该思想的普及也意味着非决定论思想在生态学中的合法地位得到确认。

20 世纪 60 年代初，生态学的发展出现了新趋势，那就是"系统"生态学。该研究的著名倡导者为奥德姆兄弟，他们反对科学与技术领域中的还原论，倾向于使用热力学、信息论以及控制论的术语来进行论述。在其初期著作《生态学基础》中，尤金·普莱曾特·奥德姆（Eugene Pleasants Odum）认为，生态系统是生态学的基本功能单元。该单元包括在给定区域中与物理环境相互作用的所有生物体（即群落），它们构成的能量流使系统中的能量结构、生物多样性以及物质循环得以明确定义（例如，生命和非生命成分之间的物质交换）。②在论文《生态系统演化的策略》中，他将自然演替定义为有序、定向并且是可预测的过程，它被群落以及物理环境所控制着。③唐纳德·沃斯特（Donald Worster）则将霍华德·托马斯·奥德姆（Howard Thomas Odum）描述为一个宇宙飞船工程师，形容他将"地球视为一组复杂的'电器回路'并把每一样东西转化为能量系统来看待；生物体变成了回路中的分线箱"。④然而，奥德姆兄弟采用还原论的方法来发展他们的整体论，这种途径引起了一系列关于他们的做法不是真正整体论的批评。但一些整体论者依然认为霍华德·托马斯·奥德姆的观点是一种潜在的还原论。

---

① Gleason H A. The individualistic concept of the plant association[J]. Bulletin of the Torrey Botanical Club, 1926, 53（1）: 7-26.

② E. P. 奥德姆. 生态学基础[M]. 孙儒泳，钱国桢，林浩然，等译. 北京：人民教育出版社，1981：190.

③ Odum E P. The strategy of ecosystem development[J]. Science, 1969, 164: 262-270.

④ Worster D. Nature's Economy: A history of Ecological Ideas[M]. 2nd Ed. Cambridge: Cambridge University Press, 1994: 388-433.

　　之后，尤金·普莱曾特·奥德姆进一步发展了"生态系统"的定义。在他之前，对生态学中特定生物体和环境的研究是在生物学内各个子学科中进行的。许多科学家怀疑它是否可以进行大规模研究，或者其本身是否是一门学科。在 20 世纪四五十年代，"生态"研究还没形成领域，因而被定义为一个单独的学科。即使是生物学家尤金·普莱曾特·奥德姆的认识似乎也只是地球的生态系统如何相互作用的。

　　这场辩论中的活跃者罗伯特·麦克阿瑟（Robert MacArthur）虽然从未正式参与争论，但是强烈地批评了系统生态学的宏大计划，认为科学应当致力于对系统内最小部分的研究来进行预测，进而获取确实的知识。麦克阿瑟使用简单、抽象的解析模型，并坚持其机械论的观点，即认为自然界的复杂性应当被还原为一个多对多的因果链网络。海拉·于尔约（Haila Yrjö）更是基于牛顿式的世界观，致力于描绘一种机械论、决定论的关于物质粒子论以及机制性因果关系的观点。[1]

　　经过了 20 世纪六七十年代的争论，系统生态学成为生态学领域研究的核心，但同时方法论上的争论将系统生态学又推向了整体论与还原论之间的对立。20 世纪 80 年代之后，生态学研究中围绕方法论出现了整体论与还原论之间的争论。种群生态学、理论生态学和生态系统生态学已成为生态学诞生的首个世纪里的主要研究倾向。前两者主要与还原论相关，后者与整体论相关。正如乔恩·B. 哈根（Jon B. Hagen）所认为的，同时面对分部和整体的视角，生态学分为了整体论与还原论两条支流。[2]然而，罗伯特·P. 麦金托什（Robert P. Mcintosh）恰当地指出了简单的对立并不能充分地代表生态学中的实际情况。[3]

　　生态学的整体论主要与整体性的研究相关，其主要针对的是生态系统。

---

　　[1]　Lefkaditou A, Stamou G P. Holism and reductionism in ecology: a trivial dichotomy and Levins' non-trivial Account[J]. History and Philosophy of the Life Sciences, 2006, 28（3）: 313-336.

　　[2]　Hagen J B. Research perspectives and the anomalous status of modern ecology[J]. Biology & Philosophy, 1989, 4（4）: 433-455.

　　[3]　Lefkaditou A, Stamou G P. Holism and reductionism in ecology: a trivial dichotomy and Levins' non-trivial account[J]. History and Philosophy of the Life Sciences, 2006, 28（3）: 313-336.

整体论将它们的研究对象描述为一种离散性结合的整体，其中包含了不能从其构成成分导出的能量结构与动态性。因此，整体论与强调关联与联系的理性观点结合起来，整体是由相互定义、相互依赖、互补的部分所构成。突现、连通性、整合、协调和复杂性成为整体论视角的特征属性。

相应地，通过反馈循环的调节以及综合，整体论的视角强调控制论的过程，而这一观点所代表的方法论拒斥额外的分析，取而代之以通过综合体的不同层级进行联立考察。然而，当背离了克莱门茨的解释传统以及现象科学时，整体论者似乎又无法接纳相应的新方法论，同时遭到了整体论者与还原论者的责难。

除了这种方法论上的困境，整体论与还原论拥有相同的一系列一般性前提。首先，它们都倡导唯物论，主张所有的生物学现象都基于物理化学实体以及过程。其次，它们都坚持着本质主义的教条，因为它们的拥护者都是在致力于发现一种基本的单元，这种单元可以是极小的物质粒子，也可以是作为整体的生态系统。如果某人能够把握物质世界的真实本质，那么对这个人来说，科学中的万事万物都是可归因的，并且围绕这些事件的整个科学的图景是具有组织性的。再次，它们都是在唯一的一个层级上来找寻解释的原因。因此，它们的方法论途径是碎片化的。极端的还原论者所追求的解释仅存在于种群层级，而极端的整体论者从不在任何低于生态系统的层级去研究各种机制。整体论和还原论都不能很好地解释变化，因为其不是某种潜在静止状态的副现象或达成稳定状态的一个阶段，而且它们共享机械论的核心，即还原论途径中的部分或整体论途径中的系统，都将自然隐喻为一种机器。最后，尽管事实上整体论和还原论表达出两种截然不同的认识论，前者谋求生物学的自主性，而后者则将物理学作为科学领域的基础，在生态学中应用系统理论可能更加接近于物理学而非生物学。因此，还原论对生态学研究具有十分重要的意义。

作为在哲学领域同样有所建树的生态学家，理查德·莱文斯（Richard Levins）在1966年的方法论论文《种群生物学的模型构建策略》中认为，对于所有出于权衡实在性、概括性以及准确性的目的，并不存在唯一的最佳模型。权衡和鲁棒性的概念是科学家和哲学家们频繁讨论的两个议题。[①]1968年，莱文斯在他的著作《变化环境中的进化：一些理论探索》中，研究了时空波动环境中的生命体所采用的不同策略的进化结果。环境异质性概念同样使他在1969年提出了著名的集合种群模型。[②]这些研究充分体现了整体论和还原论思想的互补，特别是在关于自然界复杂性问题的解决上，当代科学中最为困难的一般性问题在于如何将复杂性系统作为一个整体来进行研究，而大多数的科学家所受到的训练则截然相反，他们通常的做法是将一个问题孤立为若干部分，进而通过阐述什么是组成部分来回答"什么是系统"的问题。正如我们前面讨论过的，这个问题还是回到如何去判定某一现象的原因子集难题上，从因果解释的框架上看，我们对于生态系统的理解依然是一种非决定性的系统。当然，只不过在本体论上它是否符合非决定论特征的这个问题，即便在目前也还存在很大争论。所以，这里的讨论在很大程度上依然是从认识论角度上来推进的。

莱文斯很早就发展出一种新的整体论途径，这主要源于种群层级出现的实践问题，以及有关污染、环境保护、生物学防治和环境调控等涉及自然复杂性的环境问题。他认为要解决复杂性问题就意味着对驱使一个系统产生动态性的反向过程进行建模，并强调找寻不同的模式而并非找寻普遍原理。从中可以看出，莱文斯并非不加批判地支持整体论教条而反对还原论，特别是他曾与列万廷共同主张整体论与还原论争论是错误的，并拒绝在两者之间选边站。[③]

一方面，对于还原论者来说，他们认为笛卡儿式的还原论所描述的是一个"异化"的世界，仅仅抓住了现象之间实际关系的影子。其错误的根

---

① Levins R. The strategy of model building in population biology [J]. American Scientist, 1966, 54 (4): 421-431.

② Levins R. Some demographic and genetic consequences of environmental heterogeneity for biological control [J]. Bulletin of the Entomological Society of America, 1969, 15 (3): 237-240.

③ Levins R, Lewontin R. Dialectics and reductionism in ecology [J]. Synthese, 1980, 43 (1): 47-78.

源在于较高层级现象对于较低层级客体的绝对从属关系，后者是整体的优先部分，导致原因与效应、客体与主体相分离。作为结果，生物体似乎成为唯一的真实客体，而组织的更高层级则成为那些真正重要事件的副现象。还原论纲领的另一个主要谬误在于否认变化，其经常被视为是一种表面现象或"业已存在之物的展开"。

尽管如此，莱文斯并没有排除方法论意义上的还原论。莱文斯认为，在理解世界的过程中，分析方法是必不可少的，但并非充分的。他宣称，当正在研究的系统足够简单，或者虽然它是复杂的，但其构成部分之间足够独立时，还原论作为一种研究策略是可行的，但他依然拒斥本体论上的还原论。[①]

另一方面，对于整体论来说，莱文斯抛弃了过时且高度理想化的超个体研究路径，致力于在生态学中使用系统论。在他看来，整体论存在一种片面的观点，即强调世界的连通性，却忽略了那些相对自治的部分。整体论被描述为是反还原论的、部分优先性的观点，与世界的统一性的观点相冲突。分离-自治的还原论教义被连通性与整体性所取代。莱文斯同时对连通性与个体性进行了辩护，甚至强调，系统论可以被考虑为一种"大型还原论"。[②]例如，他曾认为建立基于 Fortran[③]的大型计算机生态系统模型是不切实际的。在类似生态学理论中，"整体"被描述为一种良好运行的机器，具有目标导向性，并被某种预先编程的目的所驱使。其不具有任何变化的潜能，因为涨落的一元变量作为其组成要素，在性质上始终是恒常的。事实上，在这样的语境中，变化仅仅被当作是非建设性的。在莱文斯看来，"系统的特点在于其由多组相互对立的过程所构成，这也就意味着其组成要素维持着整体暂时性的一致性，并且最终会发生转化，融入其他系统或走

---

① Lewontin R, Levins R. Let the numbers speak[J]. International Journal of Health Services: Planning, Administration, Evaluation, 2000, 30（4）: 873-877.

② Levins R. Dialectics and systems theory[J]. Science & Society, 1988, 62（3）: 375-399.

③ 一种通用命令语言，主要用于数据运算以及科学运算，是高性能运算领域最为流行的语言之一，常被应用于世界上最快的超级计算机。

向崩溃。"①

整体论与还原论的本质主义现在被语境与交互作用所取代，任何规模的系统都是其单元与环境之间辩证性相互作用所导致的结果。因此我们在生态学中关于整体论的态度是，倡导基于唯物主义的本体论意义上的整体论，同时也承认生态系统演化中认识论意义上的非决定性因素的存在。但在方法论层面上，只要科学家们意识到他们选择的后果以及施加于他们的局限性，整体论与还原论作为广泛策略中的组成部分都是合理的。如果将这种态度延伸到我们所关注的生态演化中的非决定性上，就会发现，我们一方面接受了生态系统演化中各组成要素之间关系的种种不确定性与非决定性；另一方面，在方法论层面上并不妨碍我们从认识论和方法论上将生态系统建模为某种具有宏观演化倾向性的巨大实体，尽管我们无法预测自然以何种手段实现它的目的，但依然能够判断它倾向于达到什么样的状态。如何体现生态系统中的变化因素已成为超越整体论与还原论方法之争的新的课题，进化议题已经不再仅仅局限于生物学，系统生态学的研究者们同样将目光转向进化理论。

三、进化非决定论的实在性

尽管目前进化问题的研究已深入生态学领域，但是依然不能说进化理论在系统生态学或生态系统建模中占有一席之地。通常我们仅仅将进化局限于自然选择导致的有机生命进化，认为这一过程并不会对生物学或物理学的系统产生任何直接的改变。构成系统生态学的那些子领域关注整个生态系统的动态性、结构以及功能。从 20 世纪 70 年代以来，不断有将进化理论应用于有关系统研究的尝试，但进化理论依然没能充分融入相关研究之中，即便是提及有机生命的进化，进化过程也经常被看作是生态系统通过某种最佳方式运行的"黑匣子"。一些系统生态学家认为，只要时间充分，进化将会促进共生适应，从而形成组织化并具有功能性的完整生态系统，

---

① Levins R. Dialectics and systems theory[J]. Science & Society, 1988, 62（3）: 375-399.

但却很少有人关注进化机制是如何导致这一结果的。①系统层级的限制以及因果反馈循环通常被看作是高阶现象，而无须考虑个体物种的进化。这一整体论路径被视为在缺乏生态系统构成成分的自然历史数据的情况下，研究生态系统巨大复杂性的实践方式。基于开放系统的立场，从生态系统的实现方式上讲，这体现出的是一个完全不确定性系统，在系统演化的方式上可以说具有非决定性，因为其中涉及不同子系统之间的动态关联与交互作用，以及不同系统内有效要素构成的原因子集的判定。但从生态学的目标来讲，其试图展现出的是一种生态系统现象学，并不需要关于个体物种的细节信息。

这种整体论路径对种群生态学家以及进化生物学家的研究构成了限制，使得研究主要聚集于个体层面的适应和选择。一方面，即便是对进化中的组织与博弈关注较早的约翰·梅纳德·史密斯（John Maynard Smith）也认为，选择在个体之上的组织层级很少发生。这导致了人为生态系统并不是实际上的实体的观点，即认为生态系统不过是某一环境中所有物种的集合。另一方面，进化的原因促使科学家们愿意去关注更高层级的系统乃至生态系统，而它们的属性也常被看作是个体生物间竞争以及选择的结果。按照达德利·夏佩尔（Dudley Shapere）的观点来看，以构成的形式（结构与功能）来进行解释的科学理论较之那些依赖时间演化的理论存在本质上的不同。②这里的关键问题在于，生态系统是否可以被满意地理解，是否可以通过那些仅针对当下现象和关系而不涉及它们长期历史经历的理论所建模。威廉·A. 雷内尔（William A. Reiners）曾提出，统一系统生态学至少需要三个相互独立的理论框架：能量、物质（化学计量学意义上）以及生态系统的"连通性"。③可见，进化理论对完善生态系统概念是不可或缺的。

① Patten B C, Odum E P. The cybernetic nature of ecosystems[J]. The American Naturalist, 1981, 118（6）: 886-895.

② Ayala F J, Dobzhansky T. Studies in the Philosophy of Biology: Reduction and Related Problems[M]. Berkeley: University of California Press, 1974: 187-204.

③ Ayala F J, Dobzhansky T. Studies in the Philosophy of Biology: Reduction and Related Problems[M]. Berkeley: University of California Press, 1974: 187-204.

在既有的进化理论与系统生态学交叉研究中，生态遗传学、协同进化理论、进化的空间异质性方面研究、进化的策略研究等往往关注当下状态的研究，但由于生态系统功能部分依赖于物种的适应，进而由于适应是进化的建构，因此我们必须将进化视为生态系统组织性与功能的决定性限制因素。只有在生物学上可行的并符合系统发生条件的生物特征才有资格作为初级原料来构造生态系统。

另外，对于生态系统来说，我们必须对个体与整体之间进行明确的界定。至少在进化的意义上，我们应当探寻在多大程度上作用于个体的选择会影响到生态系统层级上的属性。我们有理由相信，各种系统层级的属性是因自然选择而不断优化，甚至与个体选择相抵触，表现为个体选择的副现象。因此，对于这一问题，我们可以通过两步来进行论证。

首先，传统观点认为，作用于个体的自然选择主要受到内在变量的控制，例如食物获取难易程度、温度等，而非如承载能力、多样性、熵、种群规模等外延变量。后者仅仅是针对人类认识而形成的概念，因此选择并不会对这些变量产生响应，但是内在变量会与外延变量产生动态关联，例如种群规模与食物获取难易程度之间便存在某种关系。但当某一理论依赖于外延变量的进化最优化时，则需要慎重审查。例如，传统观点认为进化会促进生态系统稳定性（外延属性）。

其次，生态系统的属性是累积性的还是突现的？通常，对于一个系统的累积性属性来说，其仅仅是系统各成分属性的总和，而对于真正的系统（突现）属性来说，其是作为系统各成分间相互作用的结果，从性质上区别于那些成分的属性。因此，突现属性可以定义为系统属性，其不可以通过研究孤立的系统成分而预见。那么，对于自然选择理论的引入来说，一个系统被选择就意味着不应当涉及其中的个体选择。例如，在沙漠环境中，能高效使用水资源的生态系统是自然对那些能高效利用水资源的个体选择的结果，而不是对整个生态系统属性的选择。

因此，从整体论的诉求以及还原方法的可行性上来讲，如果系统层级上的组织性原则是重要的，那么我们就有必要研究进化何以能影响突现的系统属性，以及生态系统的动态性何以能影响个体物种的自然选择。要回答这两个问题就必须涉及有关进化的最大化理论，即生物量最大化理论与最大化能量原理。前者认为，进化具有促进生态系统内生（self-producing）物量积聚与保持的倾向，后者认为进化具有使生态系统内能量流率最大化的倾向。尽管仅仅是从理论上设想而没有考虑实际进化过程面临的诸多限制，但是这两种系统理论对进化如何塑造生态系统的结构以及功能做出了解释，从而成为能量以及化学研究途径的补充。接下来，我们将对生态系统概念从引入进化理论的视角进行分析。

　　第一种视角是群体选择。其中的关键问题在于，生物体的个体适合度是否可以通过间接地有利于整个生态系统而获得提升？也就是说，生态系统的结构和功能是否可能促成比我们对于其中个体所能达到的最优化适合度预期的总和更加优异的结果。这种额外的最优化运行因素表现为一种突现属性。要对其进行解释，我们就必须设想这类"基因型"要比其他同类"基因型"更加有利于系统。尽管像乔治·克里斯托弗·威廉姆斯（George Christopher Williams）、史密斯等进化论者都曾对群体选择是自然界重要或普遍的现象表示怀疑，但是群体选择作为一种机制会对生态系统的组织性产生影响的观点依然普遍。威尔逊就认为，能够加强生态系统结构和功能的那些特征是可以被选择的，因为群体包含了拥有被选择特征的个体的收益之和，但其与任何形式的收益强化存在区别，后者能进一步促进群体基因的扩散，有利于系统的特征的频率因而会上升，即便个体选择有时会同时减少它们的频率。[1]因此，当群体选择应用于生态系统的概念之中时，我们就必须澄清什么样的系统属性指标是衡量其好坏的依据，例如稳定性、鲁棒性等。同时，群体选择与个体选择之间的交互与平衡也是必须要考虑的因素。

---

[1]　Loehle C. Evolution：the missing ingredient in systems ecology[J]. The American Naturalist，1988，132（6）：884-899.

第二种视角是共生作用。尽管共生帮助我们理解了生态系统内的关联，但共生的进化模型却显示，其紧密联系的程度是局限的。比如，由于时间异质性，许多物种的共生现象是随机发生的而非必需的。[①]共生式的协同进化与群体选择一样，将其作为一种形成生态系统整体属性的机制存在同样的难题，即便在局域性视角内，许多物种同时处于多个群落中。认为物种趋向的最佳整合方式是多重性群落的观点显然还缺乏证据。此外，不同物种经历选择压力与隔离时会在极为广泛的地理范围上形成不同的同类群，而且，多数群落中的构成物种曾经分属于不同的群落。这些都会给共生理论的应用带来困难。

第三种视角是群落构建。尤金·普莱曾特·奥德姆提出了群落构建理论。该理论认为，一个最优化的群落是通过从可用物种池中选择组件，通过组织以及竞争过程而形成的。群落构建可能是累积性的，比如，在一个生态系统中，每一最小土地所获得的植物物种都应当是在该位置繁殖力最强的；或者可能是一体化的并涉及突现属性的，例如，一种物种的稳定构建形式应当是通过尝试-淘汰的方式形成的。因此，有观点认为，我们最好将构建过程视为生态系统的演化而非群落进化。不过，群落构建理论从目前来看依然是一种理论性的探索。

第四种视角是进化中的生态系统层级的限制。进化生物学认为，生态系统层级会限制个体物种的进化。一个生物群为了生长与繁殖必须适应其所处生态系统的尺度。对生态系统"设计"进行理解可以帮助我们理清选择压力是如何衔接于生物个体之上的。例如，对一个湿地系统在不同水文情势下的碳与营养流分析可以帮助我们理解该位置无尾动物幼虫受食物资源限制的频率和程度。由整个生态系统营养结构决定的食物等级可以影响该动物在变态发育过程中的生命历史特征，例如成长率、体态大小等。所以，在生态系统模型中引入遗传-选择分析是有用的，特别是关注系统层级

---

① Howe H F. Constraints on the evolution of mutualisms[J]. The American Naturalist, 1984, 123 (6): 764-777.

的限制或强迫功能对于群体遗传学的效应。

对于生态系统研究来说，在承认整体论的本体论地位基础上，将其还原为一种方法是可行的，但并不意味着整体论仅仅是在方法论上的虚设，它实际上提供了有益的导向，特别是生态系统中的整体与个体的定义、边界与演化路径、稳定性与多样性等问题都涉及时空变化的因素，因此，探讨进化因素在未来系统生态学中的应用具有重要的实践意义。对于我们正在讨论的非决定论问题来说，在生态学的层面上，尽管系统生态学方法依然在本体论上将复杂性与系统演化的不确定性视为无法回避的现实，但是很明显，生态学家们依然通过建模，在认识论与方法论上将生态系统及其子系统视为一种倾向性的系统，这也就意味着，在未来的研究中，各种生态学模型也是在追求一种概率解释。同时，生态系统的多重实现也表明，在开放条件下，生态系统的实现方式与演化路径也是非决定性的。

下面，我们还是回到本体论的视角，重新审视进化非决定论的实在观。BC 声称其非决定论观点是一种实在论的非决定论，并将向上渗透效应作为实在性的依据。但正如其他学者所反对的，这种向上渗透效应本身是否存在值得怀疑，很有可能走向另一种不可知论。目前，微观领域已经有很多证据能够证明非决定性的实在性，例如点突变的发生机制以及很早便被接受的中性理论或冻结机遇假说。但是，GHR 基于认识论原因所主张的二分法很有可能破坏生物学理论的统一性。倘若觅食行为的进化也是一种非决定性过程，并且这种非决定性具有实在性，由此便可认为进化论不仅在微观领域中由于量子不确定性而具有非决定性，并且在宏观领域也同样具有非决定性，这种非决定性不是 BC 基于量子不确定性的渗透，而是一种机遇性的、从微观领域到宏观领域的生成性要素的渗透过程。进化论的统计概率特征的本质是各种要素的机遇性生成，并且具有实在性，而不是 GHR 所认为的进化论是一种实用主义的解释方式。科学实在论的立场并没有拒绝理论的概率性，所以概率特性也可以是一种实在。任何进化解释都不应当滤除不利于提升适合度的行为模式的生成过程，而单将有利行为连接到因果链中从而认为进化过程是一种决定性过程。每一种具体进化过程的解释都应当基于一种机遇性前提的发生，如果没有这种机遇性的机制，自然选择便会失去选择的对象。由于进化过程引发的结果具有概率性，所以自然选择式的进化解释本身都是情境化的。

回到开头英格兰工业化时代飞蛾颜色突变的例子，对这一过程的解释要基于特定的一系列语境要素，才能确立事件 S_2 和事件 S_3 各自的发生概率，如：被污染环境的颜色、飞蛾的颜色、飞蛾天敌对颜色的分辨能力、当时飞蛾是否发生了移动而被天敌识别等，只有将这些因素加入到对事件 S_2 和事件 S_3 概率的分析中，才能具体得到事件 S_2 和事件 S_3 的概率，所以任何关于自然选择的解释都应当建立在情境分析的基础上。进化的理论实际上是一种不连续的、碎片化的理论，任何基于认识论立场而建立的决定性理论都无法剔除概率性和机遇性成分，这也是对解释充分性的要求。从这点上说，概率性特征源于机遇性要素的随机生成，具有实在性，其渗透于不同层面的进化解释之中，而 GHR 所主张的渐进决定论本质上是一种掩饰了机遇要素的语境化解释，之前通过觅食行为进行的论证很好地说明了这点。当然，觅食行为的随机性生成机制对于整个适合度理论而言也并不具有普遍性，但至少可以认定进化过程包含了不可剔除的概率性因素。我们前面讨论的在开放条件下，生态系统的实现方式与演化路径的非决定性同样也揭示了这一点。他们的共同点在于，对于导致特定现象（无论是个体、群体还是生态层级）的原因子集来说，形成作为原因实体的事件集合的过程是随机的或概率性的，因此在这个层面上，不同层级是同构的，但认为它们表现出的非决定性特征是一种自下而上的渗透，显然并没有足够的证据支持。

承认非决定论本质并不意味着我们无法获得确定的知识。进化中要素的本质是非决定性的；进化进程体现的自然（或选择）的目的性是决定性的。不过显然前者是实在论立场，而后者则是认识论的工具主义立场。任何涉及后者的解释都应建立在语境分析的基础之上，二者的对立也并不是关于进化非决定性本质的二分。

在这一点上，比约恩·布伦南德（Björn Brunnander）提供了很好的思路：目前普遍接受的关于自然选择的多重实现观点源于将选择视为独立原因性因素的传统，但这是存在问题的。变异的生成以及选择对于变异的淘汰都是随机性的，并且潜在于功能特征之下的异质性（新实现方式或变异）的增加会为个体应对许多环境挑战提供相对通用性。[1]这种导致有利或有害的异质性实现方式以及生态系统演化的路径与实现方式没有得到应有的解释。在任何选择层级乃至生态层面上，通过物理、化学等方式生成的实现方式（变异）表现出明显的异质性以及与环境形成某种关联的机遇性，这种机遇效应作为实现路径存在解释上的渗透。特定生态条件下的自然选择机制仅仅对某种特性（功能）高度敏感，生态层面上我们又关注系统演化的最大化理论，因此我们关于进化的决定论解释显然是一种带有目标指向性的功能解释，这种解释忽视了存在大量随机的异质性变异的事实及其与生态环境之间产生关联的机遇性，尽管它们在不同条件和阶段表现出特定倾向性，但其弱随机性的属性是客观存在的，非决定论的实在性议题也因此在很大程度上被掩盖了。

第三节　进化理论的因果论与统计主义之争

进化理论的数字化是整个 20 世纪进化生物学发展的趋向，生物学家们期望使用数学工具来描述基因频率变化导致的进化变化及其规律。但这种形式的理论内在的演绎观却并不符合对于进化过程的精确描述与预测要求，面对归纳问题的挑战，统计主义期望挖掘进化理论的统计特性，从而为进化生物学提供作为经验科学与归纳能力的保证，从而构筑部分决定论

---

① Brunnander B. Natural selection and multiple realisation: a closer look[J]. International Studies in the Philosophy of Science, 2013, 27（1）: 73-83.

的因果性理论。

一、进化理论的因果论

当代进化理论基于群体遗传学框架，完善了达尔文进化论中遗传解释的缺失，如费希尔通过统计学联结了达尔文进化论与孟德尔遗传学，提出了自然选择的基本定理[①]，以定量-假设演绎的方式，通过数学模型对进化的各种因素进行评估与预测，从而保证了进化生物学的经验本质与预测性。但是，对于进化的本质与进化生物学是否是严格的，科学人们长期存在各种质疑，主要涉及两个方面。

一方面，进化生物学的经验科学属性争论源于尤金·维格纳（Eugene Wigner）所谓的数学在自然科学中不合理的有效性问题[②]，即数学模型何以能够描述进化过程？相比物理学定律，数学模型虽然使用抽象的数学公式，但理论方程本身并不是纯粹的数学产物，而是经验假设的数学表达，也就是说，其是以确定性的经验现象作为支撑；相反，进化理论却缺少这种经验假设，例如描述两个世代表型性状均值变化统计函数的普莱斯方程（Price equation），如式（5-7）：

$$\Delta \overline{Z} = \mathrm{Cov}(W, Z') / \overline{W} + \delta \overline{Z} \qquad (5\text{-}7)$$

其中，W、Z、Z'以及$\delta \overline{Z}$是种群中个体的属性，适合度W是后代的数量，Z是任意个体的表型特征，Z'是后代表型的平均值，$\delta \overline{Z}$表示两世代间表型均值的差异。方程参数本身是根据概率论的基本公理以及平均值、协方差的定义出发，通过纯粹演绎得到的，因此只需要通过方程本身的概率特性就可以保证它的真实性。[③]以此为基础也产生了新的问题，为什么数学模型的先验陈述能够支持关于物种历史起源的假设，或者对未来进化轨迹的预

---

① Fisher R A. The Genetical Theory of Natural Selection [M]. Oxford: The Clarendon Press, 1930: 22-47.

② Wigner E P. The unreasonable effectiveness of mathematics in the natural sciences. Richard courant lecture in mathematical sciences delivered at New York University, May 11, 1959 [J]. Communications on Pure and Applied Mathematics, 1960, 13（1）: 1-14.

③ Price G R. The nature of selection [J]. Journal of Theoretical Biology, 1995, 175（3）: 389-396.

测？一种批评认为，进化理论实际上并不是一种可证伪的经验理论，而只是一种"同义反复"，这注定了其很难被称为决定论的理论。

另一方面，进化理论是作为科学理论的可预测性问题。达尔文的自然选择理论基于这样一个前提，即种群中的个体在生存和繁殖能力方面存在差异，而且这种能力是可遗传的。这个推理是扩展的，它的结论传递了不包含在前提中的新信息。换句话说，进化变化是通过适合度的遗传差异来进行预测的。达尔文理论的这种预测能力得到了群体遗传学定量公式的支持。但如果这种基本原理只是一个逻辑或数学真理，也就是说，其决定性因素的来源并非生物现象，那么这种扩展推理就是不可能的。因此，如果达尔文的理论是一种逻辑推论，那么它所能做的最多只能是将过去的变化与选择、遗传条件联系起来，而不能对适应性的进化变化进行预测，这种以自然选择理论为前提的演绎推理如何能进行放大推理？这仍是一个困境，这对进化理论的预测能力提出了严重的质疑。

以上批评指向这样一个困境，即进化理论的经验本质与归纳问题。面对这样的挑战，围绕进化理论本质的探索也形成了不同的方向，并达成一套共识，即通过对进化中数学模型参数和概念的合理解释，从而获得其经验意义，形成关于进化的因果理论，同时这也意味着其具有某种程度的决定论意蕴，而统计主义者对这种观点提出了挑战。统计主义者强调进化理论的统计性质，认为进化理论是一种统计理论而不是因果理论，从而否定了其中的决定论意蕴。因而这里将首先就进化理论的经验性质展开论述，并进一步分析统计主义者的批评以及统计主义观点下的进化理论本质。

进化理论的演绎观会导致理论本身失去其解释性，但问题在于，进化理论中的数学方程是否指向一种因果过程？如果是，如何指向？围绕该问题，索伯提出了进化的"力学理论"，其中将进化理论分为理论推论和经验应用两个层面，索伯的理论主要有四个主张。

（1）零力状态：这里指的是合力为零的种群稳定状态，正如牛顿第一定律，物体在合力为零的情况下会保持静止，索伯认为哈迪–温伯格定律就是一种零力状态的表述。这可以理解为，当基因频率在代际没有变化时，就会形成稳定状态，通过与牛顿力学的类比，在这种情况下，在总体层面上没有产生合力作用。

（2）力的分解：我们通常认为，力分为万有引力、静电力、磁力、冲击、阻力等。在经典物理学中，索伯所称的"源定律"描述了这些力是如何从各种物理现象中出现的。万有引力定律、库仑定律、胡克定律等都是源定律的例子。作用在一个物体上的合力总是可以分解为这些分量。选择、突变、迁移、随机遗传漂变、连锁和近亲繁殖表征为个体动态作用于其群体并导致其进化。支配这些定律的便是源定律，例如，预测各种性状选择价值的最优解的分析原理、在重组过程中控制基因在染色体定位的机制等都可以称为源定律。因此，整个进化变化的原因分析可以通过这些"力"的分解来完成。

（3）分力：对于两个及以上作用于物体的力，牛顿力学利用向量加法来计算作用在物体上的合力。根据索伯的理论，进化的力量同样可以通过这种方式结合在一起。他以杂种优势的例子来说明这一点，在镰状细胞性状中，杂合体的适合度会更高，这是因为对疟疾的免疫性、贫血的易感性的综合结果（合力）表征了三种基因型（两种纯合子如 AA 和 aa，以及杂合子 Aa）各自的适合度值。

（4）描述在合力作用下发生变化的定律：类似于牛顿第二定律，即物体动量的变化与施加在其上的总合力成正比。索伯将此称为"结果定律"，群体遗传学的规律应该在进化理论中扮演这个角色。

在进化生物学的应用中，源定律用于评估生态、种群、生活史等因素，并将其转化为参数，应用到结果定律中（图 5-1）。索伯认为，这样一种二分既保证了其定律的先验性，也赋予了它的经验性。正如索伯所说："解释作为一个整体也是经验性的，因为它的其他组成部分也是经验性的"。①

----

① Sober E. The Nature of Selection: Evolutionary Theory in Philosophical Focus[M]. Cambridge: MIT Press, 1984: 79.

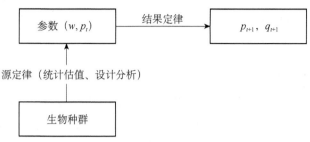

图 5-1　索伯的进化理论图景

源定律确定一个种群的各种参数如基因频率 p、q 或适合度 W，
而结果定律计算了从世代 t 到世代 $t+1$ 的进化变化

按此线索，通过对源定律的合理定义使得对生物体的一些参数（如环境信息）投射为形式化的数学参数，进化理论被赋予了经验性，因而理论表现出的决定性代表了生物学现象上的确定性。同时索伯认为，源定律可以反映相关生物信息（如适合度的来源）的因果关系，也保证了进化理论本身的因果理论属性。因此，进化理论中的源定律至关重要。其中适合度是进化理论中的重要参数，适合度是指生物体或生物群体对环境适应程度的量化特征，是分析评估生物体各种特征的适应性及其遗传能力的指标。因此，对适合度的澄清既是对进化理论中归纳问题解释策略的澄清，也是对进化理论经验本质的澄清。

首先是适合度的概念问题。生物学家们使用此概念通常是将某些特征的相对（生存）优势归因于这些特征的适合度，而衡量适合度的指标是后代的实际（繁殖）数量，也就是说，在生存与繁殖能力上表现良好的个体会繁殖得更多，这导致同义反复，使得进化理论的解释无效。罗森堡认为："生物学家必须面对这样的问题：要么对进化理论的关键术语的含义提供非循环的解释，要么完全放弃其解释能力……如果我们不能对独立于它之外的理论的关键术语意义提供令人信服的解释，那么我们将不得不放弃所有旨在展现达尔文理论是一种科学理论的希望。"[1]为了破除适合度的解释循

① Rosenberg A. The Structure of Biological Science[M]. Cambridge：Cambridge University Press，1985：129.

环，哲学家们对适合度的概念进行了分析。

适合度概念的问题在于适合度、繁殖、生存之间的逻辑关联。苏珊·米尔斯（Susan Mills）和贝蒂提出了适合度的倾向性解释，该解释在语义上对适合度概念进行了重新定义，他们认为适合度不是指一个实际的结果，而是指一个有机体生存和繁殖的倾向。倾向是指在特定条件下使某物具有某种行为或结果的一种属性。例如，一个骰子的物理性偏态使它倾向于产生特定的结果。类似地，我们可以想象生物体所具有的不同程度的倾向：一些生物对比其他个体可能更脆弱，这使它们不太可能在严重干旱等极端环境条件下生存，或者是生殖的结果的偏向，它们往往比其他同类拥有更多（或更少）的后代。在这里，不同的倾向也代表生存和繁殖的可能性，而适合度可以被认为是一个概括了所有可能倾向的一般属性。也就是说，它被定义为生物体在特定环境下以某种方式生存和繁殖的总体倾向。①

罗森堡认为这样的解释使得三者之间不存在逻辑联系，而是一种因果特征，或者说是概率特征。因为倾向这一概念关注的是某事物的潜力。适合度在实际结果与倾向之间有了解释的余地，也就是说，这里强调的是一种不必然性。例如，如果适合度是由实际的繁殖结果定义的，那么在出现适合度较高的生物体最终比适合度较低的生物体繁殖情况更差的情况时，就凸显了解释的缺陷。如果适合度是一种倾向性，那么尽管高适合度的生物比低适合度的生物更容易生存或繁殖，但实际结果在某种程度上是机遇性的问题。虽然在某些代际之下实际结果可能和统计期望有偏差，即预期适合度很高但后代却很少，但总的来说，预期适合度高的基因型比适合度低的基因型更容易存活和繁殖，因此从长远来看，它会在一个群体中传播，就像我们不断抛掷一个存在物理性偏态的硬币，最终我们会看到特定一面出现的概率更多。硬币的偏态可以预测并解释它的长期频率，预期适合度也可以解释种群频率的变化。因此，倾向性解释既规避了语义上的问题，

---

① Mills S K, Beatty J H. The propensity interpretation of fitness[J]. Philosophy of Science, 1979, 46（2）: 263-286.

也赋予了了进化理论以解释价值。

其次是适合度作为参数的来源问题。这也涉及进化理论的归纳本质。因果论者认为，适合度的参数主要有两种来源：统计的和因果的。

适合度的统计主要是通过统计估值（statistical estimation）得到的。适合度是一种统计预期，统计估值是对某种机遇性设置（chancy setup）的描述，这种设置类似于运行中机器的描述，我们只能从观察到的数据中推断初始参数，而这些参数不会被直接观察到。也就是说，在一定的误差范围内，这是对表征一个概率模型的潜在参数进行估计。例如，一枚硬币的偏态可以通过一定数量的抛掷进行统计估值。如果我们投掷 1000 次，得到524 次正面，我们可以推断硬币的偏态不是那么严重，也就是说，它得到正面的真实概率不会偏离 0.5 太多。同样，我们可以从一种生物的平均后代数量来估计它的繁殖能力。如果在 100 个该生物种群的个体中，携带纯合子 AA 的个体平均有 5.7 个后代，携带纯合子 aa 的个体平均有 1.8 个后代，那么我们可以推断携带纯合子 AA 的个体比携带纯合子 aa 的个体具有更高的（预期）适合度。统计估值的另一个特点是不假定对象的物理性质。在掷硬币的例子中，通过反复抛掷，我们并不需要考虑硬币本身的物理性质，所需要的只是计量最后的结果，就可以得出硬币偏态的结论。但有时我们可以通过对一枚硬币的物理检测来评估可能的偏差，比如我们发现硬币是弯曲的，就没必要使用统计估值，对物理因素的考量就可以引出适合度的原因性来源，即必然性或决定性的因素。

适合度的原因性来源是对适合度的一些物理因素进行的考量，被称为设计分析（design analysis）。上面提到某物的倾向性是基于它的结构：比如玻璃，由于它的材料性质是脆弱的，所以在特定情况下其更易碎。同样，如果生物体在形态或生理条件上有所不同，例如，如果在草原环境中，某些生物体比其他生物体跑得更快或代谢率更高，那么我们就可以推断，前者具有更高的适合度，或者说，生物体结构也提供了其适合度的相关信息。因此，这样的设计分析应该被作为第二种类型的源定律来评估适合度。

因果论通过对适合度的重新定义与源定律的解释对进化理论的科学地位进行了保障。根据大冢俊（Jun Otsuka）的说法，进化模型归纳成功的两个条件是：①模型及其参数反映了"自然齐一性"；②这种齐一性是通过一些观察推断出来的。适合度的倾向解释和源定律的设定满足了这两个要求。[①]根据纳尔逊·古德曼（Nelson Goodman）的归纳理论，基于物体的物理结构，倾向是一种稳定的可投射属性（projectible property）[②]，只要适合度被解释为一种倾向，人们就可以"投射"相同的模型来预测未来的进化轨迹而又不必陷入决定论的泥沼；另一方面，源定律提供了通过统计估值或设计分析来确定这种可投射性的经验方法。它们都需要用数学模型来推断进化动力学，从这个意义上说，倾向解释和源定律是进化理论经验性与归纳能力的保证，使得相关解释具有其实在论意义。

总的来说，因果论认为源定律的构建既要考虑到原因性因素，也会涉及它的统计性质，具有某种程度决定论的意蕴，而统计主义者对进化理论所涉及的经验本质有所质疑。他们认为，进化理论应该只涉及种群变化的统计趋势，而不考虑其原因，进化理论的经验内容是纯粹的统计性质，不具有任何决定论意蕴。统计主义的主张有两个方面：①认为源定律中的设计分析不能明晰进化模型参数；②明晰这些参数只能通过统计学调查来完成。

二、进化理论的统计主义

在因果论的观点中，源定律通过提供其对参数的数值估计，将进化的数学模型投射到经验应用中。统计主义对设计分析的作用表示质疑。设计分析的主要任务是识别和评估影响适合度的因果因素，也就是说，它的目的是在目标生物体所具有的各种特征中，确定哪些特征会对生存机会或后代数量产生因果影响。例如生活在开阔的草原上的食草动物，如果跑得很快，就有更好的机会逃脱捕食者的追捕。因此，在这种环境下，产生"快

---

① Otsuka J. The Role of Mathematics in Evolutionary Theory[M]. Cambridge：Cambridge University Press，2019：19.

② Goodman N. Fact, Fiction, and Forecast[M]. Cambridge: Harvard University Press, 1955: 84-108.

速"属性的腿部构造（如更长或肌肉量更大）是一种"良好的设计"，这是一种显著的因果因素，对其承载者的适合度有积极的贡献。

统计主义者对此有两点批评。首先是设计分析所涉及的比较问题，其中可能涉及有限区间的比较，但并未阐明程度上的差异。例如，在上述关于"速度"的例子中，假设捕食者的速度有 60 千米/小时，那么我们可以推断，为了避免被捕食，一种能达到以 70 千米/小时的设计会比速度只有 50 千米/小时的设计更有利，但是对比 65 千米/小时的设计，同样是比捕食者速度快，但是并不能有程度上的区分，例如只能知道 70 千米/小时的食草动物的腿部肌肉比 65 千米/小时的腿部肌肉发达，但是对于更细致的其他因素，如肌肉耐力、能量转化速率等，并不能进行合理的评判。这里统计主义者想表达的是不同尺度上的设计分析问题，他们认为这种设计分析只能按特定的标准对对象进行序列评估，即一种相对标准，但并不能在自然的标准下进行更为细致的比较。①

其次是对复合原因性因素评估的问题，由于每个原因性因素在性质上是不同的，设计分析的结果往往不能达到想要的效果。例如，关于性别决定的最佳繁殖策略是在种群中雄性较少的时候生育雄性后代，在种群中雌性较少的时候生育雌性后代。但这只能告诉你，在其他因素不变的情况下，在一个限定的集合内，各种策略的相对优点。但是当其他适合度因素（如亲代的抚养策略、生物体与环境的互动策略）加入时，我们不能说不同标准下的不同因素孰优孰劣。比如我们无法计算出特定性别选择策略是否存在与特定亲代养育策略的相互作用，以及这些策略产生的适合度是如何结合在一起的。例如，即使我们确定速度和免疫力是适合度的积极因素，但我们也不清楚这两个因素是如何结合的。比如分析出一个快速但多病的个体的适合度更高，虽然这满足了群体遗传学对参数的需求，但却有违我们实

---

① 序列评估强调的是一种顺序性，例如，我们给一篇文章评分，只给出一个有序的尺度，或按照一定标准排序的等级（如 A，B+，B，C+等）。从这样一个评分系统中，我们可以看到特定作者相比其他人是更好还是更坏，但它并不能告诉你是否得到两个 B 相当于一个 A 和一个 C。

际的观测结果。①

由此来看，设计分析的结果和适合度参数处于不同尺度，这一基础差距使得设计分析不符合作为源定律的条件。②

除却设计分析，统计主义者认为，索伯提出的结果定律所要求的整体适合度必须符合统计估值，即通过观察子代数量的实际值，利用这些实际值来估计期望值和其他统计量。统计估值不需要因果关系的知识，所需要的只是观测数据，也就是说，对适合度和正在研究的性状的测量，然后相关的统计技术负责将样本统计转化为回归统计并评估它们的可靠性，这并不需要讨论这个性状是否或如何影响适合度。在这个基础上，统计主义者得出结论，源定律仅仅是基于有限样本对总体参数的统计估值。③

总结一下统计主义的思路。统计主义也使用了理论/理论应用的二分法，基于源定律以及对适合度的适当解释，将经验内容引入进化数学模型。

---

① Matthen M，Ariew A. How to understand casual relations in natural selection: reply to rosenberg and bouchard[J]. Biology & Philosophy，2005，20（2/3）：355-364；Matthen M，Ariew A. Selection and causation[J]. Philosophy of Science，2009，76（2）：201-224. 对于复合因果我在此做出进一步说明。马修和安德烈·阿里尤（Andre Ariew）想表达的是，在这种进化"力"的理论下，所谓"力"的分解是不可能的。大卫·斯蒂芬斯曾对此有过两点评论，他们也对这两点评论进行了回应。首先，大卫·斯蒂芬斯认为，这些因素的结合是可以通过经验观察得到的。但马修和阿里尤认为，这仅仅是他们观点的重述。假设一股力从一点向东作用，另一股力向北作用，此时，合力的大小和方向是确定的。合力是各分量的数学函数。但是假设分属两种物种的个体在强度上相差 x，导致在适合度上相差 y；它们的速度相差 a，导致在适合度上相差 b。现在假设两种生物体的强度相差 x，速度相差 a，那么它们的适合度会有多大的不同？这是概率论和群体遗传学无法回答的一类问题。这并不是说在特定情况下没有答案，而是说没有综合两种概率的一般方法，除非这些事件是相互独立的。联合适合度的函数不同于单独适合度的函数。例如单独适合度的概率 p 和 q 的联合概率不能仅考虑 p 或者 q（前提是二者不是独立因素），还要考虑相互作用下二者的概率 $P(A\mid B)P(B\mid A)$。所以两个性状的联合适合度不单单取决于个体概率，还取决于基因和表型水平上的各种交互因素，而这些需要经验观察来考量。对此，斯蒂芬斯也强调，我们必须独立地估计相互作用的因素。但这种观点并未很好地反驳马修二人的观点。其次，大卫·斯蒂芬斯认为，各种不同的力（突变、选择）可以还原为统一的"力"，即基因频率。通过基因频率的变化来表征各种影响进化的因素，这相当于设定了一个可以衡量的尺度。但马修等二人认为，这种还原忽略了基于特征或表型的因素，相比于用基因频率描述进化变化，一些表型变异的问题并不能很好地用基因频率来表示，所以这种解释并不充分。

② 在适合度的比率尺度中，每个区间都是有意义的，并且有一个确定的值。例如身高，170 厘米和 160 厘米不仅仅意味着相差 10 厘米，而且代表着是 155 厘米和 150 厘米之间差距的两倍。采用这样一种比率，方便从数量上计算一种性状相对于其他类型形状增加或减少基因频率的程度。

③ Matthen M，Ariew A. Two ways of thinking about fitness and natural selection[J]. Journal of Philosophy，2002，99（2）：55-83.

因此，如果这些进化的形式模型或结果定律与进化的原因有关，那么必然存在一个相应的源定律，它包含了一个进化种群的相关因果事实，并将它们与结果定律联系起来。但通过对设计分析的考察发现，因果关系与适合度的估值无关。这里并不存在因果假设，因而也就没有因果解释，继而也无法给予进化理论相应的确定性和预测性支持。因此，进化理论只关注统计趋势，并通过诉诸统计现象来解释种群统计结构的变化。[①] 其本质上并不涉及任何必然性或决定论的内涵。

因果论通过设计分析或统计估值对目标种群的参数进行估值，从而将进化的数学模型应用于目标种群。但是由于统计主义者否认设计分析是一种恰当的源定律，所以其应用仅仅依赖于统计：利用目标种群的数据来统计估值某一进化现象的参数时，用某种数学公式对其进行归纳和解释。从这个意义上说，进化解释只是应用统计学的常规实践，即统计参数的估值。这里还是考察式（5-7）。该式可以分为两部分，其中 $Cov\ (W,\ Z')\ /\overline{W}$ 表示适合度和平均后代表型的协方差除以平均适合度，如果协方差为正，那么适合度为 W 的个体倾向于留下更多的后代，即有助于适应的性状（即后代的数量）在种群中的扩散；如果为负，则后代则倾向于规模减小。相比之下，第二部分是平均传播偏态 $\delta\overline{Z}$，它衡量的是，无论自然选择条件如何，后代与父母的平均差异是否存在，以及这种差异有多大。普莱斯方程将这两项结合起来，从选择的数量表达和传播偏态两个方面计算种群的平均表型变化 $\Delta\overline{Z}$。我们从一个种群中抽样一个个体，从抽样中我们获知了种群的协方差和适合度，如果评估的协方差显著地偏离零，我们可以得出结论，种群确实在进化。但如果这样，这种统计推论只能在两个可观察到的世代之间有效，并不能预测未来的进化变化，因为统计估值并不支持这种放大推理。这样的话，进化理论就变成了描述性的而不是解释性的理论。

---

① Walsh D M, Ariew A, Matthen M. Four pillars of statisticalism[J]. Philosophy, Theory, and Practice in Biology, 2017, 9（1）: 2475-3025.

通过采用归纳原理来保证世代间的相似性也是不合理的。在进化过程中，两个种群或同一种群在不同世代的进化进程是不一样的。首先，进化改变了表型或基因频率，从而改变了种群本身的统计结构。如果一个种群从第一代进化到第二代，那么根据定义，各代的统计种群是不同的。因此，至少在统计学上，它们并不具有相同的统计参数。因此，如果我们想要将进化理论方程应用到新的世代，我们需要重新进行统计估值并重新采样，对于任何后续代际也是如此。这意味着统计主义所设想的进化解释没有预测能力，他们所能做的只是描述每一代进化后的进化反应。①从这个意义上来说，任何进化理论本质上只是一种描述性的理论，不具有预测性，在认识论意义上，自然是非决定论的，但在本体论意义上，进化的决定论性质并不是统计主义主要关注的范畴。

因果论通过倾向性解释和源定律充当了确保"自然齐一性"的角色，构成了进化理论归纳的基础。从一个种群到另一个种群的成功归纳的前提是，两个种群之间存在某种一致性，并且要把对前者的观察与对后者的预测联系起来。生物体设计上的预期适合度被寄希望于扮演这样一种基础性角色：旨在根据两个种群物理特性或功能设计的相似性预测种群未来的表现。然而，统计主义者们否定了设计分析的作用，取而代之的是统计估值，这意味着统计主义者们必须在统计整体及其参数的过程中寻求所需的性质一致性。这看起来就像是标准统计学推论的原理，即总体统计的假设是一致的，这就保证了从观察到的样本到未观察到的样本的归纳推论是正确的。但是，与假定某个固定种群并在该种群内进行统计推断相比，进化研究关注的是该种群本身的变化或种群之间的关系推断，对此，传统的统计方法并不能适用。如果仅仅承认进化理论的统计特性，那么就不能解决归纳难题。

一些统计主义者正是基于这一困难，建议把预测能力从进化生物学的

---

① van Veelen M, García J, Sabelis M W, et al. Group selection and inclusive fitness are not equivalent; the Price equation vs. models and statistics[J]. Journal of Theoretical Biology, 2012, 299: 64-80.

研究任务中完全剔除。马里莫·匹格里奇（Massimo Pigliucci）和乔纳森·卡普兰（Johnthan Kaplan）认为，将进化轨迹的定量预测作为研究目标是单纯借鉴物理科学的标准，并声称，进化生物学家们应该更加关注基因之间的复杂因果关系，例如进化史和环境因素等。①如果像匹格里奇和卡普兰所建议的那样，忽略进化理论的预测能力，那么整个进化理论就会变成缺乏统一或基本原则的经验观察，丧失了作为归纳科学的核心要素，成为约翰·贾米森·卡斯韦尔·斯玛特（John Jamieson Carswell Smart）所说的基本化学或物理定律的应用。②

综上所述，统计主义者发现，进化理论在源定律上无法追溯至真正的原因性因素，只能寄期望于舍弃原因性因素的测定，从而将进化理论辩护为统计理论，但这样却又回到了进化演绎观的困境。

三、进化的原因与统一论的科学解释观

进一步挖掘统计论与因果论的争论，我们会发现因果论在种群动力学模型的使用上有如下过程。

（1）根据种群中个体的因果特征（如繁殖系统、遗传、有利适合度的性状数量等）确定要使用的模型。

（2）验证整体是否满足模型规定的因果假设（例如随机交配、适合度-表型关系等）。

（3）通过统计方法（例如回归和方差分析等）估算参数。③

统计主义者对此则表示反对，如莫汉·马修和阿里尤在《理解适合度的两种方式》一文中，提出一种分层实现图式（hierarchical realization

---

① Pigliucci M，Kaplan J M. Making Sense of Evolution：The Conceptual Foundations of Evolutionary Biology[M]. Chicago：University of Chicago Press，2006：61.

② 斯玛特曾对生物科学进行了批评，精确科学的标志是其自身规律的存在，这些规律既要有普遍性的概括，也要有经验上的确认。斯玛特认为，生物学缺乏这样的普遍规律，因为所有关于生物体的普遍性概括，要么容易出现例外，要么沦为同义反复。因此，他得出结论，生物学是关于基本的化学或物理定律的应用。

③ Otsuka J. A critical review of the statisticalist debate[J]. Biology & Philosophy，2016，31（4）：459-482.

scheme），这种图式主张在不同的标准下，基于不同的情境，产生不同程度的模型。例如，如果一个模型涵盖了一个种群的每一个具体细节，它将提供该种群最具体和详细的解释。但是，如果选择只针对某一遗传系统，而不考虑其他因素，那么得到的"半抽象"模型将适用于具有该遗传系统的所有种群。通过这种方式，我们可以获得具有不同抽象级别和范围的各种模型。也就是说，当一个特定的进化变化事件被包含在一个抽象的公式里时，它是通过理论条件的说明和被研究的种群及环境的具体信息来解释的，也就是说在模型的构建上有如下过程。

（1）确定一个最小经验模型。

（2）通过加入具体的种群和环境信息来完善模型的条件。

（3）进行参数的统计估值。①

基于一种统一论的科学解释观点，统计主义的模型认为，数学模型的建构是基于所研究目标的最小经验条件。例如，从只适用于一个种群的最具体的模型开始，比如某个特定年份某个岛上的鸟群，人们可以通过抽象出它的一些条件来概括这个模型。通常，人们可以放弃特定年份的环境条件，以获得一个鲁棒性更强的鸟类模型，或者完全去掉生理指标，得到一个在不断变化的环境下适用于描述任何物种适应性进化的通用模型，通过这些抽象的模型来捕捉进化现象的全貌。在模型的使用中，人们通过加入种群的统计信息和环境条件，最后再进行适合度的估值。

统一论与因果论的分歧在于，进化理论是否描述了一种因果过程，或者说，对进化变化的解释是否需要一种因果解释。基切尔统一论的基本思想是通过统一观点对一系列不同的现象进行解释，而这种统一的基础是在理解世界过程中对最简化现象的把握。如上面的例子所述，人们基于所把

---

① Matthen M, Ariew A. Two ways of thinking about fitness and natural selection[J]. Journal of Philosophy, 2002, 99（2）: 55-83. 分层实现图式在某种程度上就是要解决"力"的理论中关于力分解的问题，也即复合因素的问题。该方法相当于一种合成，即先设定一个基质，随后添加各种因素，最后达到解释的目的。类似基切尔的统一论解释，其也是先建立最小经验的解释库，随后根据对象建立现象的解释。

握的基础现象并加入解释信息后，便形成了对世界的理解。对于因果解释，基切尔认为因果的概念在逻辑上依赖于解释的概念："我一直在强调[受到约翰·斯图亚特·米尔（John Stuart Mill，又译作约翰·斯图亚特·密尔）、卡尔·古斯塔夫·亨普尔（Carl Gustav Hempel）和许多其他经验主义者的青睐]，因果概念是派生自先验概念的。我建议不要接受这样的观点，即存在因果真理，而这些因果真理与我们在现象中寻找的秩序无关。"①

　　在这种论调下，因果解释在进化的解释中并不起作用，但在分层实现图式的例子中，体现的是不同层级的发生问题。阿里尤用热力学例子做类比，在炉子上烧开一壶水的时候，从总体上看，这似乎是一个有序的过程：热量从炉子流到液体，液体带着热量循环，渐渐地沸腾了。然而，我们仔细观察就会发现，这种转变不是有序的。部分液体上下起伏，气泡的形成或多或少是随机的。当液体真正沸腾时，它的表面是混乱的。在早期阶段，显微镜观察也会显示出类似的紊乱。能量从平底锅底部到顶部的传递是无序的，有无数的局部例外，还有其他的不连续性过程。这种不连续性破坏了基本物理过程所要求的时空连续性，而基本物理过程是严格受定律所支配的。停止、逆转、延迟或加速一个基本过程都需要能量和运作。但在这壶水中，这种矢量变化是自发发生的。这表明热流不是一个基本物理过程。在物理学中，上述不连续过程被视为基本物理过程的集合。这壶水是由大量随机运动的分子组成的，这样一个系统的力学状态描述的是它所包含的

---

　　① Kitcher P. Explanatory unification[J]. Philosophy of Science, 1981, 48（4）: 507-531; Kitcher P, Salmon W C. Scientific Explanation[M]. Minneapolis: University of Minnesota Press, 1989: 495; Kitcher P, Salmon W C. Scientific Explanation[M]. Minneapolis: University of Minnesota Press, 1989: 423; Woodward J. Making Things Happen: A Theory of Causal Explanation[M]. Oxford: Oxford University Press, 2003: 359. 基切尔的指导思想是，科学解释是通过反复使用尽可能少和严格的论证模式，对一系列不同的现象进行描述：从尽可能少的推论模式（按基切尔的术语即某种解释库）中获得最大的推论。使用的模式越少，则它们越严格，得出不同结论的范围越广，我们的解释就越统一。基切尔对这种观点的总结如下："科学通过向我们展示如何使用相同的推导模式反复推导许多现象的描述来增进我们对自然的理解，并且在展示这一点时，它教会了我们如何将各种我们所必须接受的事实简约化。"在与因果的关系中，基切尔认为"因果关系"中的"因为"派生自解释中的"因为"。也就是说，我们的因果判断只是反映了我们（或我们的智力祖先）试图构建统一的自然理论解释关系的努力，除此以外，我们的解释并不存在其他任何独立的因果序列。这一议题可能涉及进化认识论的讨论，在最后一章中我们将有所涉及。

每个粒子的位置和动量向量的集合。上述热流在本质上是随机的，它是由数学预测的趋势，而不是由物理规律的特性所支配的基本过程。

进化也是如此。对观察者来说，自然选择的不连续性可以被记录下来。这些不连续性表明，自然选择就像热力学状态的变化，是一个时间不对称的统计趋势。从某种意义上说，自然选择的数学统计处理消除了进化"过程"。这可以反映统计主义的观点，如米尔斯坦并不否认进化理论中因果机制的存在，但是在种群层次上，我们对于进化变化的描述与解释仅仅是通过数学统计完成的。一些原因性因素在种群水平上只能体现出一种相关性，而不是因果性。正如与热力学的类比，虽然在宏观层面上的现象貌似可以用分子运动解释，但这不过是个体水平的一种系统性聚合运动，而不能直接还原为个体层面上的解释。①总的来说，因果论强调的是个体因素对种群层面进化变化的因果影响，而统计主义则认为两种层级（种群与个体）的关系不能进行直接还原。

因果论与统计论之争自 20 世纪之初产生并持续至今，对进化理论的本质有着不同方向的探索，这里的讨论涉及两个问题：①进化理论是否描述了一个因果过程？②用以描述进化变化的性状适合度是否是根据个体适合度的因果因素来定义的或者仅仅是一种统计结果？第一个问题若按照索伯进化的"力"的理论，我们会有这样的思路：方程的参数是因果参数，那么应用于方程之上所描述的应该是机制性因果过程。所以对于进化理论本质的讨论就是关于方程参数即源定律的讨论。这样便赋予了进化理论以必然性和决定性。第二个问题是基于第一个问题的解决思路，对进化方程的参数进行了进一步讨论，所得出的因果论认为性状适合度是生物个体适合度的平均值，由于考虑到每个生物个体的因果因素来源，那么适合度就是一种因果参数，由此我们使用进化方程时所描述的是一种理论化的机制性因果过程，而统计主义者认为，性状适合度仅仅是一种类似分子的聚合效

---

① Millstein R L. Natural selection as a population-level causal process[J]. The British Journal for the Philosophy of Science, 2006, 57（4）: 627-653.

应，我们只需要知晓个体适合度的统计趋势，而生物体性状的原因则被忽略，因为这并不会影响种群变化的结果。

这些争论依然是围绕进化解释讨论的延续，如选择、漂变是否是进化的原因，选择是作用于个体水平还是群体水平之上等。从科学解释的角度来看二者的差异，统计主义持有一种统一论的立场，根据基切尔的理论我们在文中阐述了统一论解释与因果解释的关系，并且揭示了这是一个在进化理论本质的讨论中可以展开新的方向。

关于进化理论是否属于归纳理论的问题涉及进化生物学的核心特质。统计主义在对因果论的批评中凸显了进化理论的统计特性，并希望统计理论的递归特性能解决归纳问题。因此，统计主义对进化理论的因果论讨论提出了反思，我们如何看待进化理论所蕴含的因果解释及其赋予的确定性描述是未来研究中不能忽视的问题。回到本书的主题，统计主义通过其统一论的立场给予了进化理论以决定论的辩护，在一定程度上回应了进化的统计理论为彻底非决定论理论的观点，并为其找到了认识论上的依据和适当的本体论基础。

第六章
神经科学与进化认识论中的非决定论争论

有关决定论与非决定论的争论涉及动物乃至人类的意识起源和机制，开辟了丰富且热烈的哲学论域。一方面，随着神经科学的巨大发展，许多学者试图将意识还原为神经生物学现象。伴随着生物复杂性程度的增加，这种还原将需要开启新的认识论和本体论的讨论，一种新的关于心灵的哲学。在这个领域中，不论如何理解自然现象，决定论还是非决定论的，它们都会自发抵制任何形式的二元论，无论是物质二元论还是属性二元论。因为这些二元论的问题无法为心灵和心理活动的本质都找到一个可接受的解释，从而也催生了各种讨论。这里的讨论着重从共时性还原与历时性还原的视角，以决定论与非决定论的争论为主线，讨论了关于意识本质与意识进化研究中的相关问题。另一方面，面向意识经验和知识能力的演化，进化论者试图建立一种能确保心理现象与自然世界之间实在性和必然性关系的解释。关于意识经验的出现与不断进化的解释，物理主义哲学家和进化论者认为，感受能力和感知系统的起源满足了适应生存的需要，主观经验视角的出现大大加强了生命的认知效能与行为决策效率，从而开辟了精神领域的进化路线。在此进化轨道中，知识能力代表了生命描绘外部世界的能力，具有客观性和必然性。不过，随着进化认识论中怀疑论、建构论的挑战，这种客观性与必然性也受到了质疑，表现为认知能力起源与发展的非决定论观点，继而引发了一场围绕进化认识论的实在性观点的争论。

第一节　神经科学中的决定论与非决定论

神经科学的兴起带来了对传统心灵问题的挑战，在面对心灵与身体之间的二元问题时，多数学者放弃了笛卡儿本体论意义上的二元论，粗略地形成了还原论-唯物主义和反现象论两种传统的对立，同时还包括了一些调和观点。这里的讨论主张意识应该被还原为一些简单的物质现象，并成为结构功能和进化科学的对象，所以本章只讨论那些还原论者的观点，而在面对自由意志的解释上，存在各种建立于神经科学基础上的相容理论与反对自由意志的神经决定论之间的对立。因此，本节将主要阐述各种版本的神经决定论与非决定论主张。

一、神经科学中的决定论

早期西方哲学体系存在两个主要的灵魂概念。柏拉图、奥古斯丁的传统中，假设了一个独立的、与身体相互作用的灵魂概念；而亚里士多德、阿奎那的传统中，假设了一种具身性的灵魂，这被认为是一个内嵌于身体的内在原则，而不是一个孤立的实体。笛卡儿在假定一个独立的、与身体相互作用的灵魂时，也尽可能使自己与柏拉图的传统保持一致。就这里讨论的重点来讲，关注的是笛卡儿所确立的与身体相互作用的灵魂概念。

至 20 世纪，这一概念演变为哲学领域的核心研究领域。特别是这一时期的物理学思想发生了重大转变，即在最基本的物理层面上，自然并不是决定论的，在量子力学层面的解释是非决定论的。然而，量子非决定论对自由意志问题没有大的帮助，因为量子非决定论将随机性引入宇宙的基本结构，但假设我们的某些行为自由发生与假设我们的某些行为随机发生是不一样的。随着哲学和神经科学的发展，笛卡儿的理论彻底失势，但近年来许多学者多次尝试通过放弃本体论承诺，推动改良笛卡儿二元论的形式，因而这种观点也称为交感论二元主义或笛卡儿式的交感论，或简称为交感论。

正如我们在第一章就已经讨论过的，笛卡儿基于其假设的松果体器官而提出的身心交感论从一开始就遭到了强烈的批判，特别是对非物质灵魂可以与物质的身体相互作用这一论断。怀疑的焦点在于非物质的思想或灵魂是否可以影响大脑，因为它似乎违反了古典物理学定律，包括能量守恒定律和动量守恒定律。就当时来讲，回应的方式存在两种：一种认为心灵/灵魂具有物理力量。当然，这一观点并不受欢迎。另一种认为非物质灵魂可以自由地与物质世界互动而不违反任何物质法则的方式。对于前者观点来说，认为灵魂在某种意义上是物理性的观点违背了笛卡儿所假定的灵魂非物质性。尽管现代物理学的许多概念，如电磁场或引力场，在 17 世纪看来似乎也是可疑的和非物质的，尤其是 17 世纪牛顿的万有引力理论中，这一问题一直存疑。对于后一种观点，即心灵或自我可以在不违反物理定律的情况下影响大脑功能，其中存在各种观点，在笛卡儿那里，灵魂可能影响动物精神的运动方向，而不是绝对动量。因为动量守恒定律的矢量形式当时还没有被理解，他认为守恒量是绝对值。当然，我们现在知道这不符合事实。

20 世纪早期的布罗德则认为，心智可能通过改变突触的电阻来影响大脑活动，而且这可以在不违反能量守恒的情况下发生，[①]但现在人们意识到，这仍然会违反物理定律。现代神经科学的发展给予了交感论致命一击。来自许多不同层次分析的相关数据，为细胞神经科学提供了一个对神经元之间如何作用和沟通的详细的机制解释。对生物体神经系统的研究显示了神经回路如何分析视觉场景、前程序的动作和储存记忆，且计算机研究正在测试和完善我们对神经回路如何工作的理解。于是，关于大脑我们形成了两种认识。首先，正如对大脑进行刺激所显示的那样，大脑活动不仅与心智活动平行，还会引起心智活动；其次，在某些情况下，如在视觉感知或记忆存储和检索中，我们可以在不需要相互作用的灵魂的情况下，详细地了解神经回路是如何执行潜在的认知操作的，并可以通过模拟来证实这一点。若是二元论者仍像笛卡儿一样相信认知功能是由灵魂而不是大脑来完成的，那么他就很难解释这些发现。

在科恩休伯和德克设计的发现准备电位的实验中，当实验观察对象自发性地动一下自己手指时，其脑电图（EEG）扫描显示，在动作发生略早之前，实验对象大脑运动皮层的活动会出现一个缓慢的负电位变化。由此他们得出这样的一个违背直觉的结论，即我们所谓的潜意识会引起自发行为。由于弗洛伊德心理学所确立的人类决策的严格决定论根深蒂固，这导

---

① Broad C D. The Mind and Its Place in Nature[M]. London：Routledge，1925.

致这一发现并未引起重视。

至 20 世纪 80 年代，李贝特继续了科恩休伯和德克的开拓性工作。在李贝特的实验中，同样的受试者有意地活动了自己的手指，但不同的是，受试者同时要听令于一只钟的指示，钟外围有一个圆点围着中心转动。受试者可以自主决定何时动手指，而不必听令于外界信号，只不过他们必须告知实验人员当他们意识到自己产生了动手指的念头时，圆点处于钟表的位置。最终实验数据表明，准备电位早于受试者报告意识知觉之前的 0.35秒左右。①李贝特的实验似乎暗示了人类是没有自由意志可言的，但人类有一种像认知"否决权"一样的权力，可以在最后时刻之前叫停行为。实验认为，从神经学角度讲，这一现象源于大脑的运动辅助区（SMA）、前运动辅助区（pre-SMA）以及前扣带运动区，这些区域能使人将注意力集中到自发行动并执行自主运动。之后的神经科学家们通过引入新技术，也就是功能磁共振成像（fMRI）与脑部植入电极，更加进一步实验确认了准备电位效应的存在与效果。

2008 年，神经科学家海恩斯设计了一项实验。②将受试者送进功能磁共振成像扫描仪后，让受试者任意选择时机用左手或右手食指按下一个按钮，但他们需要记住在自己出现进行动作的意图时显示在屏幕上的字母。实验结果显示，受试者出现意识知觉前一秒 SMA 准备电位就会出现，而在研究人脑额叶和顶叶皮层这两个高级控制区域之后，实验者甚至发现准备电位的提前出现时长增加到了 10 秒。实验认为，这一认知延迟可能源于高级控制区域的神经网络运行机制。实验推测，在进入意识知觉状态前，相关脑区把即将做出的决策预备好，也就是说，大脑在无意识的情况下生成一个决策，当前期准备完成后意识便进一步参与进来并最终产生运动。另一位神经科学家弗里德则是通过在受试者的大脑中植入电极来记录单个

---

① Gould S J. Challenges to Neo-Darwinism and their meaning for a revised view of human consciousness[J]. The Tanner Lectures on Human Values, 1984, 6: 53-74.

② Soon C S, Brass M, Heinze H-J, et al. Unconscious determinants of free decisions in the human brain[J]. Nature Neuroscience, 2008, 11: 543-545.

神经元的状态，从而极为精确地判断出进行决策时大脑中发生了什么。该实验表明，受试者做出按下按钮的决策前 1.5 秒时便检测到了神经元活跃，在距离做出决策还有 700 毫秒时，实验组就能以高于 80% 的准确率测定产生决策的时机。①实验组推测，神经元集群内部产生的冲动发放率的变化超过阈值后，所谓意志才会展现，内侧前额叶皮层能够在人意识到这些决定之前将它们以信号的形式发出。据此弗里德认为，被大脑神经系统决定了的事情最后往往能够被意识接受，但后出现的意识可能也参与到决策过程中。此外，博德利用功能磁共振成像技术设计了更为精巧的实验。②结果表明，自由决策进入意识知觉前几秒，将自由决策的结果实际解码出来是可能的。博德发现，前额极皮层 BA10 区，即布罗德曼分区系统的 10 区，在时间顺序上是最先出现决策信息的区域，因而这里被推测为生成非意识性自由决策的区域。至此，人们逐渐相信大脑存在非意识性决策的观点。

尽管科学给出了足够的证据，但依然有不少学者对此持怀疑态度。尤其是大脑的前运动辅助区、运动辅助区和前扣带运动区可能在行为准备的最后阶段才介入，意识活动区域极有可能处于其他更为高级的大脑系统。同时，受试者可能受到其他决策预判信号的影响，导致测得的大脑活动可能并非实验所预想的方式，而且，神经科学家也需要对不同类型的决策加以区分。并非所有的决策都是一样的，指挥身体动作与通过理性进行思考或组织语言进行表述之间存在很大差别。迄今为止，各种实验仅仅局限于身体动作，因而目前的实验远未上升至能判定意识的神经决定论的层面。因此，若是实验者能够在受试者意识到行为意向前就能对更复杂决策进行预测，那么就能最终回答我们是否拥有自由意志的问题。当然，至少就目前来看，对于自由意志或是更为本质的神经决定论问题而言，没有科学上的最终答案。这也为各种相关的哲学讨论提供了空间。

---

① Fried I, Mukamel R, Kreiman G. Internally generated preactivation of single neurons in human medial frontal cortex predicts volition[J]. Neuron, 2011, 69（3）, 548-562.

② Bode S, He A H, Soon C S, et al. Tracking the unconscious generation of free decisions using ultra-high field fMRI[J]. PLoS One, 2011, 6（6）: e21612.

二、神经科学中的非决定论

第五章已经探讨过生物过程究竟是决定论的还是非决定论的。罗森堡、霍兰等作为决定论者认为，尽管量子力学并未发现"隐藏变量"的证据而导致了拉普拉斯决定论的失败，但这种非决定论也并没有在生物系统中得以充分展现。量子非决定论只影响了微观物理层面，而且是在十分孤立的系统中，而生物系统是与其环境积极相互作用的宏观系统，因此，它们的行为只会受到确定性的物理规律的影响。量子效应在从原子和化学键的层面到细胞或更高级的系统层面的过程中逐渐消失了。因而，生物系统是完全决定论的。虽然生物系统的行为中也存在随机性，但这种随机性并不是源于量子力学的客观随机性。相反，生物系统的随机性是显而易见的，它仅仅反映了我们无法预测复杂系统的行为。也就是说，这并不意味着客观概率的存在，因为随机性在某些生物学理论中的特征是主观的，不是对生物学理论的实在论的挑战。[①]

如果这种推论正确，并结合在第一节中提出的神经科学案例，那么大脑无疑是一个确定性的机器。但这种观点也受到了一批非决定论者的反驳，涉及两个路径。首先，他们通过思考量子效应"渗透"到宏观层面的可能方式，以此来支持量子非决定论在生物学中的合法性。例如，布兰登和卡森、斯塔莫斯在 2001 年的研究正是通过这一路径，主张整个生物群体的命运取决于一个单一的突变事件。突变发生在 DNA 分子层面，因而可能受到量子不确定性的影响，至少在理论上是这样的。其次，建立独立于量子力学的非决定论，如布兰登和卡森在 1996 年、格利穆尔在 2001 年的研究。[②]在这一路径中，量子行为仍然有可能为非决定论提供物理基础，但支持非决定论的真正证据只能在对有机体行为的经验观察中寻找，而不是在任何

---

① Weber M. Determinism, realism, and probability in evolutionary theory[J]. Philosophy of Science, 2001, 68（S3）: S213-S224.

② Brandon R N, Carson S. The indeterministic character of evolutionary theory: no "no hidden variables proof" but no room for determinism either[J]. Philosophy of Science, 1996, 63（3）: 315-337; Glymour B. Selection, indeterminism, and evolutionary theory[J]. Philosophy of Science, 2001, 68（4）: 518-535.

涉及量子力学的理论层面。①

这两种路径都适用于神经生物学，以此尝试建立神经生物学过程的非决定论，包括量子力学与神经过程的相关性论证，以及基于神经元、中枢神经系统等的科学解释的论证。现有将量子力学应用于大脑的大多数尝试并不与非决定论有关，而是与精神因果关系和自由意志问题直接相关。一些物理学家②、神经生物学家和哲学家③主张量子力学可以从拉普拉斯决定论的泥沼中拯救自由意志。然而，这一想法与生物学哲学家讨论的量子效应的向上"渗透"有很大的不同。

试图依靠量子力学来拯救自由意志的尝试主要发生于心身交感论，并且这是一种历史悠久且存在问题的形而上学假设。④该观点认为，首先，心理状态或事件与身体状态或事件不同，前者也不是由后者实现的；其次，心理状态或事件可以因果地影响身体状态或事件，反之亦然。要在科学的图景中实现这一假设，心身交感论者通过引入量子力学来背书，为从精神世界影响物理世界的可能性打开空间，并且这些影响不违反支配物理世界的守恒定律。例如，神经生物学家埃克尔斯认为，心理状态或事件能够改变突触末端释放神经递质的概率。同时，这一过程的发生并不等价于突触末端所消耗的能量，从而避免了与能量守恒定律相冲突。⑤

20 世纪 70 年代，埃克尔斯曾将量子不确定性应用于突触囊泡的位置

① Millstein R L. How not to argue for the indeterminism of evolution: a look at two recent attempts to settle the issue[M]//Hüttemann A. Determinism in Physics and Biology. Paderborn: Mentis, 2003: 91-107.

② Jordan P. Die quantenmechanik und die grundprobleme der biologie und psychologie[J]. Die Naturwissenschaften, 1932, 20(45): 815-821; Penrose R. The Emperor's New Mind: Concerning Computers, Minds and the Laws of Physics[M]. Oxford: Oxford University Press, 1989; Penrose R. Shadows of the Mind: A Search for the Missing Science of Consciousness[M]. Oxford: Oxford University Press, 1994.

③ Popper K R, Eccles J C. The Self and Its Brain[M]. Berlin: Springer, 1977; Eccles J C. How the Self Controls Its Brain[M]. Berlin: Springer, 1994.

④ Esfeld M. Is quantum indeterminism relevant to free will?[J]. Philosophia Naturalis, 2000, 37(1): 177-187.

⑤ Eccles J C. Do mental events cause neural events analogously to the probability fields of quantum mechanics?[J]. Proceedings of the Royal Society of London. Series B, Biological Sciences, 1986, 227: 411-428.

和速度测定，但计算结果遭到了同行的批评，理由是这些囊泡的数量级太大，以至于埃克尔斯的理论无法生效。①随后，埃克尔斯与弗里德里希·贝克（Friedrich Beck）合作，提出了一个模型，根据这个模型，"准粒子"（quasiparticle）在突触囊泡的脂质双分子层和突触前膜之间的量子隧穿将影响囊泡融合，从而影响神经递质的释放、突触后细胞的活动，从而更普遍地影响大脑的活动。其中，"准粒子"是一个多部系统（multipart system），它被当作一个单粒子来处理，但埃克尔斯等并未对此给出更进一步的说明。②这一观点被首次提出之后，该模型尽管得到了进一步的发展③，但其中一些生物学细节已被证明是不正确的。例如贝克和埃克尔斯假设，神经递质释放涉及准晶态突触前网格向准稳态的转变，但这一观点并没有被采纳。很明显，囊泡向细胞膜的运动及其与细胞膜的融合受到许多不同蛋白质复合物的严格控制，只有当其中某种突触结合蛋白由于与钙的相互作用而改变其构象（conformation）时，才有可能实现最终的融合。此外，神经生理学家也质疑模型的定量参数，根据海森伯不确定性原理的另一种表达方式，这里涉及的变量应是能量和时间，而不是位置和动量，而且，海森伯效应可能影响的是对突触前钙浓度的控制而不是对突触囊泡的运动。④总之，基于海森伯理论的量子效应在神经传导方面的影响是很弱的。

然而，在埃克尔斯的心理因果关系理论中，大脑只是一个器官，并不是人体的控制中心，而是接受更高层次的所谓"心灵"的指令的地方。对于埃克尔斯来说，使用量子力学不过是为了避免与能量守恒定律发生冲突，神经过程的非决定论并不是其关注的焦点。他对中枢神经系统在人类行为中的作用的定位比较独特，认为神经系统只是心理和物质世界之间的中介，

① Wilson D L. On the nature of consciousness and of physical reality[J]. Perspectives in Biology and Medicine，1976，19（4）：568-581.

② Eccles J C. Evolution of consciousness[J]. Proceedings of the National Academy of Sciences of the United States of America，1992，89（16）：7320-7324.

③ Beck F. Synaptic quantum tunnelling in brain activity[J]. NeuroQuantology，2008，6（2）：140-151.

④ Wilson D L. Mind-brain interaction and violation of physical laws[J]. Journal of Consciousness Studies，1999，6（8/9）：185-200.

而不是它自己的控制单位。可以说这种观点与笛卡儿关于松果体的臆断很相似。今天的神经科学家们几乎都把大脑看作人类行为的控制中心，而不仅仅是中介。比如物理主义心灵哲学家金在权就认为，大脑为心理状态提供了物质基底或实现基础。这归因于大脑具有构成因果关系的力量，而不仅仅是笛卡儿式的所谓精神指令的执行者。①

脱离交感论的禁锢，量子力学依然可以与心灵哲学通过其他方式产生相关。如果不再假设大脑是一个接受精神领域指令的物理性实体，那么大脑便具有物理意义上发挥原因性角色的能力，成为接受原因输入并释放结果的机器，该机器内部拥有复杂的计算事件网络。物理主义通常主张所有心理和生物特性都是在生物体物理特性的基础上伴随发生的。这种伴随发生或称副现象论意味着生物体的任何心理或生物学特性的变化都伴随于其物理特性的变化。②

若是假设物理性质上的副现象论是成立的，那么这便有助于进一步方便我们对于神经过程中非决定性的真实性的理解。

首先来讨论量子效应是否可能渗透至宏观层面。联系第一节中讨论过的神经科学案例，神经元通过神经纤维或轴突释放所谓的动作电位。动作电位是一种去极化的波（由离子电流携带），沿着包裹轴突的膜传播。轴突通常延伸至连接其他神经元的突触处，当足够的动作电位到达突触时，含有神经递质的细胞内储存囊泡被清空到分离突触膜和邻近神经元的间隙中。神经递质迅速扩散到这个间隙中，当到达相邻神经元的膜时，与特定的受体结合，从而使得膜去极化，形成所谓的突触电位。如果这个电位达到一定的阈值，相邻的细胞就会产生一个新的动作电位。以这种方式，信号可以从一个神经元移动到下一个神经元。这个过程构成了神经计算的基础。理论上，随机过程可能发生在神经传递通道的任何阶段以及神经回路

①　Kim J. Mind in a Physical World: An Essay on the Mind-Body Problem and Mental Causation[M]. Cambridge: MIT Press, 1998.

②　Weber M. Fitness made physical: the supervenience of biological concepts revisited[J]. Philosophy of Science, 1996, 63 (3): 411-431.

中的任何地方。例如，突触电位的产生、受体电位或终板电位、动作电位的传播、神经递质通过胞外分泌作用释放、神经递质在突触间隙的扩散以及神经递质受体的作用等都会或多或少地受到偶然性因素的影响。偶然事件也可能发生于整个神经元或整个神经回路。

在这个复杂回路中，不确定性可能产生于何处？若是按照副现象论，微观层面的随机性必然会导致伴生宏观不确定性的产生，并且这是一种内在固有的随机性。当然，现代物理学所认为的内在随机过程是指量子测量过程，而其他许多随机过程很难说在本质上是随机的。即便是布朗运动，它在物理学上通常也被视为一个确定性的过程，仅仅表明了粒子运动轨迹的不可预测性。因此，在副现象论中，任何心理层面的不确定性必须是基于量子不确定性。这意味着这种不确定性只能源于神经过程中的分子实现者：神经递质运输和离子通道控制。

对于神经递质运输来说，神经递质在突触末端从内部储存囊泡中释放，然后扩散到突触间隙。囊泡运输被认为在某些特定阶段与细胞骨架有关。物理学家彭罗斯曾主张细胞骨架可能受到量子效应的影响。他认为微管是一种中空的结构，可以为其内部的量子相干性创造一个足够孤立的环境。[①]而另一位物理学家斯蒂芬·霍金（Stephen Hawking）则认为像微管这样的生物结构并没有被充分隔离，量子相干性在其中是不可能的。[②]在这场争论中，微管中是否存在量子相干性是判定是否存在不确定性的关键。

彭罗斯的观点在很大程度上只是一种推理结果，并没有现实证据。近年来的研究表明，微管主要作为细胞骨架结构和机械装置发挥作用，与被称为驱动蛋白和动力蛋白的一类蛋白质相互作用。前者具有三磷酸腺苷酶（ATP 酶）活性，可利用水解 ATP 酶提供的能量并沿微管向微管的正端移动，与小泡、细胞器运输和有丝分裂过程中染色体向两极的移动有关；后

---

① Penrose R. Shadows of the Mind: A Search for the Missing Science of Consciousness[M]. Oxford: Oxford University Press, 1994.

② Penrose R, Shimony A, Cartwright N, et al. The Large, the Small, and the Human Mind[M]. Cambridge: Cambridge University Press, 1997.

者是一种具有 ATP 酶活性的巨大的蛋白质复合体，可利用 ATP 酶能量沿微管向微管的负端移动，与有丝分裂活动中染色体向两极的移动有关。在纤毛中，动力蛋白则成为轴丝的侧臂，与相邻微管共同产生相对滑动。驱动蛋白和动力蛋白类似于微小的分子马达，使细胞骨架和相关结构产生机械力。驱动蛋白可能参与了囊泡沿着细胞骨架的转运，包括神经递质囊泡。微管的作用就像电缆，运输囊泡在运动蛋白的帮助下爬行。此外，这种运输系统似乎参与了向突触传递囊泡，而不是神经递质的释放过程。所有这些显然只是涉及机械力学的层面，并未涉及彭罗斯所设想的量子相干性。

对于离子通道控制来说，其涉及的随机过程是分子扩散，即神经递质分子在突触间隙的转运。神经元之间的信号交换本质上涉及不同类型离子通道的开启和关闭。这些通道是相对较大的蛋白质分子，嵌入在神经膜中，对特定种类的水合离子具有选择性的渗透作用，通常是钠离子、钾离子、钙离子或氯离子等。离子通道具有不同的状态，通常是低离子电导（"关闭"）状态、高离子电导（"打开"）状态和失活状态。根据特定类型的通道，其状态受配体，比如特定的神经递质分子，或跨膜电压的影响。神经膜中的所有电应激反应都是由不同类型的离子通道控制的，动作电位主要通过电压门控来控制钠离子通道和钾离子通道的离子传播。受体电位的产生涉及配体门控或机械门控的离子通道。电压门控控制的钙离子通道启动了神经递质的释放，而神经递质受体本质上是配体门控控制的离子通道。

那么这里的核心问题是，离子通道是否涉及量子效应的非决定论过程。1991 年，埃尔温·内尔（Erwin Neher，又译为厄温·内尔）和伯特·萨克曼（Bert Sakmann）凭借他们从 1976 年开始发展出的"膜片钳"技术获得了诺贝尔奖。其原理是，一小片含有通道分子的薄膜被吸到极薄的吸管尖端。如果膜被紧紧地密封于吸管嘴上，我们就可以测出微小的离子流。通过该技术就有可能记录流经单个离子通道分子的电流。膜片钳实验表明，离子通道的行为是随机的。[①]这意味着只要我们专注于一个分子，就会发现

---

① Neher E，Sakmann B. The Patch clamp technique[J]. Scientific American，1992，266（3）：44-51.

离子通道的开启和关闭遵循不规则的模式。然而，它们有一个固定的概率，也就是说，如果通道处于闭合状态，那么它打开的概率是固定的；反之，如果它处于开放状态，那么它关闭的概率也是固定的。并且，这些概率独立于通道的先前状态，因此，离子通道具有马尔可夫性（Markov property），即在对象已知所处状态的条件下，它未来的演变不依赖于它以往的演变，简化来讲就是"将来"与"过去"状态之间是完全独立的。基于马尔可夫过程，离子通道的研究者们逐步建立了相关动力学，并认可了通道门控这类生物大分子具有随机性的观点。由此出发，我们进一步可以设想离子通道分子中的偶然事件可以影响到神经元的运作。例如，离子的单通道事件能够触发培养细胞的自发动作电位，这就为偶然事件影响复杂生物行为提供了可能。

但离子通道的运行同样可以用决定论的模型来描述，其中，一个系统的状态变量基于一个全时性的定值函数。决定性模型的离子通道特征状态变量代表了蛋白质的构象状态，我们可以设想通道电导率非线性地依赖于这个状态变量，而且，状态变量会对电流的变化做出延迟响应。若是采纳这些假设，离子通道可以表现为决定论的混沌现象。这意味着模型参数的组合将导致非周期的、不可预测的行为。正如前面提到的，离子通道门控的随机性并不是一种本质上的不确定性。

在马塞尔·韦伯看来，模型的决定论是其中的一个属性，而物理系统的决定论很难定义，特别是想要避免拉普拉斯决定论的话。因而对于任何局部决定论模型来说，总是有可能发生随机外部干扰，对既有的确定性产生干扰或破坏。如果我们关于决定性系统的定义囊括了局域系统自身完整性，和在不受干扰的情况下能表现出随时间系统演化的确定性，以及即便存在外界干扰，但系统的反应能够符合某种函数描述的话，我们依然可以将该系统视为符合决定论。就这里的例子来讲，离子通道的打开或关闭方式显现出一种不稳定性，但通过对单个模拟系统随时间演化的统计分析得出了与膜片钳实验非常一致的离子通道行为观察，也就是说，这一随机行为可以通过函数来表征，因此，离子通道的可观测行为可以通过决定论模型得到充分的解释。①但还是出于之前的考量，若是仅仅从解释模型的角度来思考非决定论问题，即便存在同一现象的等价决定论模型，这是否意味着非决定论解释就没有了存在空间，这个问题将会在下一部分继续阐述。

正如上面所说，尽管离子通道的决定论模型还只是未经验证的假说，但可决定性模型建模这一事实依然为神经生物学中的非决定论者制造了很大难题。这里与上一章中提及的如生长、随机搜索觅食等生物显著行为层面的非决定性，或是漂变、搭车效应漂变等宏观进化中表现出的非决定性在实现方式上存在很大差异，并且在很大程度上体现为多重复杂系统演化的随机性，但从结果来讲，这仅仅表明了认识上的不可预测性和结果空间的多重可实现性，并且这些分析有赖于我们对于因果关系理论的更进一步理解。同时，目前神经科学和细胞生物学中开展的关于中枢神经系统神经传递和信号处理的分子机制研究，基本不需要寻求量子力学的解释，除了在前面章节中讨论过的基因突变现象，其涉及结构生物学。因为这门学科研究的是化学键的结构及其稳定性，例如 DNA 和蛋白质分子。化学键是基于电子和原子核之间的相互作用，因此量子力学是不可缺少的。虽然在特定测量条件下，亚原子粒子的运动可能受到量子不确定性的影响，但是即便这样，也没有充足的证据表明其可能影响大脑中相关功能大分子的行为。所以，对于大脑机制和意识问题而言，如果要通过量子力学建立一种本体论意义上的非决定论基础的话，至少在新的证据出现之前，基于物理主义对大脑中非决定论本质的讨论在经验上可能会停滞于此。

三、神经科学中的弱非决定论

之前从物理层面上，我们已经从副现象论、交感论两个维度上讨论了大脑是否存在客观非决定性的可能。但要脱离这些理论前提，判定大脑是否是非决定性的还存在很多困难。尽管前面提及的一些理论将决定性与因

---

① Weber M. Indeterminism in neurobiology[J]. Philosophy of Science，2005，72（5）：663-674.

果关系或可预测性联系起来，但任何围绕物理学中决定论的哲学研究实际上可能并不包含诸如"原因"之类的概念。因此，我们接下来的讨论将聚焦于我们在解释或模型上如何看待大脑系统，它是否是非决定论的系统。

正如文德尔所说，如果一个模型在某一时刻的状态确定了其任何时候的状态，那么这个模型就是决定论的。①也就是说，模型中的单一状态可以确定所有将来和过去的状态。因此，关于模型的问题涉及模型的确定性以及模型所代表的实际系统两个方面。这里，我们必须理解模型确定性与实际上的系统决定论之间的区别，与强、弱非决定论间的区分相似。如果关于一个系统的最佳说明模型是不确定性的，那么这个系统就是弱非决定论的。若一个系统是强非决定论的，那么意味着它本身就是非决定性的，并且它当前状态和属性独立于模型并不能确定该系统过去或未来的状态。关于一个系统的模型可以是确定性的，也可以是不确定性的，同时，系统本身可能是决定论的，也可能是非决定论的。某些时候，一个确定性的模型不需要包含它所表征系统的任何方面，反之亦然。因此，当代科学哲学家通常是通过模型或理论来研究决定论。②

马塞尔·韦伯曾通过量子效应的相干性和离子通道等方面驳斥了大脑功能在物理层面上具有非决定论特征的可能。③但在前面小节，我们也讨论了大脑功能作为一个我们认识上的混沌系统很有可能承载着一定的非决定论属性。这些取决于我们如何定义关于大脑功能的非决定论。

盖塞尔则认为，不能用实验来完全论证强非决定论。在这里，可预测性和因果关系成为模型确定性的判定标准。现代物理学在很大程度上已经消除了原因概念，但是它们已经渗透到了我们的经验世界中。因果性和可

① Werndl C. Are deterministic descriptions and indeterministic descriptions observationally equivalent? [J]. Studies in History and Philosophy of Science Part B: Studies in History and Philosophy of Modern Physics, 2009, 40（3）: 232-242.

② Werndl C. Determinism and indeterminism[M]//Humphreys P. The Oxford Handbook of Philosophy of Science. New York: Oxford University Press, 2016; Butterfield J. Determinism and indeterminism [M]//Routledge Encyclopedia of Philosophy. London: Taylor and Francis, 2005.

③ Weber M. Indeterminism in neurobiology[J]. Philosophy of Science, 2005, 72（5）: 663-674.

预测性是我们判断不确定系统的依据。一个非决定性系统的行为可能在原则上无法预测，或许这是因为并非所有系统事件在原因上都是充分的。当研究决定论的属性时，必然伴随这些问题，但这并不能帮助理解非决定论，至少对大脑来说是这样的。所以，如果关于一个系统行为的最佳模型是不确定性的，那么这个系统就是弱非决定性的，而强非决定性适用于那些本身就是非决定性的系统。①

所以，对于上一节提到的离子通道控制来说，马塞尔·韦伯认为由于同时存在解释该现象的非决定论和决定论模型，它们都能够成功描述离子通道行为，因此模型类型之间的选择是非充分决定（underdetermined）的。换句话说，它们并不能支持大脑的弱非决定性。但这里涉及两种模型对于现象的观测等价性，并且有两种方法可以解决观测等价性问题。第一种方法是通过表明一种模型类型可以更准确地再现数据分布，直接论断这种主张是错误的；第二种方法是通过间接证据，即模型与其他公认的事实或理论的一致性来解决这个问题。如果两个模型在观察上是等价的，但是其中一种模型比另一种有更多的间接支持，我们就有理由选择前者。

作为直接论断，科学家们通过使用各种标准，发现基于马尔可夫性的非决定论模型在描述许多时间分布序列时优于基于分形模型的决定论模型。马尔可夫模型在描述离子通道门控现象时表现更优秀。基于这些结果，一些学者们认为在两种模型类型间并不存在非充分决定性问题，之后这一观点也被继承了下来。②

在间接论断方面，文德尔认为该模型具有某种关于"本质"的阐释，即观察系统的实在性方式。③模型与其他理论观点之间的许多联系可以显示

① Gessell B. Indeterminism in the brain[J]. Biology & Philosophy, 2017, 32（6）: 1205-1223.

② Geng Y Y, Magleby K L. Single-channel kinetics of BK(Slo1)channels[J]. Frontiers in Physiology, 2015, 5: 532.

③ Werndl C. Are deterministic descriptions and indeterministic descriptions observationally equivalent? [J]. Studies in History and Philosophy of Science Part B: Studies in History and Philosophy of Modern Physics, 2009, 40（3）: 232-242.

适当的连贯性和自然性。用于膜电导的霍奇金-赫胥黎（HH）方程采用随机通道门控模型，其中的马尔可夫性是描述由这些方程得出的动力学图谱的自然方法。①霍奇金-赫胥黎方程还假设了系统具有有限数量的离散状态，这是马尔可夫性的另一个特征。之后，科学家们用经典化学动力学模型模拟通道电导，发现其符合质量作用定律，即化学反应的速率与反应中化学浓度的幂的乘积成正比。②这意味着该系统是无记忆的，也印证了其具有马尔可夫性。同时，随机门控，霍奇金-赫胥黎模型和相关化学动力学的其他方面之间也存在别的联系，对于膜电导的霍奇金-赫胥黎模型与化学动力学基础之间的关联构成了不确定性通道模型的强有力间接证据，而决定论的通道门控模型并没有建立与化学动力学基础的关联，与分子和化学理论的其他方面间的联系也不明确。

此外，具有马尔可夫性的无记忆系统所产生的分布遵循负指数函数，该函数与物理现实紧密相关。其原因在于蛋白质结构，离子通道是蛋白质，而蛋白质是氨基酸的集合体，它们改变了形状和方向以参与不同的反应。不同的形状和方向组合被称为构象状态。构象状态之间的变化是为了响应外部刺激而发生的，比如周围能量模式的变化，而离子通道门控正是蛋白质的构象变化，因为其部件起着允许或阻止离子穿过孔道的作用。马尔可夫性假定每个模型状态对应于不同的构象状态，并且模型状态之间的转换代表了跨局部能量势垒可能的构象转换。由于氨基酸结构的变化是在微观尺度上发生的，通道蛋白实际上具有大量的状态，但存在由许多子状态组成的较少数量的亚稳态，这些亚稳态正是由通道模型表征的。例如，在具有五种状态的马尔可夫模型中，通道蛋白被赋予了五种构象状态属性，其速率常数代表了通过门控的概率，这些状态关联于一个负指数函数参数。

① Lipscombe D, Toro C P. Biophysics of voltage-gated ion channels[M]//Byrne J H, Heidelberger R, Waxham N M. From Moleculesto Networks. 3rd Ed. Amsterdam：Elsevier, 2014：377-407.

② Qin F. Principles of single-channel kinetic analysis[J]. Patch -Clamp Methods and Protocols, 2014, 1183：371-399.

因此，非决定论的通道模型具有更为自然的物理属性，在模型状态、函数和它们的物理对等物之间具有简单的对应关系。所有这些因素使马尔可夫模型的物理解释更有可能具有实用性和准确性。①

相比之下，我们很难找到基于分形理论的决定论模型的实在性支持。这些模型通常用一个双参数幂律函数来表示通道状态滞留时间，但尚无现成的物理解释或机制。②因此，这些模型可能具有更多的建构色彩，适用的范围也很有限。因此，如果从与神经生物学和化学的一致性方面，以及物理解释的简单性角度考量，非决定性通道模型可能更有优势。其在分布预测方面的作用抵御了非充分决定论，而与其他理论间的关联性印证了其目前最佳模型的地位。

基于这些证据，我们可以认为离子通道符合弱非决定性系统的特征，继而可以认为大脑在较弱的意义上是非决定性的，即它的一个重要子过程的最佳模型是不确定的。

四、神经科学中的强非决定论

从前面的讨论中可以看到，在科学实在论的范畴内，我们始终面临着大脑功能是否存在着客观非决定论影响的问题。例如，格莱莫认为，离子通道门控的随机性可能是由于量子效应"渗透"到更高的水平导致的开关效应③，但正如前面阐述过的科学事实，其与较低级别的粒子物理无关。同时，他认为的通道门控背后的热力学力量具有强烈的不确定性的观点也没有得到支持。它们只是涉及热力学和统计力学的模型问题，并不足以支持一种本体论意义上的强非决定论。

实际上，前面章节提到过的布兰登和卡森关于强非决定性的论点是直

① Colquhoun D，Hawkes A G. The principles of the stochastic interpretation of ion-channel mechanisms[M]//Neher E，Sakmann B. Single-Channel Recording. New York：Springer，1995：397-482.

② Horrigan F T，Hoshi T. Models of ion channel gating[M]//Zheng J，Trudeau M C. Textbook of Ion Channels Volume Ⅰ：Basics and Methods. Boca Raton：CRC Press，2023：173-192.

③ Glymour B. Selection，indeterminism，and evolutionary theory[J]. Philosophy of Science，2001，68（4）：518-535.

接从较弱的意义中推论得出的。他们立足的理由是进化论。在他们看来，在某些进化过程中，随机遗传漂变或由采样错误导致的基因频率变化既是不可还原的概率，也是不可避免的。也就是说，尽管在小群体中有可能发生漂变，但在某些情况下，代际的基因频率不能维持相同。因此，对于进化论来说，由于只有一个概率或不确定性的模型来描述这个系统，所以从弱非决定论的意义上看，这似乎是合理的。不同的是，布兰登和卡森立足于科学实在论，试图论证进化过程具有强非决定论，宣称如果一个人对科学的态度是实在论者就应该得出这样的结论，即进化理论本质上是非决定论的。①这种观点的理由在于概率是进化理论所不能回避的，作为目前的最佳解释模型，我们甚至应进一步认为这些概率是进化过程的基础。因此，涉及该过程的生物系统是非决定论的。进化系统在某一时刻的状态并不决定未来的状态。这里特指的是进化过程本身所体现出的非决定论属性。根据布兰登和卡森的观点，一个进化系统的发展可能会有多种可能的路径，不是因为我们没有足够的知识来预测实际的路径，而是因为系统本身是非决定论的。

大脑中的离子通道案例也可以用于同样的论证。我们同样可以基于科学实在论的立场，将描述通道行为的速率常数视为大脑系统的基本特征，认定离子通道表明了大脑系统的非决定论本质，因为它们在同一时间的状态下不能固定未来或过去的状态。但这里的问题在于，人们可能会质疑这种实在论的论证，因为它暗示了在相同的初始条件和法则下，我们会观察到不同的结果。这里似乎违背了我们之前谈到的量子测量的不确定性是唯一本体论意义上的非决定论的论述。也就是说，即便是科学实在论的立场也无法突破这一本体论承诺。因而格雷夫斯等人提出，在生物学中没有任何机制能够作为进化过程的非决定论基础。所谓机遇效应的"向上渗透"并没有确凿的证据支持。离子通道也是如此。如果我们作为科学实在论者

---

① Brandon R N, Carson S. The indeterministic character of evolutionary theory: no "no hidden variables proof" but no room for determinism either[J]. Philosophy of Science, 1996, 63 (3): 315-337.

直接推断出离子通道的强不确定性，则必须要追问是什么导致了这种现象，而目前我们所掌握的有效手段依然是关于这种机制的最佳模型，而非实在论意义上的机制，因此无法通过科学实在论去达到一种本质上的实在论。

对于这种困境，格林提出了基于相对层级的机遇来达成某种强决定论的路径，其通过建立包括时间、世界、事件、层级等参数的四位机遇函数，论证了如果处于不同层级的单个事件的概率值是可以不同的，则该事件将在同一时间、同一世界中同时具有两个不同程度的概率。例如，一个函数可能的返回值为1，而处于不同层级的另一个函数的可能返回值为0.43。这意味着在较高层级所描述的0到1的机遇性与较低层级的决定论将会相容。①

相似地，李斯特和皮瓦托提出了相对层级的策略，把高层级的机遇与低层级的事实分离开来，而其方法是通过限制高层级机遇函数来实现的，这样它们就可以只对高层级信息进行设置。例如，在关于离子通道门控随机事件的四位函数中，作为高层级函数，它配置了神经生物学种类的信息，包括分子和蛋白质、无机化合物、细胞器等。这个函数返回了一个介于0和1之间类似于一个速率常数的值。与格林不同的是，李斯特和皮瓦托认为低层级不能设置机遇值，认为在这一层级设置机遇函数将导致"范畴错误"（category mistake），因为这样便混合了两个不同层次的描述。②不过，从两种路径看来，高层级的机遇可以与低层级别的决定性相容。

按照这一思路，类似离子通道的现象存在于较高层级，远离我们所拥有的决定论定律所在的那些层级。考虑到神经生物学水平上可用的定律或原则假设，离子通道的未来研究有多重可能，因为这些法则并不能确定相关系统的未来状态，这些系统根据模型中相对层级的机遇值而不断演化。

相对层级的观点使得决定论、弱决定论、弱非决定论到强非决定论变

---

① Glynn L. Deterministic chance[J]. The British Journal for the Philosophy of Science, 2010, 61（1）: 51-80.

② List C，Pivato M. Emergent chance[J]. The Philosophical Review, 2015, 124（1）: 119-152.

得相容。按照这种观点，只要在某一层级上存在弱非决定论，我们就可以沿那个层级向上推论出强非决定论，因为我们有一个框架可以让它与决定论相容。但是，还是之前的例子，在一个层级上描述的离子通道可能是非决定性的，就像马尔可夫模型一样，而在另一种情况下，它可能是决定性的。这两种模型都不能真正代表真实的系统，因为那个系统要么是非决定论的，要么不是。它的当前状态可以或不能决定所有其他状态。

相对层级的机遇论证承诺了两项推论：在层级 o 中，从一个非决定性模型推导出存在一个非决定性的系统；在层级 $o±1$ 的范围内，从一个非决定性模型推导出一个决定性的系统，但这些推论不与真实系统的基本事实相容，两者描述的也非真实的现象，而且事实上相对层级的机遇并不是为了这个目的而设计的，因为它们的目的是使客观机遇与认识论的概率相容。[①]当试图建立一种强非决定论时，相对层级的机遇实际上是在认识论层面上做出的承诺，从而使我们判定采用决定论的还是非决定论的系统推论。这种推论意味着一种实在论模型的缺位。

这种路径试图为特定系统提供多种不相容的描述。例如，也许我们可以用几种方法来描述离子通道，但是系统的实际属性并不取决于我们如何描述它们，它的当前状态要么决定了它的过去和未来，要么就不能决定。相对层级的机遇观点无法告诉我们哪个描述是真实的。也就是说，相对层级的观点依然是关于模型的非决定论，不能导出关于世界本质的非决定论。目前的经验不足以证明强非决定论，哲学论证也不充分，至少对大脑而言是如此。即使离子通道函数的最佳模型是非决定论的，我们也没有充分的理由认为这些通道本身是非决定论的。[②]

总而言之，生物学，尤其是神经生物学，总是依赖于机制解释。机制概念的核心是因果性和因果关系。因此，通常我们关于决定论的定义总是与原因和预测有关，而更复杂的解释往往要回避这些标准。当我们试图用

---

① List C，Pivato M. Emergent chance[J]. The Philosophical Review，2015，124（1）：119-152.

② Gessell B. Indeterminism in the brain[J]. Biology & Philosophy，2017，32（6）：1205-1223.

一种非因果性的描述来探讨大脑时，只能是聚焦于模型及其属性。模型与真实系统之间的差异总是存在。若大脑的最佳说明模型是随机性的，我们通常就将该系统视为弱非决定性的，同时也无法对系统本身给出更多的说明。同时，先前提到的观测等价性体现了理论构建和模型选择中的标准问题，提倡一种证据的一致性。弱非决定论在解释通道行为方面可以发挥重要作用，而与我们是否可以通过其他论证得出强非决定论无关。

目前对于某些神经现象的最佳解释本质上都涉及非决定论，因而在解释大脑时，我们无法摆脱机遇问题。同时，作为行动的决策中心，大脑的行为尚未完全确定，这就导致其系统问题吸引了研究者们的注意，大脑的复杂性也使得强决定论者们跃跃欲试。但是，影响大脑行为的因素数量是巨大的，我们很难对所有因素都做出解释。但至少这里的论证表明，经验论证和哲学论证都无法表明大脑具有强非决定性。当前的科学和分析方法无法以任何方式回答该问题，即使在离子通道的例子中有大量支持非决定论的证据，我们仍然不能从弱非决定论中推断出强非决定论。因此，我们可以接受大脑可能在弱的意义上是非决定论的，因为至少存在一个关键神经过程的最佳模型是非决定论的。但要强调的是，这种非决定性的基础依然必须来自大脑的物理结构，如果该物理结构被证明不存在任何非决定论因素的影响，那么这里所接受的弱的非决定论就是认识论意义上的。

第二节　意识起源的非决定论

评价完各种版本的神经非决定论之后，本节将继续讨论大脑系统演化中的不确定性与非决定论问题。正如上一节中所得出的结论，目前神经科学所追求的非决定论只是一种弱的非决定论，是认识论层面的非决定性，而并不涉及任何客观的非决定论，或者说，无法导出强非决定论。作为这一节的主要内容，我们通过将大脑视为一个混沌系统，梳理分析共时性还原论和历时性还原论，最终从意识演化的视角来揭示其中的非决定论过程。

一、作为混沌系统的大脑与自由意志

精神与行为之间的因果关系问题直接关联于自由意志问题。古典观点分为相容论和不相容论，尽管它们之间的区别在现在的一些观点里并没有那么大。①各种相容论认为，自由意志在决定论的体系下依然有存在空间，也就是说，自由意志与决定论相容。当与决定论的主张相结合时，自由意志也被称为弱决定论；而不相容论者则否认这一点，坚持自由意志与决定论不相容。其中，若相信决定论是真的，则被称为强决定论，若认为决定论是假的，被称为自由主义，即宇宙是不确定的，但我们仍然是自由的。不确定性事件有不同类型：偶然事件和决策事件。人类的决策不受物理定律的约束，源于意志并且是因果有效的，但这种观点与我们的科学图景存在不一致。②自由意志论者认为，自由意志是真实的，但以物质世界的非决定论为前提。③还有一些学者持硬决定论的观点，认为决定论是正确的，从而排除了自由行为的可能性。④不过，并非所有非决定论者的立场都会容纳自由意志。例如，如果量子非决定性的最终固定源于随机运动，那么人类的行为就不会源于真正的自由决策。

应当说，李贝特实验或是其他类似的实验已经迫使学者们开始重新审视自由意志问题，尽管李贝特本人对其实验的相关性价值表示谨慎，但还是引发了以神经决定论为主要论题的争论。其中的一个核心议题是，神经过程是否与意识主体的目标一致。一些学者认为，意识主体做出的思维决

---

① Balaguer M. Free Will As an Open Scientific Problem[M]. Cambridge：MIT Press，2010：213.

② Dennett D C. Freedom Evolves[M]. New York：Viking Press，2003；Strawson P F. Freedom and Resentment and Other Essays[M]. London：Routledge，2008；Carlson E. On a new argument for incompatibilism[J]. Philosophia，2003，31：159-164.

③ van Inwagen P. The incompatibility of free will and determinism[J]. Philosophical Studies：An International Journal for Philosophy in the Analytic Tradition，1975，27（3）：185-199；van Inwagen P. An Essay on Free Will[M]. Oxford：Clarendon Press，1983；Kane R. The Significance of Free Will[M]. New York：Oxford University Press，1998；O'Connor T. Libertarian views：dualist and agent-causal theories[M]//Kane R. The Oxford Handbook of Free Will. New York：Oxford University Press，2005：337-355.

④ Honderich T. How Free Are You? The Determinism Problem[M]. New York：Oxford University Press，1993；Pereboom D. Living Without Free Will[M]. New York：Cambridge University Press，2001；Wegner D M. The Illusion of Conscious Will[M]. Cambridge：MIT Press，2002.

策过程不过是一种幻觉，但同样多的人对此表示怀疑，因为这违背了路德维希·约瑟夫·约翰·维特根斯坦（Ludwig Josef Johann Wittgenstein）所主张的严格区分哲学与神经科学领域的理念。还有许多学者尝试在不切断认识论层面上的特异性的前提下对两种观点进行整合。①但这些尝试都必须要克服物理因果闭合问题。在接受科学对于传统灵魂概念的改造的前提下，人类心灵是否是神经系统超复杂结构的一种涌现属性成为核心问题，研究的重点转向如何通过神经生物学来解释心灵。

所有这些研究最终可能确立自由意志和自由之间的区别，自由意志主要指与我们思维选择相关的客观过程，而自由的概念明确是指决定我们自己的目的或意图的个人行为。从这个视角来讲，神经科学的发展为研究人类思维提供了契机，因为思维决策行为无法用神经科学的方式来理解，依然依赖第一人称视角的理解。

自然主义的世界观将意识自由论者逼入困境，前者否认宇宙存在超自然力量，认为宇宙的演化完全取决于它的先验状态，就像拉普拉斯的宇宙观一般。自然法则的运作与意识的自由性之间存在对立，因为如果宇宙是决定论的，那么包括我们的行为和导致行为的大脑活动等一切，都归因于宇宙的初始状态和自然规律。强决定论更进一步认为，宇宙是决定论的，任何生命不具有自由，自由只是一种幻觉。如果是这样的话，那么我们就不能做其他的事情，所以包括我们在内的智慧生物就不是自由的。因为按照主体因果性定义，这是一种由主体选择而不是由物理事件引起的因果关系。

认为生命不具有自由的观点似乎源于决定论的假设，立足于这种物理决定论，从而形成了副现象论，认为精神状态是由物理状态引起的，但对物理状态构不成影响。同时按照物理主义还原论的方法论，高级概念可以

---

① Murphy N, Brown W S. Did My Neurons Make Me Do It? Philosophical and Neurobiological Perspectives on Moral Responsibility and Free Will[M]. New York: Oxford Unversity Press, 2007; Sanguineti J J, Acerbi A, Lombo J A. Moral Behavior and Free Will: A Neurobiological and Philosophical Approach[M]. Morolo: IF Press, 2011.

还原为较低层次的概念。在自由意志辩论的语境下，诸如决策这样的心理术语在非理性的机械论中完全是可以解释的。所以许多人直觉地认为，只有当决定论为假时，自然主义的方法才能与自由相适应。因此，他们认为在一个物理和非决定论的宇宙中，科学世界观和自由都可以被拯救。例如，基于量子力学的解释，波函数的坍缩是不确定的。所以许多人认为既然宇宙不是确定性的，生命就可以拥有自由意志。

　　然而，拯救自由并不容易。因为如果宇宙不是确定性的，那么非决定论的事件就是随机的。生物行动如果不是确定的，而是出于这些偶然事件，那么就是偶然导致生物采取了相应的行动，而不是意识。正因如此，随机性作为行动的理由，与决定论一样，很难与意志自由的概念及其伴随的其他概念相容。神经系统科学将促使我们把整个宇宙内部看作是由定律约束的机器。我们的决定、决策和行动通常被认为源于自由意志的。但是科学揭示了它们，或者要证明它们在机械上或物理上是可以被解释的。因此，有些人认为我们对自由的直觉概念是错误的。

　　哲学的分析揭示了在宇宙是否是决定论的之下自由意志的问题，而许多人认为，如果宇宙是不确定的，自由还可以被拯救。首先，神经科学并不能表明我们生活在一个决定论的宇宙中。目前，神经科学所展现的景象是一种充满了不确定性或随机（随机或概率）过程的机械论。一个神经元是否会放电，它产生什么样的动作电位，或者释放多少突触小泡，都被描述为随机现象。然而，目前的神经科学无法判定，我们所感知到的不可预测性是本体论意义上的非决定性过程，还是超出目前理解之外的复杂的决定性过程。从认识论的立场来考量，描述层面上的表观非决定论与在基本物理层面上的决定论是完全相容的。由于确定性的系统行为可以根据初始条件的微小变化而发生根本性的偏离，因此在神经元或激活区域层面上的非决定论的证据不会对宇宙是不是决定论的根本问题产生任何影响。这是物理理论问题，并最终将由基于物理基础性质的最佳说明方式来回答，而不是在脑科学的层面上，并且在目前任何情况下，没有一种技术能实质上提供关于低级神经现象的真实信息，这导致我们难以充分认识意识自由性的来源。

神经科学表明，大脑实际上就是决定论的，无论宇宙决定论与否。也就是说，在比原子和分子的运动和相互作用更高的层次上，低层次的不确定性会被消去，系统的高层次的运作会表征为规则性的东西，从而在其过去活动的基础上可以有效地预测其未来的活动。决定论是众多科学家坚持的观点，虽然也存在许多理论和实验上的挑战。很难想象还有什么证据能迫使我们把这一假设当作事实。此外，虽然科学成功证明，行为是由生物机制而不是"灵魂"驱动的，但是神经科学的结果不能证明以人类为代表的智慧生物是机械性的。因此，至少目前的神经科学并不能完全通过对意识的还原来解决心身问题。

在关于自由意志的神经科学研究中，试图挽救量子非决定论相干性的另一个策略是提出量子效应的不确定性可能会以某种方式被放大。常被讨论的不确定性机制是混沌。判定一个混沌系统的最重要的标准是，其必须对初始条件或扰动极其敏感。作为结果，如气候等混沌系统至少在可见的未来对于人类来说是不可预测的，即便我们将其系统动态视为确定性的，也依然无法改变其认识论上的不可预测性属性。因此，当确定性的混沌系统加上唯一客观非决定性——量子效应时，我们是否会得到一种超越人类认识领域的不确定性？许多数学家和计算模型学家们对混沌系统的行为进行了广泛的分析研究，他们相信在物理学、化学、生物学中，存在许多不同情形的混沌现象。

许多人将大脑中的某些电活动也视为混沌系统。20世纪80年代以来，对不同脑区动作电位的大量电生理研究被理解为混沌过程的证据。[1]虽然判定实验记录的一系列动作电位或波是否属于混沌，在技术上很困难甚至不可能，但依然有许多学者认为大脑活动确实经常发生混沌。混沌有时被认

---

① Kozma R，Freeman W J. Intermittent spatio-temporal desynchronization and sequenced synchrony in ECoG signals[J]. Chaos，2008，18（3）：037131.

为能够放大量子理论中的微小不确定性，并为心身交感论提供空间。①大脑神经网络的电活动或是细胞内的混沌效应作为放大器可能导致了某种不确定性。不过，这里依然存在许多问题。

首先，混沌和量子理论的结合是有问题的。尽管量子的混沌研究已经开展了多年，但这一研究本身尚有争议，因为可能存在"混沌的量子抑制"，即如果将混沌系统的方程与薛定谔方程结合起来，混沌就会被抑制。薛定谔方程给出的解是周期的或准周期的，混沌本质上是非周期的，二者不相容。此外，还有观点认为，在某些情况下，混沌的量子抑制可以被另一种量子效应抑制，即量子系统与其环境相互作用引起的退相干现象。②这些意见的存在，对量子效应放大假说构成了障碍。

其次，量子效应放大假说的有效性在很大程度上取决于所采用的量子力学的特殊解释。对于一个简单混沌系统，其与各种不同的量子力学模型都存在匹配困难。假设两个系统是相同的，且具有相同的初始条件集，如若要放大海森伯不确定性原理中（量子涨落）的微小差异，必然意味着在测量时间点之前存在精确的初始条件，而量子力学的一些解释否认这一情形。即使接受这一点，这里所使用的测量之前的量子涨落概念也有问题，因为在量子力学的标准解释中，量子不确定性不存在于量子层面，而只在量子层面的描述与宏观层面描述过渡之间才涉及。也就是说，不确定性是在放大过程之后出现的，所以这种非决定性的放大可能并不存在，至少这里存在许多疑点。③

再次，无论量子效应放大假说是否成立，对于非决定论来说，海森伯

---

① Hobbs J. Chaos and indeterminism[J]. Canadian Journal of Philosophy，1991，21（2）：141-164；King C C. Fractal and chaotic dynamics in nervous systems[J]. Progress in Neurobiology，1991，36（4）：279-308；Kane R. The Significance of Free Will[M]. New York：Oxford University Press，1996；Hong F T. Towards physical dynamic tolerance：an approach to resolve the conflict between free will and physical determinism[J]. Biosystems，2003，68（2/3）：85-105.

② Bishop R C. What could be worse than the butterfly effect?[J]. Canadian Journal of Philosophy，2008，38（4）：519-547.

③ Bishop R C. What could be worse than the butterfly effect?[J]. Canadian Journal of Philosophy，2008，38（4）：519-547.

不确定性原理都无法直接上升为涉及大脑-身体调控的非决定论,但关于是否存在控制大脑活动的某种心灵的疑惑依然难以被消除。科学的态度要求我们即便在没有证据的情况下,也要接受任何随机现象在本质上是有确定方向的和有意义的。即便认为混沌过程可能放大了不确定性,在其还是一个灰色系统的情况下,我们仍需要坚持认为其中机制是决定性的,非决定性只是就我们的认识局限而言的。

最后,我们不能忽视大脑的抗噪声机制。人体内的每一个细胞都不断受到热噪声即热驱动的分子运动的影响,并持续抵抗其影响。但进化使得任何生命系统都具备足够的鲁棒性。热噪声引起了许多细胞事件的显著波动,包括转录和翻译中的基因表达噪声、离子通道中的通道噪声和突触运行中面临的突触噪声。也就是说,单个细胞和整个大脑功能都有许多内在的抗噪声机制,包括群体作用、负反馈和频率选择性反馈。[1]热噪声可以被认为是随机的,因为它不受生物控制,也不以任何方式与细胞功能相协调,但由于其发生的物理规模尺度,可以用经典的决定论物理学来描述,这也就构成了基于量子效应的交互论假说的一个基本问题:若某个神经元或神经回路能够抵抗热噪声,那么抵御像量子效应般的极微小扰动应更不在话下。这是个普遍性问题,放大假说的适用与否已经超越了量子不确定性和其他可能的微小物理不确定性来源,如普朗克长度的界限,也被认为是本体论层面不确定性的另一个可能来源。[2]

但就这里的情况而言,分子热能与海森伯不确定性在能量级别上相差巨大,前者比后者高了至少9个数量级。既然神经元因其能量阈值不受这些能量噪声影响,自然海森伯不确定性也不会在这一能量阈值上形成显著影响。即便存在所谓放大效应,但我们认为量子效应外加混沌的放大效应对突触的电信号传递构成的影响还需要更进一步的证据,尤其是它何以能

① Clarke P G H. The limits of brain determinacy[J]. Proceedings Biological Sciences, 2012, 279 (1734): 1665-1674.

② Lewis E R, MacGregor R J. On indeterminism, chaos, and small number particle systems in the brain[J]. Journal of Integrative Neuroscience, 2006, 5 (2): 223-247.

够影响到大脑的功能。

就像丹尼特所使用的标题《值得期待的各种自由意志类型》（*The Varieties of Free Will Worth Wanting*）那样，许多哲学家认为神经决定论实际上能够与自由意志兼容。①这些相容主义者认为，自由意志是一种不受限制的意识自由，而非排除决定论的纯粹自由。相容主义长期以来受到哲学家们的广泛支持，但也持续与不相容主义对立。对于后者来说，接受神经决定论意味着我们应否认自由意志的存在，这种被称为强决定论。②另一些不相容主义者虽然接受自由意志，但认为大脑功能必然在物理层面上存在不确定性，需要为自由意志确立一个本体论上的非决定性来源。③还有一些哲学家援引笛卡儿式的灵魂，假设了一种基于量子的心脑交互机制，但它并没有得到科学界和哲学界的普遍支持。目前关于本体论层面上的神经非决定论研究主要集中于对神经决策过程或前决策过程的思维神经过程中的量子不确定性影响。也有行为心理学家通过援引了量子不确定性对生物行为不可预测性的存在价值展开研究。④但所有这些研究并未找到建立符合实在论标准的经验基础。所以，我们即便将大脑视为一个混沌系统，其中充斥着各种非决定论的解释模型，但还是不太可能将之视为一个客观非决定论或强非决定论的系统，最好的办法依然是将其视为一种弱非决定论的系统。

此外，尽管目前关于大脑中客观非决定性的研究在很大程度上集中于量子效应对大脑功能的影响与范围。在某种程度上，量子不确定性同时成

---

① Dennett D C. Elbow Room: The Varieties of Free Will Worth Wanting[M]. Cambridge: MIT Press, 1984.

② Honderich T. A Theory of Determinism: The Mind, Neuroscience, and Life-hopes[M]. Oxford: Clarendon Press, 1988; Pereboom D. Living without Free Will[M]. Cambridge: Cambridge University Press, 2001.

③ Kane R. The Significance of Free Will[M]. New York: Oxford University Press, 1996; Balaguer M. Free Will As an Open Scientific Problem[M]. Cambridge: MIT Press, 2010; Doyle B. Free Will: The Scandal in Philosophy[M]. Cambridge: Information Philosophy, 2011.

④ Glimcher P W. Indeterminacy in brain and behavior[J]. Annual Review of Psychology, 2005, 56: 25-56.

为自由意志与笛卡儿二元论的最后空间，以至于人们存在误解，认为二者必然是等同的。实际上，拒绝笛卡儿主义的二元论并不意味着要接受唯物主义还原论，还存在许多"弱唯物主义"立场，该立场处于极端笛卡儿二元论和唯物主义还原论之间，其中包括中性一元论（neutral monism）、双向理论（dual-aspect theory）、非还原的物理主义（nonreductive physicalism），这些都被用于建立关于自由意志的相容性解释。[①]意识自由根植于大脑功能，但又依赖于其无法被还原的有意识的思想。

二、共时性还原与历时性还原

哲学史中有许多关于心灵问题的探讨，那些支持心灵与生物学之间不可还原的民间心理学与追溯至霍布斯的同一性理论构成了两种极端。在近些年的讨论中，一方面，出现了许多为心理的非还原性辩护的论证，例如心理状态的多重可实现性、功能主义论证和感受质问题，但它们也承受了来自还原论的批评；另一方面，鲜有关于认知和神经科学领域的不同解释层级的系统概括出现，并且即便有所尝试，也会出现本体论和认识论问题交织的局面。即便在当下，实现不同认识层次之间的关联模型仍然是一个难题。

目前，有关认识论的讨论往往会让位于有关神经科学的哲学基础的本体论问题讨论，特别是关于心灵或所谓灵魂的本质。并且，几乎所有的科学家和哲学家都会天然地拒斥任何形式的笛卡儿二元论。现代观点常常把笛卡儿式灵魂表述为"机器中的幽灵"，并通常采取一种唯物主义或是还原论的立场。但也有如保罗·利柯（Paul Ricoeur）这样的学者强调语言学或二维语义学的路径，而不做任何本体论的承诺。同时，持"分体论的谬误"（mereological fallacy）观点的反还原论者也一直抵制着还原论立场。[②]后者

---

① Chalmers D J. The Conscious Mind: In Search of a Fundamental Theory[M]. New York: Oxford University Press, 1996; Murphy N C, Brown W S. Did My Neurons Make Me Do It? Philosophical and Neurobiological Perspectives on Moral Responsibility and Free Will[M]. Oxford: Oxford University Press, 2007.

② Bennett M R, Hacker P M S. Philosophical Foundations of Neurosciences[M]. Oxford: Blackwell Publishing, 2003.

认为，不能将部分的属性视为整体的属性，尤其是人类及其思想。目前这些研究的困难在于，涉及科学、哲学、语言学的研究路径泾渭分明，使得任何跨学科的对话与交流十分困难。同时也有一些研究者延续亚里士多德的传统，主张一种不同于笛卡儿的非本体论意义上的二元论，或是采取一种副现象论的立场。①还有人提出了诸如异态一元论（anomalous monism）的一元论立场，同时保留了部分唯物主义或是某种突现论的观点。②即便是已经有了如此众多的立场，但对于理解心灵本质的本体论讨论来说，我们并不能认为所有可能只限于此。

同时要说明的是，现象学研究的初衷是为哲学提供意识和精神领域研究的路径，其所基于的假设是，意识把我们的身体作为中介，总是指向一个客观的终点，即世界。在这里，对世界的理解依赖于认知主体，意识是世界表现自身的必要关联。可以说，现象学路径的模糊性为以还原方法开展意识研究的尝试开辟了道路，并吸引了大批神经科学家、哲学家和心理学家投入其中，试图证明精神属性是自然科学研究所关注的属性的延续。但这样也意味着一切研究必须限定在科学所能接受的方法论层面上。由于没有任何形式的本体论承诺，目前的现象学路径必须回避二元论问题，但始终面临着第一人称难题，因为任何科学解释采用的都是第三人称形式的推理。约翰·瑟尔（John Searle）强调了第一人称表述的不可还原性和民间心理学的可靠性，但拒斥二元论的他采纳了唯物主义的本体论。③目前的焦点在于，是否有可能在回避本体论问题的情况下提出一种非还原论的立场，也就是说，从笛卡儿的传统中，我们是否能够提炼出什么已然成立的基础。心灵和身体、精神和大脑之间是一种什么样的二元性，是否可以通过其他版本的还原论建立二者的关联？

---

① Chalmers D J. Philosophy of Mind: Classical and Contemporary Readings[M]. New York: Oxford University Press, 2002.

② Davidson D. Essays on Actions and Events[M]. Oxford: Oxford University Press, 1980; Searle J R. The Rediscovery of the Mind[M]. Cambridge: MIT Press, 1992.

③ Searle J R. The Rediscovery of the Mind[M]. Cambridge: MIT Press, 1992.

　　还原论曾一度是一种负面标签，但伴随着神经系统科学的成功，还原论强力介入到意识的研究中。但这也遭到了一些学者的抵触，形成了各种反还原论立场。例如，在物理架构上，前面提到的埃克尔斯继承了莱布尼茨的反机械论思维，基于大脑表征能力的简单性，提出存在某种与大脑相互作用的精神粒子，即某种简单的涌现粒子。①这种观点没有诉诸复杂的神经元相互作用，而是认为意识是宇宙中不可化约的简单组成部分，而非更高层次的系统属性；而在演化性上，迈克尔·贝希（Michael Behe）通过主张"不可化约的复杂性"（irreducible complexity）概念（即一个系统由许多不同但彼此协调的部件所组成，所有部件共同运作实现其基本功能，不可缺一），从而反对这种系统可通过达尔文主义式的进化而形成的理论，即复杂系统不能通过对前导系统的轻微、连续变化而直接产生，因为一个不可化约的复杂系统的任何前导系统如果缺少任何一个部件，系统都将失效。②

　　第一种思路认为，意识独立于神经系统且简单不可还原。但如克里克、科赫、丘奇兰德等物理主义的取消主义者认为，意识是多种现象的复合物，非单一的事物。他们试图解释意识宏观层面上的属性，将其还原为较低层面的属性和关系，即神经元和网络层面的属性。例如在丘奇兰德看来，还原就是发生在理论之间的操作。如果宏观层面上描述的因果作用被解释为较低层面上的事件和过程的结果，那么一个理论就被还原成另一个理论。③例如热力学被还原成统计力学，经典光学被还原为电磁理论。这一观点可以被概括为共时性还原。

　　在分子生物学中，生物体的高级功能可以被还原为基因、蛋白质、基因网络和信号网络等的低级功能。由于有机体是作为一个整体面向科学家的，它试图理解高水平功能的基础，如某种蛋白质表达的调节，主要集中

---

　　① Eccles J C. Evolution of consciousness[J]. Proceedings of the National Academy of Sciences of the United States of America，1992，89（16）：7320-7324.

　　② Behe M J. Darwin's Black Box：The Biochemical Challenge to Evolution[M]. NewYork：Free Press，2006：39.

　　③ Churchland P S. A neurophilosophical slant on consciousness research[J]. Progress in Brain Research，2005，149：285-293.

在理解此时此地系统的工作方式，共时性还原成为一种必要。主张反还原主义现象学的哲学家们认为，意识的某些特性是神经元和神经元网络的特性所无法解释的。例如，第一人称体验无法被还原为第三人称事实，无论后者是计算性事实还是物理事实。但丘奇兰德提出了另一种观点，认为意识是一系列相互关联的功能和结构的集合，它们可能有也可能没有共同的基础。对于关于意识的一套相互关联但半独立的过程来说，它们可能共享一些背景条件，但不共享其他条件。^①这里涉及大脑作为混沌系统的复杂性，从而在一定程度上也为还原论留有了空间。

克里克和科赫则试图通过识别意识的一些可观察方面及其神经关联，为意识问题提供一种科学的方法。该观点主张在缺乏坚实理论基础的情况下，研究人员应该找到一条通往意识现象的探索路线，例如视觉感知。他们强调这种路线或者框架可以带来各种可检验的假设。^②总之，在共时性还原的观点下，意识问题面临着这样一个困境，即目前的生物学框架缺乏"合法"的解释，我们尚不能建立一种生物学的功能概念来沟通意识经验现象与神经物理现象，从而破解大卫·查尔默斯（David Chalmers）的难问题。因为，我们现在还不能基于物理主义功能概念论证一种成熟的上层生物学功能概念，从而完美纳入第一人称体验的问题。

另一种面向进化的还原论是历时性还原论，或按照适应主义的观点来说，它是某种正向工程。根据这种观点，生物体是复杂的结构，通过逐渐地设计积累来适应它们的环境。设计积累也可以被看作是通过自然选择逐步出现的功能。丹尼特认为，这种还原是达尔文解释模式的最普遍形式，提出了"生殖与检验之塔"的生命等级观点。从自然选择最早产生的最简单的筛选模式开始，那些接受选择的生物都被命名为达尔文式生物，它们都拥有遗传决定的变异，这些变异要么是适应性的，要么不是。达尔文式

---

① Churchland P S. A neurophilosophical slant on consciousness research[J]. Progress in Brain Research，2005，149：285-293.

② Crick F，Koch C. A framework for consciousness[J]. Nature Neuroscience，2003，6（2）：119-126.

生物只在他们的遗传结构中表现出适应性。它们因其身体条件而被选择，那些实现生存和繁殖的达尔文生物只是携带关于它们选择环境的隐含信息。更高层级的是斯金纳式的生物，它们可以通过条件反射来学习。它们的内部具有可塑性，使得它们比达尔文式生物能更快地适应环境。更高级的生物是波普尔式的生物，它们拥有关于世界的内在表征，可以在行动之前在他们的头脑中进行预判，可以通过放弃一些既有计划而求生。这个等级秩序的顶端是格里高利式生物（Gregorian creature），他们拥有一个充满思维工具的内化思维空间（internalized workspace）。他们可以借助这些思维工具、更好的记忆力和注意力、改善他人设计成果的习惯，来制定长期的规划。①丹尼特通过展示意识进化的步骤，试图将意识的形成还原为不断走向复杂和完善的自然设计路径，并以此回应那些基于复杂性的反还原论论点。也就是说，我们可以通过建立一种意识起源与演化的路径，使其与相关物理过程统一起来，从而成为面向进化历史的可还原的原因。丹尼特的等级秩序带有明显的等级演化色彩，不过这里似乎预设了一种通向复杂认知能力的演化倾向，这一点无疑会令人产生怀疑。关于这方面的讨论，我们将在下一节继续展开。

　　总之，共时性还原意味着物理事件的必然性能够对意识产生直接的影响，但是主观视角的经验问题显然对这种物理必然性构成了挑战，这导致任何物理主义一元论的观点不得不设法设立专门的理论来解释意识现象，将神经活动的确定性与意识活动的不确定性结合起来。历时性还原将意识现象与进化历史联系起来，通过适应论的解释建立了意识产生的倾向性解释。该解释绕过了物理主义的还原问题，以过程机制来解释意识问题，但又会引发意识产生的偶然性与必然性争论。

三、主观性的进化与意识何以必然的解释

　　意识科学存在两种极端。第一种观点认为，意识是简单不可还原的，

---

① Dennett D C. Darwin's Dangerous Idea：Evolution and the Meanings of Life[M]. New York：Simon & Schuster, 1995：378-380.

避免了任何功能性或结构性的解释。作为经验的第一人称的意识不可还原到任何其他物理成分。然而，神经科学已表明意识不是简单的现象，可以被分析为众多子部件，并通过这些部件重构意识的解释。第二种观点认为，意识十分复杂，难以被共时性的还原分析和历时性的进化过程所解释。但从根本上讲，不管意识多么复杂，都应该有一个可重构的历史，并像其他生物特征一样被进化所解释。

第一人称的不可还原性构成了意识的"难问题"。我们是否能通过历时性的还原，即生物自然进化的方式来解决这一问题？这里将从生物学的角度设立主观性概念，或者说某种主体性的系统。这一概念在粗略的意义上指与主观性相关的生物学特征的集合，同时也是进化论解释的对象。在生物学中，个体主观性和能动性是结合在一起的，并且在进化过程中也是相互绑定的。但是，主观性中的心智一面是心灵哲学中的核心问题，是大脑中与感知、表象和感觉有关的一面。同时，并非所有的主观经验都是感官的，但这是解释主体性系统的有效途径。

对于符合这里讨论的主体定义来说，自我与他者之间存在着非任意性（non-arbitrary）的区分。如何界定主体的位置和边界存在各种争议，但可以肯定的是，必然存在着拥有独特空间位置的体验主体。在生物学中，主体首先指的是以相关方式与周围环境相区别的实体。传统上，生物系统被视为自我维持系统。生物系统与周围环境的互作扰动了热动力平衡，生物系统的运动也必然受到限制和控制，因此形成了代谢系统并维持其边界，代谢过程不断地重构组织模式，维持着系统与周围环境的区别。由此产生了"内生"这一术语，"内生"不仅仅代表了生命系统的维持，同时不断地合成着它们的组成分子，通过物质转换来保持活性。①

最明显的例子就是细菌和古生菌，它们都拥有膜结构，有通道和受体穿过膜。连接细胞膜的一些活动是纯粹的新陈代谢，而其他活动则有助于

---

① Godfrey-Smith P. Individuality, subjectivity, and minimal cognition[J]. Biology & Philosophy, 2016, 31: 775-796.

展开控制-反馈的行为模式，类似于动物的感知和行动之间的链接，以追踪细胞周围发生的事情并对其做出反应。因此，单细胞有机体是类似主体的实体，具有一些与主观性相关的属性。它们是非任意性的有界系统，能维持和再生其组织，能维持其系统与环境之间的边界，以及能对外部事件敏感，这使得这些自我维持和自我界定的活动模式做出的响应与外界耦合。动物是多细胞生命的一种形式。在向多细胞过渡的过程中，许多细胞作为一个代谢整体而生存，在某些情况下，也表现出这些整体水平上的复杂行为。这些行为是通过各部分之间的分工和相互作用实现的。多细胞意味着其本身已经进化了十数次，但该过程导致的动物进化路径却是差异性的。

动物形成的起点和终点往往是不确定的，但每个细胞的起点和终点则相对明确。特别是系统中真核细胞与各种细菌和其他微生物之间的共生相互作用，导致了我们对于主体系统的界定存在诸多难题。细胞可以进行异构协作（heterogeneous collaborations）或是其他的联合①，这些合作普遍存在于动植物中，关联程度不一。因此，多细胞集群通常根本没有明确的界限。

对于包括人类在内的大多动物来说，他们有着明晰的个体性，这并不是通过划分界限来实现的，而是体现为协调连接整个系统中各个部分的方式。因此，有机体中各个部分之间的快速且定向的相互作用普遍存在，特别是那些复杂协调和整合的器官，比如神经系统。神经系统可能起源于动物进化史的早期。最早的动物化石记录可追溯至埃迪卡拉纪（Ediacaran，6.35亿～5.4亿年前）。该时期动物的感官和行为能力很小，但有证据表明，神经系统在这一阶段得到进化。大约5.4亿年前的寒武纪早期，出现了诸如捕食等广泛的行为互动机制。这些能力可能是通过平行进化发展而来的，而非单一来源。这一时期出现了成像眼睛、爪子、腿、脊椎、鱼鳍等生物特征，以及操纵行为的方式。可以说，埃迪卡拉纪的食腐式觅食导致了更

---

① Pradeu T. A mixed self: the role of symbiosis in development[J]. Biological Theory, 2011, 6（1）: 80-88.

好感官和定向运动能力的进化。①随着时间的推移，食腐引起了捕食。从这一时期开始，积极反馈的过程推动了神经系统、身体和行为的共同进化。

基于这些学说，生物对环境条件产生敏感的基本形式与适应性反应有关，不仅在动物和植物身上，而且在细菌和其他单细胞生物中也是可见的。然而，动物的感知方式发生了更显著的变化。正如比约恩·H. 默克（Bjorn H. Merker）所指出的，当一个有机体将自我推进的运动与良好的感官结合在一起时，该有机体会遭遇"行动的倾向"。②动物自身的行为会产生一些刺激，而这些刺激的原因会带来不确定性。有机体此时必须能够区分外来刺激与生物体自身行为引起的不同感官变化之间的差异，而实现这一可能的途径之一是从系统的行为生成部分发出某种信号，以实现感知加工的补偿，即实现某种"感知复制"（efference copy）或"伴随放电"（corollary discharge）。这种机制在生物体的边界内建立了一个循环，以补偿由自传入感觉（reafference）导致的外部路径的因果循环，这仅需要少数神经元就可以解决较为简单的该类问题。对诸如接触动物表面等固定的和明确的一类刺激导致的通常行为反应，生物体实现对其的抑制很简单。但是，随着传感器官的增加和动作变得更加精细，问题的分支和处理问题的机制随之变得更加复杂和集中。对于所有具有复杂运动和心理行为的有机体来说，从感官到效应器并没有简单的前馈路径。取而代之的是，由于行动对感觉的不可避免的影响，动物拥有调节自我并引起刺激的能力，这在某种程度上意味着有机体对自我与他者之间的界限。

一般来说，这些机制在无脊椎动物中是通过边缘性神经系统实现的，而在脊椎动物中则以中枢性、基于大脑的方式实现。虚拟经验只有在中枢系统的情况下才会出现。当然，这一观点还存疑问，例如在昆虫中这种说法并不成立。行为控制会带来感官上的因素，包括身体各部分乃至整体的

---

① Budd G E, Jensen S. The origin of the animals and a 'savannah' hypothesis for early bilaterian evolution[J]. Biological Reviews, 2017, 92（1）: 446-473.

② Merker B. The liabilities of mobility: a selection pressure for the transition to consciousness in animal evolution[J]. Consciousness and Cognition, 2005, 14（1）: 89-114.

运动，同时也会产生歧义。①行为以一种能产生有用信息的方式探测环境，但这也要求动物对自己所做的以及已经发生的事情有感觉，这是一条围绕对世界的敏感性和行为反应之间的联系的演化路径。

除此之外，"知觉恒常性"（perceptual constancy）现象的出现也许标志着从单纯的觉察到真正感知的转变，而且，在强烈意义上，这标志着真正主观"视角"的出现。因为感知引导下的动作源自某种"视角"，而仅仅是对感官的反应却无法产生这种效果②，并且这种恒常性机制在大多数情况下并不需要特定的行动角色。

作为主观性的更进一步演化可能表现为生物体对于外在世界事物的评价，这种现象在生物中无处不在。这既适用于生物内部活动，例如关于体内不平衡和缺陷的记录，也适用于外部感知器官对外部事件相关性的跟踪。然而，并没有证据表明这种评价必须始终被感觉到。细菌和其他单细胞生物能表现出接近和退缩的模式，但对于人类来说，很多稳态反馈是非经验性的。许多动物都可以学到某个具有积极或消极后果的行为，我们可以将之理解为某种工具性的学习。实现这一目标所需要的是一种开放的能力，将特定行为与其效果评估相关联。内部系统必须能够记录受欢迎和不受欢迎的事件，并根据这些记录来重塑其行为。例如疼痛，在我们和其他动物身上，痛觉的功能在很大程度上可能是作为某种自传入感觉，通过它使我们建立了典型的受欢迎和不受欢迎的事件的区分，它的意义不仅仅在于促使生物体瞬间改变其自身行为，同时也在于通过工具性学习指导今后的行动。

工具学习要求动物知道它做了什么。它可能不需要知道其周围发生了什么，但需要跟踪监测它自身的行为，而且通常还需要跟踪其生殖环境。因此，对自我与他者之间的界限的追踪可能具有主观性的部分特征。目前

① Keijzer F. Moving and sensing without input and output: early nervous systems and the origins of the animal sensorimotor organization[J]. Biology & Philosophy, 2015, 30（3）: 311-331.

② Burge T. Origins of Objectivity[M]. Oxford: Clarendon Press, 2010: 337.

看来，工具性学习似乎有若干独立的起源，因为它似乎分散在主要的动物群体中。在大多数的运动性动物中，这一点得到了证实，在昆虫、甲壳类动物、头足类动物和腹足类软体动物中都有发现，但在蜘蛛、蜈蚣等多足类动物或棘皮动物中未见证实。因此，这里的推论在经验上尚不确定，但似乎存在一些与复杂感知相关的特质和那些与评估相关的特质的区分。因为当经典条件反射与生理奖励系统相结合时，这些奖励系统引导着即时行为，会出现心理条件作用，如在某些"条件偏好"行为。即使是有着非常简单的神经系统的扁形虫也能表现出这种学习能力。

如果复杂的感知和评价是可分离的，那么就有可能存在两种可被模糊地归类为"主观经验"的现象。这些可被理解为人类经验早期形式的显著特征，一方面涉及跟踪外部对象和事件，作为外部实现对事物的主观"视角"；另一方面则涉及好与坏的区分，这一区分处于涉及有机体或环境关联的模糊地带。这两个方面对不同动物来说表现得各不相同。例如，有些蜘蛛行动自如，表现出复杂的感知能力，但在激发好恶感觉的证据方面则表现不明显，而腹足类如蛞蝓和蜗牛，尽管运动能力较差，但显示出较强的工具性学习能力，尽管十分简单。

通过建立感官和评价这两组特征及其关联的可能进化路径，可以帮助我们建立主观性演化问题讨论的路线。可以想象，处于寒武纪早期的动物正变得越来越灵活，为了生存，它们必须开始实时跟踪事件。这导致知觉的形态转变为自我或其他协调性形式。随着生物机动性能力的发展，行为类型越加丰富，也越来越有可能在新的环境中进行新的行为，而产生的新行为的重要途径便是工具性学习。新行为可以在不同的情况下产生。这里首先依赖的是复杂的感知能力，其次是激发感觉。

通过这一设想，我们可以建立一幅从初级到高级的主观性形式的进化图景。进化图景的早期阶段的特点是，生命系统显示出一些简单形式意义上的、主观性的、涉及与环境的关系处理以及身体控制能力（包括将某些条件视为其他条件）的指标。这些控制过程以潜在的方式体现了好和坏的事件、受欢迎和不受欢迎的刺激之间的差异。工具性学习促进了新行为的更好运用，并更进一步推动着复杂评价能力的进化。

对主观性起源的解释还可能包括其他因素，往往涉及知觉的加工整合，并可能产生一个关于世界的连贯模型，这对于动物的生存十分重要。同时，这一论题也可与即将在下一节讨论的进化认识论议题联系起来。对于主观性的演化来说，这里只能提供一个相当粗糙的构想。一方面，各种主观性相关特征的相关性还很难评判，不同动物的主观性形式不同，它们是否共享同一核心要素尚待确认；另一方面，从生物学角度看，这里涉及的所有主观性相关特征都处于不完整的过渡形式，这意味着这些特征存在等级序列，并向上延伸至类似人类般的意识，这一点所需的证据链条更加广泛。这似乎将这里的论题引入了困局，但从另一个角度来说，这并不妨碍人们从哲学上建立一种关于意识起源的渐进主义观点，并打开了意识研究的另一条路径。

按照戈弗雷-史密斯的观点，建立进化的图景应该被视为尝试建立一种意识如何可能的解释，并以此为基础建立何以必然的解释。前半句中的"可能"是认识论意义上的或然性；后半句中的"必然"则是对应于单纯的意外，包含了某种鲁棒性或可预测性。①也就是说，通过进化历史的构建，我们可以提供一种比物理主义者更为丰富的解释，但是关于建立何以必然的解释实际上受到了适应论的影响。

适应论解释的共同点是，坚持认为意识像其他生物现象一样，是一个渐进设计积累过程的功能性产物。意识具有功能性意味着它有一些不能用机遇来解释的特征。适应主义把自然选择放在机遇和智能设计者的位置上。根据现代综合论，生物体是为获得更大的繁殖成功率而被选择的功能集合体。此外，进化的渐进性突变和重组使发育成为可能，可以通过简单的步骤逐步实现。每一种功能都是遗传的，因为它为机体提供了优势。新功能

---

① Godfrey-Smith P. Evolving across the explanatory gap[J]. Philosophy, Theory, and Practice in Biology, 2019, 11（1）: 1-13.

的出现仅仅依赖于生物体基因组的一系列渐进修饰。随机突变产生了群体的遗传多样性，其中拥有更多后代的受选择个体相较其他个体继承了更多的基因。古尔德批评这种研究策略高估了自然选择的创造力，低估了机遇、中性突变和扩展适应（exaptation）或功能变异的影响。古尔德针对意识提出了一种突现论的解释。他首先声称恐龙的灭绝是意识出现的一个重要因素，因为如果恐龙还存在，哺乳动物的身体和大脑的大小将永远不会发展到足以产生有意识的人类大脑。然后，他转而声称，生物世界的许多特征是扩展适应，而不是适应。他将这一观点应用于意识并得出结论，意识可能只是大脑体积增长的副作用。①突现论者对意识的观点被其他研究者所认同，他们强调了文化和语言发展中的巨大进化跃迁的重要性。

适应论通过建立包括意识在内的特征进化，确立了一种设计论的图景，并与必然性联系起来，从而将自身陷入进化事实的泥沼中，尽管该路径并不限制进化的进程对意识出现给出一种比适应论者更好的解释。在进化解释中，我们试图界定可能的情景，并根据现有的证据对不同的假设进行了比较。适应论的解释，尤其是那些关于人类思维进化的解释，实际上是基于稀缺的证据。首先是缺乏足够的化石痕迹和生态细节。由于我们缺乏这些细节，列万廷声称我们永远不能回答关于认知进化的问题，因为自然选择不会像其他自然力量一样留下痕迹。②但作为替代路径，自然选择在生物体的基因组中留下了痕迹。不再具有环境功能的基因更容易积累突变，即使我们不能追踪活跃的自然选择的影响，也可以在中性突变的背景下追踪消极选择的影响。③这意味着，我们的意识能力很可能是众多生理特征的组合效果，其中可能每种特征都有自己的选择故事，它们有的曾经受到选择，

---

① Gould S J. Challenges to neo-Darwinism and their meaning for a revised view of human consciousness[J]. The Tanner Lectures on Human Values. 1984, 6: 53-74

② Lewontin R C. The evolution of cognition: questions we will never answer[M]//Osherson D N, Scarborough D, Sternberg S. An Invitation to Cognitive Science: Methods, Models and Conceptual Issues. Cambridge: MIT Press, 1998: 108-132.

③ Carroll S B. The Making of the Fittest: DNA and the Ultimate Forensic Rcecord of Evolution[M]. New York: W. W. Norton & Company, 2007.

有的当下依然对自然选择敏感，有的可能只是选择的副产物，如此复杂的组合意味着意识能力很可能在一开始并不是一种明确的受选择特征，这也表明其产生过程是机遇性的。但当社会性生活的动物出现后，意识能力作为一种扩展适应成为一种优势特征，自然选择确保了它的稳定留存和扩散，这一过程一旦开启，就是一个因机遇而起的决定性过程。

第三节　认知机制进化中的非决定论

正如前面所提到的共时性还原的问题，如果我们接受副现象论的意识观点，就会发现心脑互动机制存在因果无效性，或者更准确地说，受限于实验室条件，研究者需要在很短的时间范围内处理意识的影响，出于谨慎的推理原则，往往给出支持副现象论的数据。不过，如果在更大的时间尺度上观察有意识信息的影响，他们就会发现巨大的差异，例如学习和推理的机能。目前理解心脑互动机制的关键问题在于实时观察大脑非常困难。例如，当时间尺度超过几秒钟时，我们几乎不可能测量大脑活动中的哪一项异动与某一项认知功能有因果关系。因此，从历时性的适应性解释来看，这些最好被理解为某种生物学功能性的实体或过程。对于意识来说，它们更接近于直觉知识。所以，从这个角度来看，关于生物知识或认知机制的进化也是需要被纳入的考察领域，同时也带来了生物认知机制与世界之间的关联是否存在必然性，生物性知识形成的过程是否符合决定论等问题。

一、认知机制的演化与进化认识论

如果从认知能力的演化来考量，把意识作为一种扩展适应可能是最好的解释。扩展适应和适应没什么不同。例如，对黑猩猩来说，它的腿适应了树栖运动，同时也具备了有限直立行走能力，这便是因为前者适应带来的后者的扩展适应，同时带来了在地面上生存时，在观察距离和捕食者方面的优势。实际上，大多数适应是扩展适应，因为自然选择会重复利用"手头"的素材。不过，过分的适应论推论会引发诸多歧义。因为，虽然意识可能与认知功能的某些必要特征有关，但这并不意味着没有意识就不能实现这种功能。说意识对某些功能是必要的并不是对意识起源问题的进化解释，而是说进化解释了有机体的偶然性特征的来源。①

这种观点与突变论者的不同之处在于，前者把适应论解释作为基础，承认适应论解释的困难，但不应夸大。例如，意识在当下的人类中是相对固定的属性，无法观察到显著的变异与选择现象。此外，某些精神遗传疾病，如精神分裂症，是否可以算作意识的变异仍然是一个悬而未决的问题。有人推断其他诸如注意力缺陷、睡眠障碍等疾病也属于变异，但这存在很大争议。这里的关键问题在于，意识现象的展现肯定不是以全然或无的方式进行的，而是有不同的基础和层次，目前的技术手段尚不能确定它们在人类中是否发生了变化。还有一种推测认为，基因表达的变异导致了意识的变异。如果能够在遗传组成和意识之间找到联系，那么适应的解释依然能够得到辩护。归根结底，问题在于意识的复杂性。在技术手段无法实现物理层面因果性有效追踪的情况下，我们只能依赖于那些不充分的间接假设，引入那些遗传组成或表达水平层面与意识之间的相关性之外的东西。例如，有研究将胆碱受体蛋白（cholinergic receptor protein）作为目标，对基因序列和表达进行系统发育的比较研究，鉴于胆碱受体对注意力的影响，假设其是意识出现的原因②，因此，要揭示意识形成的复杂机制，其必须将进化的视角和共时性的功能分析结合起来。

意识起源的问题涉及人类进化的历史，应体现出从分类学上考虑的我们的物种与我们最接近的亲戚之间的关系，特别是在认知进化上的关系。灵长类是哺乳动物的一个亚类，包括近 20 个物种。人类属于灵长类动物中

①　Polger T, Flanagan O. Explaining the Evolution of Consciousness: The Other Hard Problem [EB/OL]. http://journalpsyche.org/articles/0xc0ea.pdf [2023-08-23].

②　Changeux J P. The Ferrier lecture 1998 the molecular biology of consciousness investigated with genetically modified mice [J]. Philosophical Transactions of the Royal Society B: Biological Sciences, 2006, 361 (1476): 2239-2259.

的旧大陆猴类，即猴总科。在这个序列中，与我们最亲近的近亲是猩猩、黑猩猩、大猩猩和倭黑猩猩。普遍认为，最早的灵长类动物出现在 6500 万年前。据推测，包括我们祖先在内的类人猿和旧大陆猴之间的分化发生在 3000 万年前，之后类人猿从谱系中逐步分离出来：1600 万年前分化出猩猩，900 万～800 万年前分化出大猩猩，700 万～600 万年前分化出黑猩猩，大约 600 万年前分化出倭黑猩猩，至大约 550 万年前，最终形成了一种被称为南方古猿的不完全两足动物，其大脑体积接近类人猿。此后 300 万～250 万年前，气候变化、地球变冷以及森林密度减少等导致了人类的出现。与作为食草动物的南方古猿不同，直立人成为那个时代的主要人属物种之一，是杂食动物，外表与人类非常相似。杂食性的饮食特征为其大脑发育提供了巨大的优势。人们对人类的起源，即智人的出现存在两种截然不同的推测。一种说法不太被接受，即我们的物种有多种起源，而另一种普遍被接受的假说认为，我们的物种起源于 30 万～20 万年前的非洲，通过迁徙散播到各大洲。"走出非洲"的猜测得到了遗传学的支持。通过比较线粒体 DNA 序列的某些部分并测量不同人群之间的差异率，分子生物学家们发现非洲人群的差异率大于美洲人和亚洲人等其他人群，这表明我们的祖先在非洲生活的时间更长。

灵长类进化的一个显著特征是大脑体积的增大。大脑的成长可能导致新的功能的出现，也可能导致大脑现有功能的增加。现代人类发展到了大脑机能的顶峰，并体现出了一种演化的"量度"。这里的量度指的不是体积的绝对大小，因为大象等动物的大脑比我们大得多，也非相对大小，若如此老鼠也应排在前列。因此这里只有一种可能，它是指大脑皮层中的突触联结数量。

此外，灵长类动物的一些器官，如大脑、手、眼睛和脸等，似乎被设计得像多功能的人造物。灵长类动物最有趣的特性之一是它们有着向前看的眼睛。这种视觉组织使他们能够将两幅不同的图片相互叠加，从而创造出周围环境的立体视觉。当它与色觉结合在一起时，它们共同为灵长类动物提供了在浓密的树叶中识别成熟果实的能力。①又比如灵长类动物的手也获得了这种功能上的成功。他们的手能以不同的方式操纵物体，并能收集环境中物体的触觉信息。不同种类知觉知识的叠加让它们能对环境进行更客观的描述。尽管知觉器官的觉知能力是在身体感官结构和高级处理机能上发展起来的，但人类意识的问题也必然隐含着自我表征的问题，这构成了意识的核心。因此在某些方面，我们与其他灵长类基本一致，我们可以通过研究灵长类动物的自我表征能力在自然生存中的价值，进而了解我们自身意识的来源。

根据丘奇兰德的观点，机动性的有机体需要具备协调其行动的能力，包括在某些刺激物存在时形成一致的决策，如周围有捕食者、配偶或食物的情况。痛感信号应该与退缩而不是接近相协调。口渴信号应该与寻找水而非逃离相协调，除非当前的威胁首当其冲。②时间压力下的决策构成了灵长类思维的一个重要方面。丹尼特认为，从某种意义上说，大脑的进化是由预测机器构成的。在遇到真正的威胁时，预测机器应该知道下一步该做什么。这种系统导致了一种定向反应，给生物体带来很大的好处，其中的无意识活动被终止从而更关注于信息收集。③这种预期是通过将命令的副本发送给"自我-世界"模型来实现的，该模型预测执行命令的某些后果，并要求修订原先计划。④

认知机制的自我表征能力的另一个功能是在社会性交往中调整自己的行为。这种自我认知是概念性的，即不直接与感知联系在一起的知识。在决策压力下，动觉类的自我知识具有积极作用，例如面对危险时，他们要么战斗，要么逃跑。概念知识是在较为舒适的环境下获得的。获得概念性自我知识的一种机制可能是自我对话。例如自言自语时好像有人在聆听我

---

① Gray J A. Consciousness: Creeping Up on the Hard Problem[M]. Oxford: Oxford University Press, 2004: 86.

② Churchland P S. Self-representation in nervous systems[J]. Science, 2002, 296 (5566): 308-310.

③ Dennett D C. Consciousness Explained[M]. Boston: Little, Brown and Co., 1991: 178.

④ Gray J A. Consciousness: Creeping Up on the Hard Problem[M]. Oxford: Oxford University Press, 2004: 73.

们自己的话语，因为我们往往根据别人的观点来判断自己的观点。自我对话允许一个人口头识别、处理和存储私人和公共的自我信息。这种观点认为，存在某种内部语言，就像意象一样再现了社会情境，这让我们有能力理解自己行为的各个方面，评价自己的行为需要和自身的经验保持距离。自言自语增强了自我意识。①。

　　之前我们已经比较充分地讨论了各种关于意识神经科学基础的共时性分析，综合这里的讨论，如果要更进一步地将问题引向认知机制的进化，就必然涉及进化认识论的研究领域。进化认识论是自然化哲学的一个分支，将知识学习视为一种现象，并且主张知识的获取过程应当置于进化理论内部来考察。近些年来，相关研究的基本观点得到了扩展，认为不仅认知过程需要通过进化理论来进行研究，其他生命体所展示的行为，包括文化、语言、记忆、视觉等，这些都被视为认知过程，需要通过进化理论来加以阐明。可以说，进化认识论提供了一种真正意义上统一的科学方法论，学者们不但可以通过它研究生命演化，同时也可以研究认知、科学、文化及其他生命体所表现出来的现象。在该研究框架中，认知者与外在世界的关系始终是引发巨大分歧的焦点，也形成了围绕实在论的争论。对这里所关注的非决定性问题而言，实在论议题主要涉及我们关于世界的知识是否具有客观真实性。如有，则这种客观真实性是否进一步表明了认知主体的知识与外在世界之间关联的必然性？

　　进化认识论的思想体系可追溯至休谟、笛卡儿、康德、威拉德·冯·奥曼·奎因（Willard van Orman Quine），他们认为我们具备对世界的认知能力，包括我们所拥有的用以计算的数学系统、我们用于表达世界的语言系统，以及从我们的观察中抽取出的因果关系等，这些都可以通过心理学或神经认知科学的研究而获得推进。随着进化生物学研究的兴起与不断发展，今天的进化认识论者们主张，所有生物个体或群体所获得、产生或传播的

_____

① Morin A. Possible links between self-awareness and inner speech: theoretical background, underlying mechanism, and empirical evidence[J]. Journal of Consciousness Studies, 2005, 12: 115-134.

认知性、交际性、社会文化性知识都可以通过进化而获得。知名人种学家和动物行为学家康拉德·洛伦茨（Konrad Lorenz）最早提出了通过进化理论来重新建立康德综合的先验命题，主张个体发生学（ontogeny）意义上的先验属于种系发生学（phylogenetics）意义上的后验。物种在进化过程中，通过发育铭记与固化特定行为模式，从而逐步将之转变为个体的先天行为。洛伦茨认为，生命进化就是一个认识过程。在认识论层面上，人类所经验的是关于实在的真实图像，只要它能够满足人类的实践目的，哪怕仅仅是一个极度简单的图像。①

心理学家唐纳德·托马斯·坎贝尔（Donald Thomas Campbell）后来的思想显然吸收了这一主张，试图解释个体生物何以先验地拥有某些关于世界的直觉知识，并首次提出了进化认识论的概念。出于对一般认知研究的兴趣，特别是对人类以及其他动物的知识习得过程，坎贝尔想要建立一种"归纳的经验科学"。这个目标可区分为两个方向：其一，研究表现为生物进化结果的不同认知机制，如模仿学习或心理表征能力是如何通过自然选择的方式进化而来的；其二，自然选择的应用已不再局限于生命科学，从而扩展至认知、认识论领域。②显然，第一项目标在近些年探索认知生物学基础的自然化哲学大潮中成为广泛认可的目标。如果说，经验主义将知识理解为认识者与由归纳而知的事物之间的关系，而理性主义则将知识定义为认识者与由演绎而知的事物之间的关系。前者蕴含了知识的归纳性与概率性，而后者则蕴含了知识的必然性，甚至在知识社会学中，知识也是被理解为不同认识者之间的关系，蕴含了某种建构主义色彩。但进化认识论之所以独一无二是因为，其中的知识被理解为生物与其环境间的关系。③坎贝尔强调，即便是在生物学方面，进化也是一个认识过程，这种基于自然

① Lorenz K. Behind the Mirror: A Search for a Natural History of Human Knowledge [M]. London: Methuen, 1977: 6-8.

② Gontier N. Evolutionary epistemology as a scientific method: a new look upon the units and levels of evolution debate[J]. Theory in Biosciences, 2010, 129 (2/3): 167-182.

③ Munz P. Philosophical Darwinism: on the Origin of Knowledge by Means of Natural Selection[M]. London: Routledge, 1993: 9.

选择的知识增长范式可以对学习、思维乃至科学等认识活动进行说明。特别是在生物与世界的关系方面，早期的进化认识论不同于实用主义的认识论或工具主义，具有深深的实在论烙印，即自我所拥有的知识必然真实地反映了客观世界，坚持生物认知机制与世界之间关联的必然性，也承认知识形成过程的决定论。

二、适应论纲领与非适应论纲领

目前，存在两种被广泛接受的进化认识论类型，即认知机制的进化认识论（EEM）与理论的进化认识论（EET）。规范性的 EEM 纲领是基于现代综合论，将认知视为基于自然选择的进化产物，针对认知能力及认知性知识的机制进化，其主要涉及生物体知觉器官与环境关系的层面，试图扩展进化理论从而解释认知结构的发育；而描述性的 EET 纲领则通过类比自然选择过程来研究科学理论以及科学进程问题，特别是试图通过进化模型来分析知识的增长。[①]这一区分在目前看来是比较模糊的，这里进行简单概括，前者基于进化生物学并将之视为合理性依据，而后者则是类比于生物进化，以基于选择主义的理论变化过程作为其预设起点。为了澄清本文意图，这里参考詹姆斯·罗伯特·布朗（James Robert Brown）的区分，认为前者关注的是认知者的本质，而后者关注的是理论的变化。但是，他支持鲁斯反对将进化理论用于类比的观点，也就是说，后者只是带有目的论解释性质的一般性进化认识论，而前者才是达尔文主义的认识论，以探究知识在物种意义上的深层关联。[②]所以，之后关于实在论以及认知者与世界关系的讨论建立在前者纲领之上，具有深深的达尔文主义认识论的烙印。

对于进化认识论研究来说，首次明确"适应论纲领"概念的是古尔德与列万廷，他们认为自然选择的强大力量以及所受的较少限制，导致通过

---

① Bradie M. Assessing evolutionary epistemology [J]. Biology & Philosophy, 1986, 1 (4): 401-459.

② Brown J R. Smoke and Mirrors: How Science Reflects Reality [M]. London: Routledge, 1994: 61-63.

其操作直接产生的适应性成为生物形式、功能以及行为的原因。①该纲领主张任何感知器官都适应于外部世界，使得其拥有者可以应对生存环境；生物所感知到的是（部分）真实的，但可能只是关于外部世界的部分表征。适应论纲领并不追求严格的实在论，即知识与世界的绝对对应，而是主张任何生物的知觉服从于环境中的确实存在物，是一种被动适应。传统的进化认识论将生物体理解为关于世界未被证伪的构想或理论，并通过世界来进行检验，支持了假说实在论（hypothetical realism）的观点。②认识论被理解为演化的知识，与本体论或作为其本体的世界是不同的，这里的核心问题是，体现为生物体形式并不断演化的理论或知识何以能够对应于外部世界。

　　适应论纲领依赖于自然选择学说，认为是自然选择过程赋予了人类及其他生物认知能力。正如辛普森的精辟论述，"无法对所要跳上的树枝形成实在性知觉的猴子注定是只死猴子，因而它也不会成为我们的祖先"。③这意味着生物体相信并付诸实施的某些行动在面临下一次挑战前必然是正确的，即使下次到来的挑战会引发致命后果，从而导致之前的解决方案对于当下情况不再适用。成功的进化很可能在工程学意义上并非完美的适应，而只是相比那些竞争者在达成其生存繁殖目标方面表现得更佳。这种典型的适应论观点曾为针对人类感官以及智力器官的研究提供了有效路径，解释了能应对环境的功能器官的来源及其感受性与环境中的谱线波长乃至其他特征间的某些相干性和相互作用机制。因此，基于自然选择机制的适应论纲领提供的是一种假说实在论，而这种过程也被理解为生物不断趋向能更好地表征世界的决定性过程，但并不坚持生物认知机制与世界之间关联

①　Gould S J, Lewontin R C. The spandrels of San Marco and the panglossian paradigm: a critique of the adaptationist programme[J]. Proceedings of the Royal Society of London Series B, Biological Sciences, 1979, 205: 581-598.

②　Lorenz K. Behind the Mirror: A Search for a Natural History of Human Knowledge[M]. London: Methuen, 1977: 6-8.

③　Simpson G G. This View of Life: The World of an Evolutionist [M]. Harcourt: Brace& World, 1964: 98.

的必然性。

当然，许多人也意识到适应论观点强调的对应理论存在问题。正如彼得·芒兹（Peter Munz）所说，生物学主张我们的抽象和认知能力都是自然选择的结果，我们的认知器官是适应的，我们的全部知识所构成的理论都是基于为应对环境而提出的非实体性（即意识性的理论）方案的实体性（即有机体）方案。①这种观点事实上违反了许多我们当今对于进化的认识。

首先，并不是所有被选择的性状都真正受到选择，也就是说，不是所有被选择的性状都是适应的。有人可能据此推断，我们的祖先之所以能够存活，得益于其大脑的尺寸以及由此带来的语言发育，但不能说更进一步的知识能力具有生存价值，或者说，我们的感知器官以及知识能力能够带来不断贴近于真实世界图景的表征。在漫长进化历史中，断言人类理性能力乃至由此而产生的科学是一种适应现象还为时尚早。就好像已经灭绝的拥有巨大鹿角的爱尔兰麋鹿曾因巨大的鹿角促进了该物种的繁殖，但此后越来越巨大的鹿角使得该物种不堪重负，在丛林中的行动不便导致了不适应。从这个意义上说，理性能力同样可能在未来进化适应过程中对我们造成某种负担。正如托马斯·内格尔（Thomas Nagel）认为的那样，如果我们的客观理论能力源于自然选择，那么该结论必然招致严重怀疑论，因为这已经超越了我们熟悉的有限范围。人类理性的演化只能被视为各种关于生命演化的自然选择说明中的一种反例。②

其次，即便特定的认知或直觉能力受到选择，该选择也仅仅是一个追求必要性的过程，而非最优化过程。在新达尔文主义者杰弗里·米勒（Geoffrey Miller）看来，人类的智力活动区域新皮质主要通过性选择获得，它不是作为生存装备而是作为求偶装备存在的，它帮助拥有者达成了求偶

① Hahlweg K, Hooker C A. Issues in Evolutionary Epistemology [M]. Albany: State University of New York Press, 1989: 407-408.

② Nagel T. The View from Nowhere [M]. New York: Oxford University Press, 1986: 79-81.

行为从而确保了种族延续（例如孔雀羽毛的进化）。①因此，在某种程度上我们也可用不利条件原理（the handicap principle）来解释人类智力能力的由来，即人类演化出的智力能力对于自然中的生存需要来说是过度的，需要付出极大的额外成本。其中的焦点在于，在一个提倡实用性的生存机制中，一个认知性状表征真实世界的能力是否能直接等价于其生存价值。

最后，就算承认我们所有拥有的大部分认知能力具有生存价值，但仍需面对一个事实，即我们这一物种尚未经历足够长的历史（相比于整个生命进化历史，试想那些存在了近一亿七千万年的恐龙）以证明我们的认知策略能够继续并长期适应于环境。

这些反驳对适应论纲领及其实在论立场构成了严峻挑战，由此发展出的内在怀疑论（internal skepticism）甚至对进化认识论中的实在论观点构成了严重威胁。

选择主义在适应论纲领中根深蒂固。正如克利福德·艾伦·胡克（Clifford Alan Hooker）提出的，从基于进化的自然主义观点来看，存在一种统一的心灵观，即人类的认知器官同时从"理论能力"与实践能力两方面演化。如果没有这些能力以及它们之间紧密的相互作用，那么我们的认知能力将大打折扣。在不存在其他异常条件的前提下，所有证据倾向于表明，在一个单一框架内，我们应均等对待所有认知能力，不应在认知性和实用性上进行区分。②不过，质疑者们认为，即便能够证明理论能力或知识能力可以促进实践中的生存，也并不代表这些知识关联于真实，同样也就无法导出实在论的立场。人类的各种认知能力在人类历史中起到了促进生存的作用，但并没有证据说明它会一直起作用，更重要的是，它不具有提供更为精准的世界图景的演化倾向，而仅仅提供了某种对其生存可能足够的方案。正如安东尼·奥希尔（Anthony O'Hear）总结的，从进化论的观

---

① Miller G F. The Mating Mind: How Sexual Choice Shaped the Evolution of Human Nature [M]. New York: Doubleday, 2000: 426-427.

② Hooker C A. A Realistic Theory of Science [M]. Albany: State University of New York Press, 1987: 71, 105-106.

点来看，我们不过是占据了一个不会立刻毁灭的生态位，从而确保了认知能力的演化。①实在论的辩护者们可能会转而寻求进化认识论以间接地支持实在论，因为人类的生存至少可以证明其认知能力在适应上并非致命，所以我们所掌握的理论或知识也是如此，它们提供了一种足够的"真实"。

从生物学的视角来发展认识论依然无法摆脱休谟的知觉之幕（表征与实在）抑或康德的先验问题，以鲁斯为代表的学者关注于前者，在其看来，我们所使用的认知策略受到一系列表观遗传规则的支配，这些规则受人类发育机制某些方面的限制，源于适应需求，通过某种渠化的方式产生并生长成人类的思想和行为。在这里，鲁斯把这一机制所塑造的结果描述为休谟式的倾向，以及奎因所说的"性质的主观空间"，我们的认知能力就是这种表观遗传规则的例子②，而诸如洛伦茨、格哈德·沃尔默（Gerhard Vollmer）、鲁珀特·里德尔（Rupert Riedl）等则关注后者。③在这里，康德的范畴演变为个体发生意义上的先天，这些范畴的来源正是以前人类历史所经历的自然选择，最终导致鲁斯所强调的表观遗传规则被保留下来，也就是所谓的先天演绎体系，或者说是思想的主观倾向性，一种纯粹理性的预成系统。所以，基本上这两个问题紧密相关甚至是一致的。

列万廷准确指出了这一问题的核心，认为适应论纲领的拥护者们没能对生物外部环境中的实在与体内感知器官表征的"实在"进行有效区分④，以至于难以帮助我们理解导致个体内在产物（动物所拥有的感觉器官）的外在自然环境因素到底有多少。将关于我们认知结构的进化解释为先验的最佳解释不过是一种乐观的康德主义。现代进化理论告诉我们，适应并非

---

① Holland A, O'Hear A. On what makes an epistemology evolutionary[J]. Aristotelian Society Supplementary Volume, 1984, 58（1）: 177-218.

② Ruse M. Taking Darwin Seriously: A Naturalistic Approach to Philosophy[M]. Oxford: Blackwell, 1986: 143-145, 203.

③ Thomson P. Evolutionary epistemology and scientific realism[J]. Journal of Social and Evolutionary Systems, 1995, 18（2）: 165-191.

④ Plotkin H C. Learning, Development, and Culture: Essays in Evolutionary Epistemology [M]. Chichester: Wiley, 1982: 169.

完美，正如那些退化器官仍然留在我们身上，即便它们只会带来不良效果。人类胚胎依然保留鳃结构，甚至成体也会受困于进化历史中的残留。同样的情况也必然会发生于我们的心理器官以及它们的运行上。进化认识论揭示的理性作为进化历史的产物可能在适应上是不理想且脆弱的。研究表明，进化理论是非目的论的，就像鲁斯所说，进化毫无方向且相当缓慢，其中的适应过程是一个追寻必要性而非最优化的极其缓慢过程。①

进化认识论在起点上试图摆脱传统认识论以孤立的以认识者为中心的体系，即人与世界之间的绝对认识鸿沟，认为我们的感觉器官以及认知能力已经对环境形成适应，并成为我们生存与繁殖的方式。不过，在自然选择的解释框架中，生物基于特有的认识机制，其获得外在世界真实信念的能力的适应程度是极难判定的。虽然某些信念是不准确的（被认为不适应），但从实用的角度来看，可能符合简单性的诉求。因为相比于通过自然中的生存竞争获得最为接近于真实的同时可能耗费巨大时间与能量成本的信念，生物更应倾向于演化出具有空间边界的有效信念，从而过滤掉那些与生存繁殖不相关的数据，突出了自然进化中的经济性原则。也就是说，追求绝对真实的信念或知识对于我们祖先应对环境挑战来说并不必要，可能反而形成负担。所以实在论所蕴含的生物认知机制与世界之间关联的必然性，以及关于那些实在性知识形成的决定性过程的描述可能并不准确。

因此从这方面来讲，自然选择根本不会在意信念或知识的真实性，即使信念或知识促进了生存也仅仅是工具意义上的可靠性，并赋予宿主一定程度上的适应。基于这一考量，可能有人会认为进化认识论并不涉及实在论议题（不是反实在论），正如前面列万廷对适应论纲领实在观的批评，但这种知识观显然不能满足我们对于知识的多样性来源与形式的理解，也无法解释其适应性的来源。与传统的初衷不同，诉诸于生物学来证明我们的生存与理论知识的经验充分性之间的关联，同时诉诸于人类种族的成功来

---

① Ruse M. Taking Darwin Seriously: A Naturalistic Approach to Philosophy[M]. Oxford: Blackwell, 1986: 143-145, 203.

论证这种经验充分性与真实之间的关联，进而解释为何我们拥有能够认识世界的能力，对于这些诉求，传统的进化认识论的确没有提供实在论的基础。

虽然一些学者试图引入外成性遗传因素从不同层面对实在论进行辩护，例如鲁斯试图以表观遗传规则及其在自然选择中的生存价值来论证理论或知识的实在性；胡克则提出"进化的自然主义实在论"。该观点在元层次上坚持了科学实在论，认为一旦科学进化与文化进化绑定在一起，科学历史在认识论层面上就会发生系统性的模糊。也就是说，我们不能保证文化进化免受两方面缺陷的困扰：一种系统性保守的科学传统；阻碍思考或反思这一事实的文化环境。因而没人能够在任何科学传统中判定任何理性信念的正确程度，无论其历史有多悠久、重要。[①]芒兹则提出每种生物都是一种关于其环境的理论。生物首要给出了关于其环境的知识，也可被当作关于其所处环境的定义。由于选择适应过程，生物反映了其环境，因而生物变成了关于其环境特定方面尚未被证否的理论，其生态位变成了暂时正确的假说。生物与理论是同义的，拥有对环境的某种认知，如果符合，那么生物或理论得以存活，反之则证伪，一种生物或理论存活时间越长则越接近于真实。[②]这些观点都试图建立理论或知识与真实世界之间的关联，但都无法给出避免怀疑论的有效路径。

尽管进化理论没能很好地支持实在论，但这并不代表其认识论是中立的。多数哲学家在此问题上实际倾向于实用主义而非反实在论，而其他人则偏向于怀疑论的立场。丘奇兰德典型地偏向于怀疑论，认为基于进化的考察需要一种良性的怀疑论。人类的理性能力是一种启发式层级，即寻找、认识、储存、利用信息，但这些启发法是随机建立的，并且它们是在一个非常狭窄的进化环境中被选择的（从宇宙论层面上讲）。如果说人类理性能

---

① Hooker C A. A Realistic Theory of Science [M]. Albany: State University of New York Press, 1987: 71, 105-106.

② O'Hear A. Beyond Evolution: Human Nature and the Limits of Evolutionary Explanation [M]. New York: University Press, 1997: vii.

力能够完全避免错误的策略和根本上的认知局限，只能说这是个奇迹。如果我们所接受的理论没有反映出这些缺陷，那更是双重奇迹。①不过，对于进化认识论所导致的怀疑论问题，保罗·汤姆森（Paul Thomson）则主张一种更为温和的怀疑论。通过继承康德意义上关于"世界的表象"和"世界本身"的区分，他认为进化认识论导致怀疑论是不可避免的。一方面，他主张依赖一致性隐喻或关于真实的一致性（对应）理论，如果拒斥该理论就意味着承认某种根植于我们实践中的"自然"的观点，从而走向带有实用主义色彩的内在实在论（internal realism），从而蕴含了一种与外在世界脱钩的内在必然性，但进化理论并不支持这样的结论。另一方面，其怀疑论观点并不涉及关于世界的表象与世界本身之间关联的维度，而是限定于世界的表征，关注我们能够被环境所最低限度容忍的、持续产生理论或知识的能力，即工具层面上的可靠性。但即使在现象世界的层面，进化过程并没有让我们具备提出一种"拯救现象"理论的能力，至多是一系列不完备且彼此不一致的理论集，所有这些观念将永远不会汇聚，于是便形成了针对于内在实在论的内在怀疑论。②不论初衷为何，内在怀疑论将适应论纲领的实在观推向尴尬的境地，同时这也意味着生物认知能力与世界之间关联的必然性，以及这种实在性知识形成过程的决定论受到了挑战。

三、非适应论的实在观与认知机制演化的非决定论

总结前面的论证，进化认识论研究可能形成了三种实在论结果：其一，唯物主义实在论，即物理宇宙的存在独立于我们关于它的知识；其二，认知偏差与局限，我们关于世界的知识是通过差异化的人类及其局限的视角形成的，因此我们关于实在的概念较之真实世界从未完全准确或摆脱偏见；其三，概念架构的实在论（conceptual scheme realism），其他生命可能拥有

---

① Churchland P M, Hooker C A. Images of Science: Essays on Realism and Empiricism[M]. Chicago: University of Chicago Press, 1985: 361.

② Thomson P. Evolutionary epistemology and scientific realism[J]. Journal of Social and Evolutionary Systems, 1995, 18（2）: 165-191.

许多对信息进行处理及评估，并产生思想或经验的方式，在某种程度上也是我们特有的认知能力的替代方案。①第一种结果强调物质世界作为进化的唯一原因，虽然它认为独立于心灵的物质世界是唯一的真实，但真实的表象却存在不同形式，一切都遵从自然选择机制下的必要性而非最优化，坚持生物认知机制与世界之间某种弱关联的必然性，也承认知识形成过程的决定论。但这种实在论无法提供实质可操作的论证路线。第二种结果导致了假说实在论，但会遭遇到前者以及怀疑论的强烈阻击，因为自然选择并不关心"真实"而是关乎生存，在进化案例中，认知能力上的适应不良现象是普遍的，我们的感知能力或认知策略对获取关于世界的知识来说并不十分理想，我们也没有任何理由认为人类的认知能力全面好于其他生物。这种观点打破了生物认知能力与世界之间关联的必然性，但依然坚持知识形成过程的决定论。第三种无疑是目前关于实在论辩护的最好方向，但存在难以摆脱的相对主义色彩，也有人将之归为认知的多元论（cognitive pluralism）②，若是从偏重人类理性的视角出发，又容易滑向人类中心主义。其观点不再坚持生物认知机制与世界之间关联的必然性，同时主张种族性知识的多元论，即对于某一物种来说，其知识形成的过程存在诸多不确定性，对于某一确定结果的可能原因空间来讲，其产生特定结果的过程符合非决定性过程的描述。

　　进入 21 世纪，得益于进化发育生物学的发展，达尔文主义内部已经有越来越多呼声主张生物并不是环境操控的提线木偶，而是存在适应上的主动性。这突破了适应论纲领的旧有框架，出现了激进建构论、非适应论。③按照这两种观点，心灵与生物机体功能是生物与环境的媒介或协调器。前者主张心灵先于生物体所属经验世界的建构，而不需要直接关联外部世界；

---

　　① Clark A J. Evolutionary epistemology and ontological realism[J]. The Philosophical Quarterly, 1984, 34（137）：482.

　　② Stich S P. The Fragmentation of Reason：Preface to A Pragmatic Theory of Cognitive Evaluation [M]. Cambridge：MIT Press, 1990：13-15.

　　③ Gontier N, Bendegem J P, Aerts D. Evolutionary Epistemology, Language and Culture：A Non-Adaptationist, Systems Theoretical Approach[M]. Dordrecht：Springer, 2006：7-65.

而按照后者，知识被理解为生物体之间的关系，在某种程度上与社会人类学和社会学导向的科学哲学相似，把知识理解为人类理解者之间的关系。关于知识如何关联于外部世界变为次要问题，也就是说，实在论问题的重要性被回避或降低了。

激进建构论主张一个生物所处的环境在因果上独立于生物体，认为环境变化是自治的且与物种自身的变化不相关的观点是错误的。这种观点认为，基于适应的隐喻曾经启发了进化理论的构建，但它后来显然妨碍了对真实进化过程的理解，而进化的真实过程似乎可以通过某种建构过程来理解。具体来说，生物体在一定程度上决定了来自外部环境中的某些要素成为其自身环境或生态位的一部分，同时在很大程度上决定了这些不同要素之间的关系。可以说，生物体构造了其周遭环境，这一过程也被称为生态位建构，而且，生物体主动且持续改变着它们的环境，每一种消费活动同时也是一种生产活动。正如利用光合作用，生物将地球从一个贫氧星球转变为富氧星球。生物体在长期历史中学会了对外部环境条件进行认知，比如依据特定环境条件，某些脊索动物能够在有性生殖与无性生殖之间切换，还有些动物为应对冬天而提前储藏食物。最终，生物体能够通过它们的生物构造过程，将来自外部环境的信号进行修饰，继而转变为其内部信号，使得其机体能够进行相应反应。比如，当外部温度升高时，身体能够将这一信号转化为内部脑信号，继而促使体内释放某些激素来为身体降温。因此，这里的"环境"概念扩展至内部环境，即生物个体的内稳态（homeostasis），自我调节过程同样促成了生物体的生存。正因如此，建构论的路径突破了选择主义的框架，是一种生物个体中心的理论。在该体系内，生物体与环境之间的区分被打破，基于这一区分的传统实在论问题，即生物表征外在世界的问题近乎消解，生物的知识能力是基于其生态位而非外部世界，生态位中的各种要素是一种共构关系，其演化趋向取决于一组复杂的原因性空间，继而形成了认识论上的不确定性。

相对于激进建构论，弗朗茨·乌克提茨（Franz Wuketits）通过区分适应与适应性提出了非适应论的进化认识论。在个体发生层面，他主张生物体是一种有源系统（在生物形态空间中的主动性）。首先，认知能力是活跃生物系统的一种功能，而不是仅对外部世界进行响应的机制；其次，认知能力不是针对外部世界的反应，而是生物与其环境之间复杂交互作用的结果；最后，认知能力不是一步步累积的线性过程，而是连续试错排除的复杂过程。在种系发生层面上，非适应论的进化认识论是基于系统进化论的，但绝非反适应论。生物的存在导致世界持续改变，致使世界很难形成生物与环境间的一一对应情况。为了延续或改造适应论纲领所主张的对应理论，非适应论路径提出了相干理论（coherence theory），由于生物体内部的自组织、自调节过程，以及在一定程度上能够构造或改造其生境（habitat）能力，不同的生物因其不同的进化方式以及内部机制继而发展出不同的生境，这使各种生物能够应对外部世界并与之交互。①该观点看来，要判断哪种生境更能反映并对应真实世界是无意义的，因为每种生物都能够通过生存来证明其生境的合理性。因此，相干理论实际上是一种围绕实在论的达尔文主义功能观。对于生物按照其内部知觉机制认知为真实的"物体"，只要该生物通过这种认知形式能够生存下去，那么该物体在其生境中就是真实的，关于这种认知形式的基因便会得到复制并在基因池中不断被采纳。因而，非适应论声称依然坚持实在论，而非实用主义的认识论或工具主义。

激进建构论、非适应论纲领在不同程度上继续推进了这样一种观点，即生物以及物种汇聚的具身性知识，不仅对外在世界进行着"再表征"，同时也进行着建构，在某种程度上取消了恒常的"外部世界"，主张只存在千变万化且连续的生物实体。它们通过将关注点放在生物体中心的视角，从而回避或削弱了本体论难题，在一定程度上维护了内在实在论。其核心特征是特定结果的多重实现，对于知识形成的过程而言，其依然符合认识论上的非决定论标准。

① Gontier N, Bendegem J P, Aerts D. Evolutionary Epistemology, Language and Culture: A Non-Adaptationist, Systems Theoretical Approach[M]. Dordrecht: Springer, 2006: 7-65.

历史表明，进化认识论的发展始终追随着进化理论的进步，现今的进化理论面貌已经发生了重大改变，出现了许多对进化认识论研究构成影响的新思想。进化发育生物学：关注于生态位的建构、表型可塑性以及表观遗传机制。生态学：将"环境"区分为生物性环境和非生物性环境，研究它们之间的各种交互作用。大进化：研究种群层级之上的宏观进化。网状进化（reticulate evolution）：通过杂交、横向基因转移、传染性遗传、共生以及共生起源而发生的进化。这些学说的发展导致过去所确立的生物体与环境的绝对二分不再适用，同时也揭示了进化可以通过除自然选择之外的其他方式运行或进行互补作用。基于这些思想，纳塔莉·贡铁尔（Nathalie Gontier）提出了一种扩展的综合性理论——应用的进化认识论（applied evolutionary epistemology）。该观点的基础实际上类似于认知多元论，它针对具体认识论事态应用进化论框架，从而揭示出认识论与本体论的等价。通过强调生物实体所具有的物种特异性，即"实在"或"真实"对不同物种来说是不一样的，以及物种的演化性，主张具有多样生物特异性与物种界限的生物实体随着时间不断被构造，并不存在唯一同质性的"外在"世界。也就是说，在该路径中，对于实在的判定是物种中心的。

在贡铁尔看来，应用的进化认识论主要关注五个研究领域。

（1）生物个体的哪些方面或性状能够算作信息或知识。

（2）进化理论如何能够解释这些信息或知识系统的起源和进化。

（3）这些知识系统在何处演化。

（4）这些知识系统如何潜在于各种生物实体的构造之下，而后者又何以能够窥见世界的本体论层面。

（5）进化机制本身能否被视为获取知识的系统。[1]

在这些问题框架中，进化的单元和层级无疑是核心。长期以来，自然选择作为进化的唯一机制已经成为对选择单元和层级进行定义的核心标

---

[1] Joyce R. The Routledge Handbook of Evolution and Philosophy[M]. New York：Routledge，2017：143-144.

准，即某一层级中的所有单元都是按照该方式进行动态演化的，具有可连续变异、可传播（可遗传、可复制或可再生），展现或突现出适应或可适应性的能力，具有可承袭或传播的不同适合度值等特质。可以说，这一标准一直（或多或少）是排他性的，并且，即便不是那些选择单元和层级的本质属性，也会被理解为内在属性。所以关于选择单元和层级的问题本身就是形而上学式的研究，但近些年的进化生物学进展已经越来越清晰地表明，自然选择并不是定义选择单元与层级的唯一标准，而是可以包含其他形式的进化机制。一方面，自然选择尽管是一种十分重要的进化机制，但并不是生命以及导致生命演化的排他性机制，还存在许多互补或选择性的机制，比如共生起源（symbiogenesis，也称内共生理论）、杂交、生态位建构、漂变、棘轮效应（ratcheting effect）、鲍德温效应等。也就是说，当遭遇无法通过自然选择来解释的生物现象时，我们必将需要一种替代性机制给予必要的解释，不能仅仅根据这一模型是非自然选择的就说它是非进化的。另一方面，对选择单元与层级的定义也不必通过基于自然选择的进化来阐述，进化机制总是作用于特定层级中的单元，即便该单元并不符合复制子或交互子的定义。因此，更准确地说，与其使用选择层级的概念，不如转而使用进化层级的概念。特别是一些学者对共生起源以及共生生物的研究进一步论证了这种观点，提炼出了进化单元这种新的逻辑骨架。通常共生起源是指，由于先前独立存在的不同实体之间的相互作用，从而引入新实体的过程。这些相互作用包含了横向融合与新实体的突现，即共生体。这一过程是不可逆和不连续的。①按照这种新的主张，我们除了需要接受单元实在论和多重实现，同样也要接受一种机制的多元论，这意味着关于选择单元和层级的定义并不必须涉及复制子、交互子以及再生子（reproducer）的概念以及类似属性。可以说，共生起源思想从很大程度上改变了我们对于实在的看法，为进化认识论中的实在论问题找到了新的视角。

---

① Gontier N. Universal symbiogenesis: an alternative to universal selectionist accounts of evolution[J]. Symbiosis, 2007, 44: 167-181.

在传统进化认识论中，生物体是关于环境的具身性理论，其中的机制则是搜寻关于环境理论的方法或搜索引擎，而人类理论则是演化中的非具身性有机体。进入到应用的进化认识论视角，生物不仅仅是具身性的理论，它们本身就是真实的，是具身演化的知识。它们为其他生物提供的生态位，以及它们自己建构的生态位并不是理论的拓展，而是一种时空实在或生物实在，并在时空中不断延展着它们的创造者；机制将让位于过程解释，我们会发现不同的过程将会以某种模式和节奏汇聚；知识的内容和"共生功能体"（holobiont）创造的结构也在演化，与它们的进化一致，作为结果，"实在"或"真实"并非一元的而是多元的，知识与实在是等价的。①

　　总之，应用的进化认识论路径结合了激进建构论与非适应论的一些观点，虽然没有支持传统进化认识论的假说实在论，但也没有像激进建构论和非适应论那样回避或弱化实在论问题，而是继承了生物就是关于世界的理论的基本主张。生物通过繁衍后代而演化并复制了知识，并且通过诸如共生以及生态位建构的过程，基于其他生物以及和它们构成的生态位获取并延展了知识。基于这种观点，生命创造了实在，继而其实在论立场主张认识论问题与实在论问题的等价，反对单一生物体与"外在"世界的区分。在这里，进化认识论从认知多元论走向本体论的多元论。在前者看来，各种生物基于其特有的认识机制所获得的知识构成了多样化的世界认识，这些认识之间是替代性的，而本体论层面上的世界却是一元的，甚至是虚设的；而在后者看来，生物进化就是知识的进化，而进化的知识与演化的世界等价，从而基于多样化的"共生体"或生态位构筑了多元的并不断延展的世界本体。在这个意义上，我们过去对世界的定义转变为不同生命在进化中面临的各种"生存世界"，这在某种程度上也与达尔文确立其理论时所使用的"生存斗争"表述形成对应，即具有不同生态构造的、与物种认知能力紧密关联的各种生存环境。在人类视角的进化历史描述中，当认识论

---

　　① Wuppuluri S. Doria F A. The Map and the Territory, Exploring the Foundations of Science, Thought and Reality [M]. Cham: Springer, 2018: 558.

与本体论融合，进化认识论表现为知识演化本体的生物也就成为过程性实体，处于不断复制和延展自身的过程中。

虽然应用的进化认识论在立场上容易陷入相对主义的责难，也可能会被指责带有强烈的实用主义特征，指控其不能真正为实在论提供辩护，但应当承认其重新塑造了进化认识论的基本论题，为实在论问题开辟了新的讨论平台，进而为进化认识论研究注入了新的研究活力。对于贯穿本章的问题，即生物认知机制与世界之间的关联是否存在必然性，以及生物性知识形成的过程是否符合决定论等问题，应用进化认识论给出了不一样的答案——知识即世界。特定物种知识的演化因共生环境中各种因素的影响，其形式与发展趋向具有不确定性，但在作为生命集合的"共生体"自身发展演化的意义上，任何认知形式的出现也可以说是必然的，决定性的。

结　　语

　　本书系统概述了自古希腊以来生命科学领域中决定论与非决定论的争论，从不同方面展现了这些争论的内核。可以明确的是，这些争论并没有因漫长的讨论史而落下帷幕或走向终结，而是持续深远地影响着未来的哲学和科学研究。可以看到，虽然众多争论在表面上表现为非决定论者与决定论者就进化过程的本质和各种生物现象、行为的内在原因的局部分歧，但在更深的层次上，它涉及科学理论的目的以及生物学和物理科学之间的关系。非决定论者们通常假定，无论在方法还是概念上，生物学都享有与物理科学相当的自治，并且认为生物学现象处于独立的"王国"之中，并且其可能与底层的物理化学事件存在某种联系；而决定论者们认为，各分支科学中的现象与这些发现之间存在某种一致性，这体现了关于全局性、综合性科学概念的基本价值。他们之间的争论触及了我们关于世界尤其是生命解释的核心部分。基于本书的内容，我们做一个简单回顾。

　　进化理论中的偶然性是本书贯穿的主要焦点。如果我们从一个更高的哲学维度来审视生物学的发展，无疑我们对生命的起源方式、演化进程、表现形式、生存模式、相互关系、发展方向等的疑问是支撑人类开展生命科学探索的内在动力。我们对这些问题的思考并不会被我们所掌握的有限经验证据所束缚。一方面，人类的先贤们很早便发现了生命发展所表现出的强烈多样性、规律性以及可变性，并试图以此推理或归纳出关于生命起源、发展及其方式、方向的特定学说，从而获取关于生命的确定性知识；另一方面，经验科学的发现进程又不断带来对这些学说的挑战，使学者们疲于"拯救现象"，影响生命问题的原因范围也不断扩大，从而使学者们对确定性的追求不断遭受着挫折。围绕生命起源、发展及其方式、方向等问题，决定论与非决定论观点之间的争论支撑起宗教、哲学、科学、政治学、社会学等广泛领域的共同话题，形成了庞大的交叉领域。在唯物主义态度之下，如何去正确地理解和认识生命科学中的决定论与非决定之争，是一个必须积极面对的问题。

本书的开始部分展现了在生物学历史长河中，众多学者与哲人理解和解释不确定因素的方式，特别是生物学中关于偶然性概念的历史，以此建立了通向现代生命科学的理解非决定论问题的路径。可以说，自亚里士多德时代起，偶然性就一直是生物学中的焦点议题。这些偶然性的概念与被迈尔等后世生物学家们所称的本质主义或"柏拉图主义"相对立。更确切地说，这种对立源于17世纪的植物界，学者们就生命科学中长期存在的偶然事件难题，以及亲本与子代之间相似但又不完全相同的关系进行权衡。对于这些现象原因的考察引用了古老的决定论与非决定论的传统争论，并在生命科学的不同时期表现为不同形式。概括来说，在这些自然哲学视野中，如何调和物质世界的规律性、必然性与有机世界的演化性、偶然性之间的对立成为重要问题之一。虽然本书介绍了众多的历史观点，但是他们提出的侧重点各有差异，无一不是关于机械性与有机性、必然性与偶然性之间对立问题的思考。从中可以看出，对于生命问题的理解，无论是从宇宙论的本体论视角，还是从认识论的解释视角出发，古人都在努力寻找一种确定性的生命起源和发展图景，从而论证生命乃至我们人类的发展是可以理解和认知的。

本书第二章围绕历史上的物种问题展开讨论。这一部分重点突出了20世纪之前，学者们围绕物种可变性、演化方向性和起源必然性的探讨。在本书看来，这一历史是生命科学研究转入现代的关键时期。从自然神学的决定论到机械决定论，再到拉马克式基于主动适应的决定论的进化论，直至达尔文基于随机变异的进化论，决定论与非决定论观念之间的转换勾勒出一个伟大时代的蓝图。任何非自然的意图被排除在生命的解释之外，任何生命形式所表现出的设计都是某种客观自然机制的产物，任何乘风而起的机遇和稳定环境带来的是自然物种起源演化的必然性。在提出自然选择理论前后，达尔文对偶然性与概率性概念给予关注，通过继承和分析 18 世纪的相关讨论，推动了 19 世纪统计思想在其自然选择理论中的重要应用。在他看来，机遇或非决定性仅仅意味着我们因缺乏因果知识而表现出的无知，而不是缺乏客观自然因果。在这个意义上，达尔文主义学说合理地将决定论与非决定论进行了调和，这种螺旋式发展最终推动了现代生物学纲领的形成。

本书第三、第四章着眼于达尔文进化论的核心问题，即关于偶然性的两个方面问题：一是在变异产生的水平上，即新变异的产生有多大的偶然性；二是在其延续的水平上，即这些变异在进化过程中的扩散和消失有多大的偶然性。根据发生在不同水平上的随机因素，遗传变异的随机性如何能够支撑自然选择的方向性成为达尔文理论最为核心的部分。

在前一种意义上，主要的核心问题在于达尔文所强调的随机变异是否是一种绝对意义上的非决定性现象。自新达尔文主义至现代综合运动，生物学家和史学家们普遍认为，产生变异的过程是全然随机的，其作用是为自然选择提供源源不断的选项，而与之后的选择适应过程无关。在这种背景下，人们对随机性的现代综合解释的有效性达成了明显的共识，认为它仅限于突变，即作为可遗传变异的最终来源。根据这一受限制的概念，突变是偶然的，因为它们的产生与它们的适合度值无关。然而，这个有限制的定义并没有详细阐述偶然性概念的不同含义，这些含义在阐明现代综合关于变异产生的观点时至关重要。在一般情况下，随机性不仅被用来驳斥突变拉马克主义，它还被用来反对第二种意义上自然选择的方向性。在现代综合论中，变异产生的随机性意味着生命形式的创造性。突变论者的主要目标是自然选择的创造性作用，因为他们假设变异不是进化的驱动因素，而只是进化的先决条件。这种假设要求突变不仅在选择方面是无导向的，而且在它们影响的表型变异方面也是无导向的。为了使选择具有创造性，突变需要大量的可用资源，对表型性状有持续的影响，并且能够以几乎相等的概率影响它们，构成均匀的概率空间。不过，进化发育生物学从有关发育机制的实际变化的具体问题入手，颠覆了这一传统认识。其更加关注表型变化过程中的因果性，而非纯粹的随机性。例如鱼类和陆地脊椎动物的四肢共享的基因调节网络的改变是如何导致鳍到肢的转变的？此外，进化发育生物学的一个主要认知目标涉及发育的性质如何与表型变异产生的概率相关，而不是在种群中固定不变。例如一些四足动物的发育如何影响前肢和后肢独立变化的概率，以及进而影响这一谱系中出现有利变化的可能性？这里突出了一种可演化性的概念，即存在某种发育倾向，将关于其概率的研究的"可变性"和"进化"两大主题概念联系起来。这可以说是进化发育生物学对进化理论的主要新贡献。可以说，在这种情况下，变异的偶然性特征对于自然选择来说并不是全然随机的，而应被理解为具有某种客观上的概率，也就是说，这些概率是由偶然性事件导致的因果结构产生的。

相对前一种意义，生物学哲学家们似乎更关注后一种意义。在讨论自然选择的概率性和随机遗传漂变的随机性时，偶然性的概念处于中心地位。在这个框架中，进化变化被认为是种群中产生随机或非随机结果的概率抽样过程的结果。正如前面书中提到的常见类比，一个群体中等位基因或基因型的样本空间用瓮中的彩色球表示，颜色对应适应度值。根据颜色挑选球的手代表自然选择，而盲目选择的手代表随机遗传漂变。在该类比中，采样前每种颜色的球在瓮中的概率与它们根据颜色被选中的概率在因果上无关。如果这些被选取的小球不呈现任何顺序或规律，则这一组或一系列的结果是随机的。因此，多数生物学家和哲学家将自然选择想象为一个过滤器或"筛子"，它只是丢弃或保留了变异。以现代综合论的观点来看，只有当新类型的球（新的突变引发的新表型变异）时常被添加到瓮中，自然选择才可能具备操作的条件。不过，考虑到进化发育生物学的观点，如果其中一些球比其他球更有可能被添加进来，那么自然选择才能与这些新方向的变异范围相一致。根据这种观点，变异的发生和对变异的选择共同作为了进化的因果指导因素。相比之下，现代综合论的随机性观点反对变异是进化中新颖性的主要来源，并且这种观点确保了自然选择永久地作用于丰富且均匀分布的变异，是解释任何非随机进化结果的唯一因果因素。这导致的现代综合论和进化发育生物学之间差异的核心在于，后者将进化中的方向性因素区分为变异产生的过程和采样的过程，这两个过程在概念上和发生时间上截然不同，它们所涉及的随机性也因此被强行区分为两种概率。无疑，作为采样过程的自然选择所体现出的概率偏态实际上也影响了变异的产生，同样也具有创造性的作用。作为这种影响的结果，自然选择不仅使特定颜色的球增加，而且还提高了在同一颜色范围内产生新变异的概率。然而，这并不意味着采样过程是一个非因果性的全然随机过程。产生变异的机制同样会产生独立于总体抽样的非随机概率。在这种情况下，变异再次被称为进化变化的因果决定因素，而不是进化变化的先决条件。

本书通过这两个章节表明，无论在变异产生的水平上，还是在其延续的水平上，今天的进化生物学已经尝试通过建立概率的倾向性解释将进化中的随机性问题通过统计学的方式进行重构，使得我们能够在由各种进化随机事件所构筑的整体进化图景中，发现某种决定性的力量。

本书的第五章在总结前面章节的基础上，继续对我们所理解的非决定论的属性展开讨论，即在进化理论中，任何非决定论命题都是指某种客观意义上的现象，抑或仅仅是认识论上的无知或贫乏导致的结果。本书基于自然的物理连续性观点，尝试通过分层来对这个问题进行回答。事实上，今天我们任何的科学在推理上都必须服从于基本的物理学原理，也就是说，我们在回答生命科学中的非决定性本质时，必须寻找其物理学的根源。这一部分的思路很明确：目前科学界所接受的唯一客观的不确定性来源就是量子力学中的不确定性，那么它是否能够影响到生命的组织层面？学者们对这一问题产生争论，而对于本书而言，这一问题可以转化为非决定性的传导问题。也就是说，在不同时间维度、不同空间尺度上的所谓机遇性因素是否可能源于量子力学中不确定性的传导，显然就目前的经验证据来看这不太可能。我们所理解的各种机遇性概念实际上是由各种碎片化的认识论图景所拼凑而成的，它们在概念上是多样化的。由于我们在认识能力上的贫乏，或仅仅出于解释上的效率，我们通常对于机遇概念的使用是语境化的，不会去追求过多的细节描述，即便这些细节的确对解释的因果性构成影响。所以，概率解释提供了一种能兼容机遇性因果的认识论的统计趋势描述。只不过，概率解释缺乏足够的经验性和归纳性特征，这招致了认为其并非有效因果解释的批评。但不论怎样，我们依然可以基于统计主义的统一论观点，在一个由物理原则支配的决定论的有机自然中，因认识能力上的贫乏而求助于具有某种程度决定性特征的统计趋势解释，在认识论意义上，这是可以接受的，尽管我们不能将该解释还原为全部的进化事实细节。

第六章实际上是具有补充性质的比较特殊的部分。本书前面部分关注的是进化的原因和过程，而关于生命意识起源和机制演化的问题，显然也与这一问题一脉相承。这一部分采取了一种唯物主义、物理主义的态度，对意识问题展开探讨。这里涉及两个层面，一是意识自由性的神经科学解释，二是意识/知识能力的演化。前者的核心问题是，神经科学是否能够提供一种非决定论的解释以支撑意识的自由性，抑或神经层面的物理主义决定论解释是否能够与意识的自由性相融；后者的核心问题是，按照目前的进化理论或已知的进化事实，意识/知识能力是否是适应性进化的必然结果。从本书的观点来看，这两个问题是彼此关联的。生命是在一个物理性的世界中生存和演化的，在这个过程中，部分生命通过自然选择的进化过程直接或间接地形成了复杂的意识。

一方面，早期生命经由简单的应激反应机制逐步发展出了能精确识别外在环境，并作出反思、决策的复杂反应机制，这里涉及从直接的物理的决定性行为机制到复杂心理介入下的更为灵活的复杂（看起来是"自由的"

或"非决定性")行为机制的演化。对于这一方面，本书认为生命在精神层面的复杂心理机制并不是源于某种本体论意义上的非决定性，而是那些极为简单的确定性心理机制通过某种神经回路上的不断叠加或是嵌套，生成了近乎无限可能的心理状态组合。随着生物对外感知能力的发展，在内外因素的交互影响下，心理事件的演变脱离了内部确定性的轨道，维持一种灵活可变的心理进程以引导行为的发起，这对于应对复杂多变的自然环境无疑是有利的。通过增加不同物理事件组合的复杂程度来创造事件发展方向的可能性，再加上生命对内的自我感知系统对于自我状态的表征、反馈和调节能力的伴随加强，生物体完全可以形成某种充满自由度的自我控制机制。从这个意义上讲，神经系统状态演变的必然性与意识心理状态的不确定性状态（待发状态）是可以相容的。

另一方面，认为神经系统的复杂性演化倾向是客观趋势，生命精确理解和表征外在世界的认知/知识能力必然不断进步的观点同样是令人怀疑的。关注认知机制进化的传统进化认识论观点认为，生命认知能力的发展是围绕对外部环境进行准确表征的能力的进步而进行的。生物体与外在世界在认知机制上形成了绝对对应，其自身是关于环境的具身性理论。这种生物体与外在世界的确定性联系是客观的，但随着激进建构论、非适应论纲领开辟了新的讨论方向，应用的进化认识论继而提出了生物不仅仅是具身性的理论，它们本身就是真实的，是具身演化的知识。通过引入生态位理论，该观点认为各种生物所面对的"世界"是由生态位中的其他成员和所涉的环境共同组成的，也可说生物即世界，生物认知/知识的内容和"共生功能体"创造的结构也在演化，同样存在近乎无限的可能性。因此，生物认知/知识能力的演化并非一条确定的路径，而是同时存在的多元路径，人类的认知视角只是这些路径中的一条。人类认知/知识能力的起源和演化并非必然，但生命认知机制的出现却是偶然表象下的必然。

总之，围绕生命科学中的非决定论问题，本书截取了近些年生物学哲学及相关科学哲学论域中的一些热点领域，但并没有涵盖所有的方面。本书尽力澄清了一些核心问题并给出了部分可行的路径，不过碍于相关科学进展和领域局限，我们很难说这些问题在书中能够得到彻底澄清和阐明，期望随着相关科学和哲学研究的进步，人类对这些问题能有进一步的认识，并启发相关领域不断进步。